市政与环境工程系列丛书

景观生态-活性污泥复合系统及其污水处理技术

主　编　孙飞云
副主编　董文艺　李　继　王宏杰

中国建筑工业出版社

图书在版编目（CIP）数据

景观生态-活性污泥复合系统及其污水处理技术/孙飞云主编. —北京：中国建筑工业出版社，2022.1（2022.12重印）
（市政与环境工程系列丛书）
ISBN 978-7-112-26736-1

Ⅰ.①景… Ⅱ.①孙… Ⅲ.①城市污水处理-研究 Ⅳ.①X703

中国版本图书馆CIP数据核字（2021）第215438号

责任编辑：张　瑞
文字编辑：刘颖超
责任校对：王　烨

市政与环境工程系列丛书
景观生态-活性污泥复合系统及其污水处理技术
主　编　孙飞云
副主编　董文艺　李　继　王宏杰
*
中国建筑工业出版社出版、发行（北京海淀三里河路9号）
各地新华书店、建筑书店经销
北京科地亚盟排版公司制版
北京建筑工业印刷厂印刷
*
开本：787毫米×1092毫米　1/16　印张：13½　字数：334千字
2022年1月第一版　2022年12月第二次印刷
定价：**56.00**元
ISBN 978-7-112-26736-1
（38173）

前　言

20 世纪 70 年代以来，随着中国城市化与工业化进程的加速，伴随着出现了城镇污水处理等问题，国内开始逐渐重视污水处理技术的发展与应用。自 20 世纪 80 年代，中国城镇污水实行规模化集中处理以来，活性污泥法作为主要的污水处理技术被广泛应用。然而，随着城镇化的快速发展与人民生活质量的显著提高，传统活性污泥法凸显出与周围环境不协调，难以满足人们日益提高的感官性、景观性要求等问题。近年来，发展出结合活性污泥法与生态处理工艺、具有生态景观效应的污水处理技术：景观生态-活性污泥系统，成为一种重要的景观型城镇污水处理技术。景观生态-活性污泥系统进一步将污水处理、生态构建及景观设计相结合，并较好地解决了常规污水处理系统影响周边环境和低温条件下工艺处理效率降低这两个难题，一定程度上克服了传统分散式污水处理技术的缺点，符合污水处理与城市建设的发展方向。

本书编者在对景观生态-活性污泥系统进行多年系统研究的基础上，依据大量的试验数据、研究结果以及工程经验编写了本书。本书对景观生态-活性污泥系统的构建与设计方法，运行特征与影响因素，污染物去除机制，微生物群落特征，污泥减量化方法，数学模型的建立方法，低温调控手段等进行了系统阐述，并列举了工程应用实例，力求让读者对景观生态-活性污泥系统有较系统与清晰的认知。

本书共分为 9 章。第 1 章在参考大量资料与政策文件的基础上，综合分析目前城镇污水处理技术的需求，概括了各污水处理技术的优缺点。第 2 章阐述了景观植物的优选与配置方法，活性污泥系统的选择方法，从运行条件参数角度对景观生态-活性污泥系统的配置方法进行了总结。第 3 章对比了景观生态-活性污泥系统与传统活性污泥系统对污水的处理效果，研究了其对污染物的去除机制，考察了景观植物的作用对污染物去除的影响。第 4 章分析了景观生态-活性污泥系统与传统活性污泥系统的微生物活性和酶活性变化，以及复合系统的菌群结构。第 5 章研究了景观生态-活性污泥系统的温室气体排放特征，分析了复合系统的减排机制，并对其稳定性进行评价。第 6 章建立了复合系统数学模型并进行优化，并利用模型对景观生态-活性污泥系统中污染物的去除过程进行模拟和预测。第 7 章研究了温度对景观生态-活性污泥系统硝化反应及菌群分布的影响，提出强化硝化反应的措施。第 8 章对景观生态-活性污泥系统的污泥量分布与特征进行分析，提出两种可行的污泥减量化措施。第 9 章在前 8 章的基础上，以具体工程实例系统介绍了景观生态 活性污泥系统的构建、设计与运维等内容，并进行了相应的技术经济分析。

全书统筹、统编工作由孙飞云负责，定稿工作由董文艺、李继、王宏杰负责。本书的参编人员还包括袁佳佳、曾豪杰、闫向玲、彭良玉、李谱、余波、赵柯、李朋飞、杜昌行、邵运贤、欧清梅、周国飞等，郑州江宇水务工程有限公司金华增、闪勇等为本书的编写给予了大力支持，在此一并表示衷心的感谢。

本书可供污水处理领域的科研人员、工程技术人员，高等院校环境工程相关专业本科生、研究生，以及从事城市污水处理系统研究、设计、施工及管理人员参考。

由于编者水平有限，书中疏漏和不妥之处在所难免，真诚希望各位读者多提宝贵意见。

2021 年 7 月

目　　录

第1章 概论

1.1 污水处理概述

1.1.1 城镇污水处理的重要性

水是人类生产生活中一项不可或缺的自然资源，也是促进社会发展和推动文明进步的重要因素。过去的几十年中，由于人类发展的需求持续增长，水环境污染的加剧，水资源短缺逐渐成为人类社会维持可持续发展的威胁。在2015年世界经济论坛发布的年度风险报告中，水资源危机被列为潜在影响最大的全球风险。到目前为止，由于缺少干净的水资源已引发许多问题，无数人因水体污染而患病，例如由水传播的细菌和肠道病毒引起的肠道寄生虫感染和腹泻等。在发展中国家，越来越多的受污染水体正在影响全球整体的水体质量。

中国的水资源相对匮乏，属严重缺水国家，再加上国家经济的迅速发展，人们生活水平的提高，城镇居民增多，水环境的污染现象不断增加，从而引发民众对环保问题的关注。《2016—2019年全国生态环境统计公报》显示，2016～2019年废水中化学需氧量、氨氮、总磷及总氮排放量逐年下降，2019年各指标数据分别对应为567.1万吨、46.3万吨、117.6万吨及5.9万吨。其中，生活污染源各项指标的排放量占总体的主要部分，表明城镇污水仍然是主要的污染源。因此，城镇污水处理的效果成为影响人们切身利益的重要因素，而对污水的处理后排放是解决当前和未来水环境质量问题的最佳策略。

城镇污水（municipal wastewater）指城镇居民生活污水，机关、学校、医院、商业服务机构及各种公共设施排水，以及排入城镇污水收集系统的工业废水和初期雨水。生活污水为居民日常生活中排出的废水，其所含的污染物主要是有机物（如蛋白质、碳水化合物、脂肪、尿素等）和大量病原微生物（如寄生虫卵和肠道传染病毒等）。生活污水中的有机物极不稳定，容易腐化而产生恶臭；细菌和病原体以生活污水中有机物为营养而大量繁殖，可能导致传染病蔓延流行。工业废水包括生产废水和生产污水，其中含有随水流失的工业生产用料、中间产物、副产品以及生产过程中产生的污染物。初期雨水指降雨初期时的雨水，雨水溶解了空气中的大量酸性气体、汽车尾气、工厂废气等污染性气体，降落地面后，又冲刷屋面、沥青混凝土道路等，使得初期雨水中含有大量的污染物质。生活污水、工业废水和初期雨水体量大，不经处理直接流入河流，会对水环境造成严重污染，对人类的健康产生严重的威胁。因此，城镇污水的特性决定了其必须经处理后才能排放。

城镇污水的处理程度与人们的生活品质息息相关，随着城镇用水量和废水排放量逐年增加，重视城镇污水的综合整治，实施城镇污水的处理成为城市生活质量和水平有序发展的保障，具体表现在三个方面：

1. 保障生命健康、减少环境污染

水是人类生存所必不可少的资源，但是受污染水体会严重危害人类及动植物的生命健康。例如，污水中有机物进入水体环境中会消耗其中的氧气，致使水生生物死亡；污水中的有毒物质，会通过食物链进入人类餐桌，危害人类健康。污水处理能够降低污水的毒性，避免造成环境水体污染，从源头降低水污染治理成本。因此，污水处理与回用技术的应用，对减少环境污染与保护人类健康具有重要作用。

2. 解决水资源短缺问题、实现资源回收

由于城镇污水体量大，城镇污水处理与回用对解决水资源短缺的问题具有重大现实意义。回用的水可以应用于城镇绿化、景观补水和道路洒水、冲厕与洗车、工业、建筑消防等诸多方面。此外，城镇污水处理符合循环经济的要求，能够实现变废为宝。污水处理过程中，通过适当的污水处理技术提取污水中的有益物质也具有重要的经济效益。以上一系列措施从农业、工业以及人们的生活角度上对维持社会的可持续发展具有积极作用。

3. 体现城市化发展水平、推进生态城市建设

目前，全球正面临着气候变化和资源环境的巨大压力，外延增长式的城市发展模式已难以适应新形势下的发展需求，这推动了中国城市向生态城市的转型。城市作为人们工作与生活的生存土壤，其环境的优劣对于人们的身心健康有巨大影响，也影响着城市自身的发展。城镇污水处理是实现环境保护工程建设的重要途径，良好的污水处理工作可以改善居民生活环境，对于城市居民的精神文明建设也有一定程度上的促进作用，进而提升城市形象，增加城市在经济发展中的综合竞争力。另外，城镇污水处理需要立足实际，从多个角度出发对污水进行多方面的治理，这意味着城市发展水平会影响污水治理水平，而污水治理的效果也能够体现出城市发展水平和城市建设所处的阶段。城镇污水处理在环境工程发展和城市建设当中具备突出价值，只有意识到污水处理的重要性，才能够为城市的和谐、可持续发展及生态化建设创造良好条件。

1.1.2 国内城镇污水处理的发展与现状

随着城市的发展和工业化进程的加速，20 世纪 70 年代，国内开始重视水污染处理技术并着手解决城镇污水的净化问题。在此阶段，治理相对分散的工业点源污染被放在首要位置，导致污水处理设施也相对分散。进入 20 世纪 80 年代后，国内开始逐步探索适合国情的污水处理工艺技术和工程设计，促进了污水处理技术的发展，进而进入污水综合防治阶段。

1984 年 4 月，中国第一座大型城市污水处理厂——位于天津市西南部的天津纪庄子污水处理厂竣工并投产运行，处理规模为 26 万 m^3/d，这是当时国内已建成的规模最大、处理工艺最为完整的城市污水处理厂。天津纪庄子污水处理厂投产多年来均满足设计出水水质标准，使黑臭污水变成清流，减轻了污水对天津市和渤海湾的污染，缓解了天津市用水的紧缺程度，填补了中国建设大型污水处理厂的空白。随后，由大型城市污水处理厂的建成所带来的经济和社会效益引起了各地的广泛关注，北京、上海、广东、广西、陕西、山西、河北、江苏、浙江、湖北、湖南等地也分别兴建了不同规模的污水处理厂。

20 世纪 90 年代以来，中国城市污水处理发展迅速，截至 1996 年，中国城市污水处理率达到 11.4%。1996 年，中国 666 个城市所排放的城市污水总量为 352.8 亿 m^3，处理量为 83.3 亿 m^3，污水处理率达到 23.6%。然而，剩余的约 270 亿 m^3 的污水却未经任何处理直接排入城镇附近水体，被处理的污水中也仅有 537.9 万 m^3/d 达到二级生化处理标准，仅占城市污水总量的约 5.6%。在城市污水处理方面，我国同发达国家的差距是显著的。在第九个五年计划期间，国家进一步加大对以环境保护为重点的基础设施的投入。截至 2004 年底，全国已有 708 座城市污水处理厂，每天能够处理的城市污水量为 4912 万 m^3，污水处理率为 45.6%。20 世纪 90 年代以来，国内污水处理率逐年提高，根据《2019 城乡建设统计年鉴》，2019 年城市与县城的污水处理率分别达到 96.81% 和 93.55%（图 1-1）。

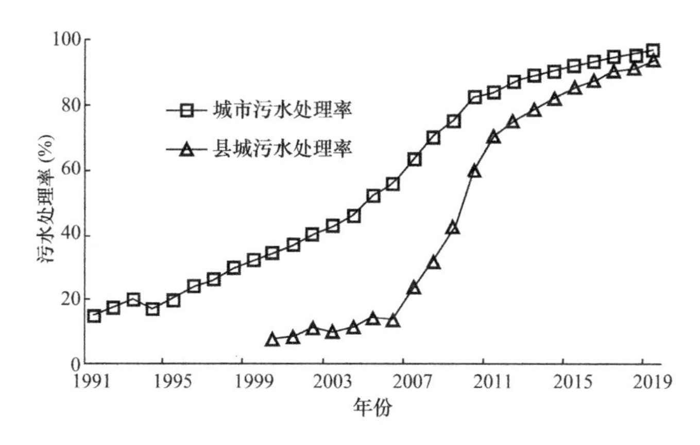

图 1-1　1991—2019 年国内城市与县城污水处理率

2014 年的《全国投运城镇污水处理设施清单》显示，全国投运的城镇污水处理设施共 4436 座，总设计处理能力 1.71 亿 m^3/d，平均日处理水量 1.35 亿 m^3。东部及南部沿海地区投运的污水处理设施数量与人均日处理量全国领先；京津冀及山东地区人均日处理量均超过全国平均水平。总体表现为城镇化水平高、污水收集管道完整、污水处理程度也较高。东北及内蒙古地区人均设计规模和平均日处理量均低于全国平均水平；中西部地区，仅有河南、湖北和湖南的平均单座设计规模和平均单座日处理量能达到全国平均水平，其余省份均低于全国平均水平。这些数据充分表明国内污水处理厂的设施建设存在区域性不平衡，西部地区、东北地区污水处理率与东部地区、中部地区尚有一定差距（图 1-2）。

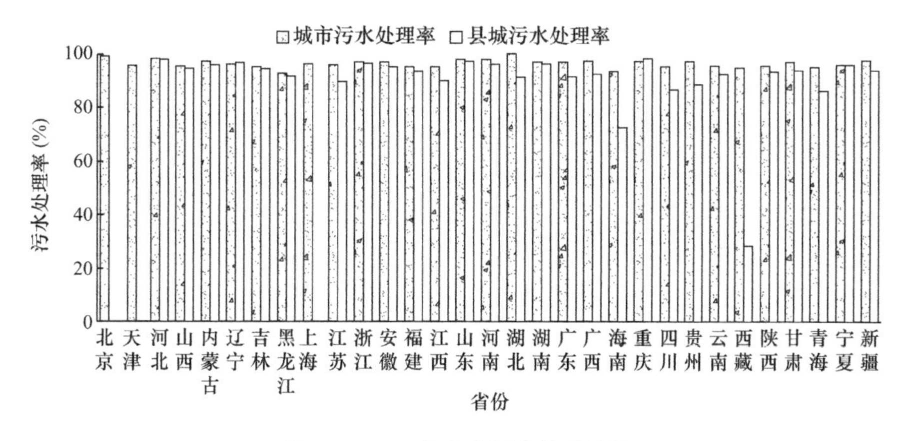

图 1-2　2019 年各省污水处理情况

2020 年由国家发展改革委、住房城乡建设部印发的《城镇生活污水处理设施补短板强弱项实施方案》中指出，要解决城镇生活污水收集处理发展不均衡、不充分的矛盾，加快补齐城镇生活污水处理设施建设短板，到2023年，县级及以上城市设施能力基本满足生活污水处理需求。2021年发布的《"十四五"城镇污水处理及资源化利用发展规划》明确提到，我国城镇污水收集处理存在发展不平衡不充分问题，短板弱项依然突出，与实现高质量发展还存在差距。规划中提出，到2025年，要基本消除城市建成区生活污水直排口和收集处理设施空白区，全国城市生活污水集中收集率力争达到70%以上；城市和县城污水处理能力基本满足经济社会发展需要，县城污水处理率达到95%以上。

1.2 城镇污水处理技术

污水处理模式可以分为集中模式和分散模式。集中模式的优点是具有规模效应，污水处理设施的建设和运行成本较低，水质稳定，但存在管网建设费用高，输送距离长，难以实现分质使用和优水优用、劣水低用等不足。分散模式不需要建设大规模的管道以及长距离输送，用途比较单一，易根据水质要求进行调整。通常，分散模式在工程建设和运行方面不具有规模效应，存在管理难度大、运行不易稳定等问题。目前，有许多集中处理与分散处理技术可用于污水处理。然而，仅仅基于成本角度对两种处理模式进行选择是不合理的，需要结合生态问题评估、自然资源的利用程度、资源种类的回收，以及卫生条件等具体情况充分考虑。集中和分散两种模式各有利弊，但并不是非此即彼的关系，科学合理的方案应当是集中模式与分散模式相结合，两者互为补充。

1.2.1 集中式污水处理技术

污水集中处理是通过建立集中式管网收集体系和大型污水处理厂，对污水进行深度处理，实现处理后排放或者回收利用。集中式污水处理技术工艺成熟，污水集中处理具有规模效应，管理比较方便，广泛应用于城市人口密度集中、大流量污水的处理中，国内大多数的城市依然主要利用集中式污水处理模式处理城市污水。目前，集中式污水处理模式基于污水处理的目标，污水处理厂的工艺主要采用普通活性污泥法、A^2/O工艺、氧化沟工艺、SBR（包括CASS工艺、CAST工艺等）、A/O工艺、生物膜法（包括生物流化床、曝气生物滤池等）以及膜生物反应器等，其中A^2/O工艺、氧化沟工艺、CASS工艺以及A/O工艺是目前国内污水处理厂中应用最多的处理技术。

1.2.1.1 普通活性污泥法

普通活性污泥法（Conventional Activated Sludge Process），又叫传统活性污泥法，是利用活性污泥处理废水的传统方式。系统由曝气池、二次沉淀池和污泥回流管线及设备组成，其工艺流程如图1-3所示。污水从曝气池首端进入池内，同时由二次沉淀池回流的回流污泥也一同注入曝气池。污水与回流污泥形成的混合液在池内呈纵向混合的推流式流动，在池子的末端流出池外进入二次沉淀池；在二次沉淀池内，处理后的污水与活性污泥被分离，部分污泥回流至曝气池内，剩余的污泥被排出。在曝气池前端，活性污泥与刚进入曝气池的有机物浓度相对较高的废水接触，供给活性污泥的食料较多，此时微生物的生长阶段一般处于生长曲线的对数生长后期或稳定期。普通活性污泥法的曝气时间相对较长，当活性污泥推进到曝气池末端时，污水中的有机物几乎被耗尽，污泥微生物进入内源代谢期，其活动能力相应减弱，因此在沉淀池中易于沉淀，并且出水中剩余的有机物浓度也低。处于饥饿状态的回流污泥再次进入曝气池后会强烈吸附和氧化有机物，有机物在曝气池内的降解经历了第一阶段的生物吸附与第二阶段的生物降解两个完整过程，活性污泥也经历了曝气池前端的对数生长期到末端的内源代谢期的完整的生长周期。因此，普通活性污泥法的 BOD 与悬浮物的去除率效果都很高，能够达到 90%～95%。然而，普通活性污泥法存在的问题是：由于污水在曝气池首段集中进入，系统对进水水质、水量变化的适应性较低，运行效果易受水质、水量变化的影响；有机污染物浓度沿池长逐渐降低，耗氧速率沿池长也是变化的，然而供氧量在整个曝气池中是均匀的，会出现前端供氧不足，后端供氧过量的情况。

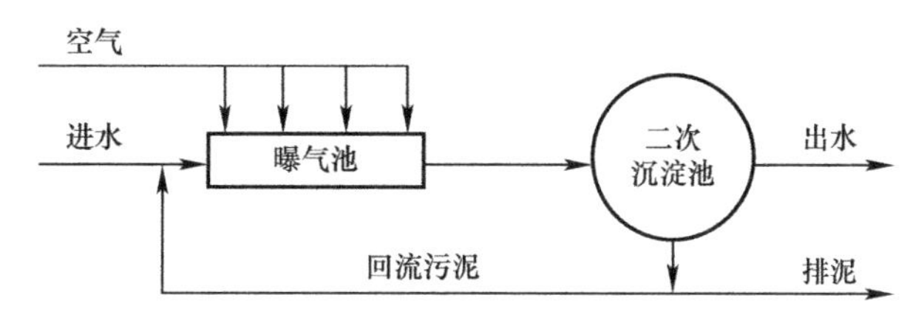

图 1-3　普通活性污泥法工艺流程

1.2.1.2　厌氧/缺氧/好氧法（A^2/O 工艺）

A^2/O（Anaerobic/Anoxic/Oxic）工艺是一种由厌氧段、缺氧段和好氧段构成的同步脱氮除磷工艺。A^2/O 工艺的厌氧段、缺氧段以及好氧段中不同种类的微生物菌群通过配合实现同步脱氮除磷及对 COD 的去除，其工艺流程如图 1-4 所示。首先，污水同回流污泥一同进入厌氧段，进行磷的释放与氨化，同时去除部分有机物。随后污水进入缺氧段，进行反硝化作用，达到同时除 COD 和脱氮的目的。接着混合液从缺氧段进入好氧段，具有同时去除有机物、进行硝化和吸收磷的作用。A^2/O 工艺具有工艺流程简单、水力停留时间短、不易发生污泥膨胀、运行费用低等优点。

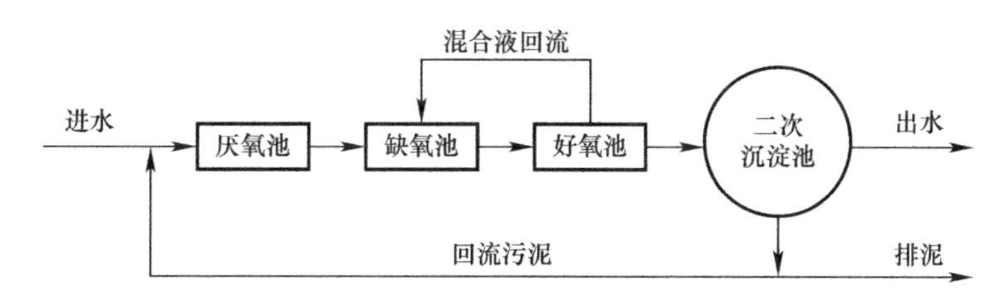

图 1-4　A^2/O 工艺流程

1.2.1.3　氧化沟工艺

氧化沟（Oxidation Ditch）也称为氧化渠，是普通活性污泥法的一种改型，它把连续环式反应池作为反应器，混合液在其中连续循环流动，其工艺流程如图 1-5 所示。氧化沟使用一种带方向控制的搅动装置，向反应器中的混合液传递水平速度，从而使被搅动的混合液在氧化沟闭合渠道内流动，因此又被称为“循环曝气池”或“无终端曝气系统”。氧化沟在水流特性上既有完全混合式又有推流式，污水流动过程中能形成良好的混合液絮体，不易在沟内形成污水死水区，能够提高二次沉淀池内污泥沉降效果。氧化沟工艺具有几十甚至上百倍于进水的循环混合液量，能够承受较大的水质水量冲击，且由于其具有较长的污泥龄，可以不设置初沉池。同时，氧化沟内不同分区会出现好氧、厌氧以及缺氧的特性，能够实现在同一构筑物中的有机物与氮、磷的去除。基于池型、结构、运行方式、曝气装置、处理规模、适用范围等方面，氧化沟演变出许多变形的工艺方法和设备，成为全球范围内广泛采用的一种污水处理技术。目前，氧化沟的类型主要包括普通氧化沟、卡鲁塞尔（Carrousel）氧化沟、奥贝尔（Orbal）氧化沟、T型氧化沟（三沟式氧化沟）、VR型氧化沟（单沟交替氧化沟）、DE型氧化沟（双沟交替氧化沟）和一体化氧化沟等，其中卡鲁塞尔氧化沟、奥贝尔氧化沟在国内污水处理厂中应用较为广泛。

卡鲁塞尔氧化沟是一个采用多沟串联的系统，在曝气渠道端部设置表曝机，在表曝机的推动作用下，水体不断向前流动，绕经几个曝气区后经堰口排出。该系统具有有限的脱氮除磷能力，为了取得更好的脱氮除磷效果，在卡鲁塞尔氧化沟的基础上形成了不同工艺。卡鲁塞尔2000氧化沟是在普通卡鲁塞尔氧化沟前增加一个厌氧池和一个缺氧池，从而更利于脱氮除磷。卡鲁塞尔3000氧化沟是在卡鲁塞尔2000氧化沟前，增加一个生物选择区，以利用高有机负荷，筛选菌种，抑制丝状菌增长，提高各污染物去除率。

奥贝尔氧化沟通常是由三层圆形或椭圆形的同心渠道组成的多渠道氧化沟系统。污水首先进入最外层渠道，在其中不断循环流动的同时通过淹没式输水口从一层渠道顺序流入下一层渠道，最后由位于中心的沟渠流出，进入二次沉淀池。每一层渠道都是一个完全混合的反应器，整个系统相当于若干个完全混合反应器串联在一起。典型的奥贝尔氧化沟即使在不设内回流的条件下，也能获得较好的脱氮效果，具有工艺流程简洁、能耗低、去除效率高、出水水质稳定、能承受较大的水量和水质冲击、好氧和兼性好氧并存的特点。

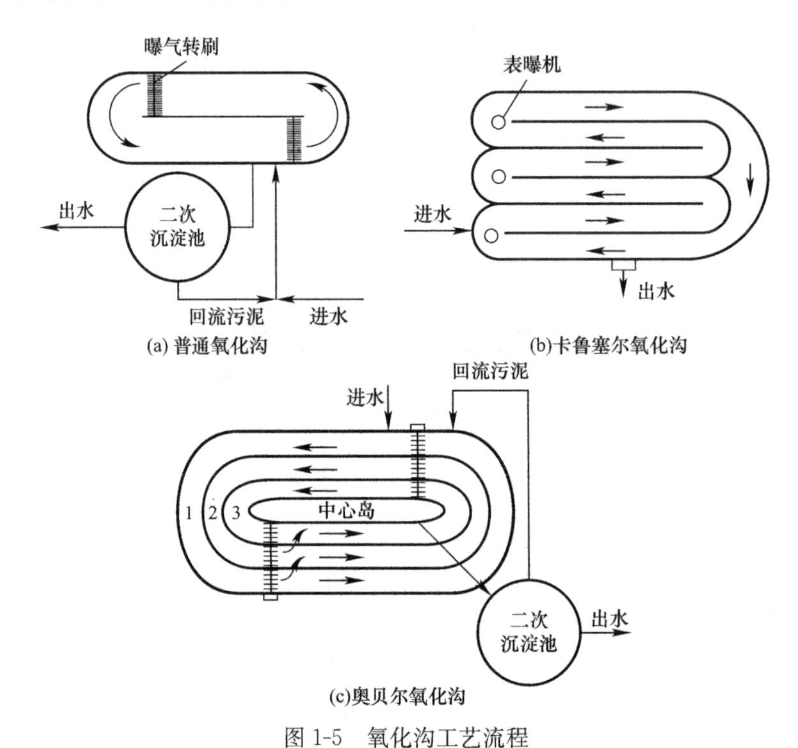

图1-5 氧化沟工艺流程

1.2.1.4 序批式活性污泥法（SBR）

序批式活性污泥法（Sequencing Batch Reactor Activated Sludge Process，SBR）为活性污泥法的一种变形。在序批式反应器中，曝气池与沉淀池合二为一，生化反应与泥水分离在同一反应池中进行，废水分批次进入反应池，然后按顺序进行反应、沉淀、排水和闲置四个过程，完成一个运行操作周期，其典型运行方式如图1-6(a)所示。SBR工艺在时间上具有理想的推流式反应器的特点，其SVI值低、沉降性能好，不易发生污泥膨胀。SBR无须设置二次沉淀池和污泥回流系统，占地面积小，工艺结构与形式简单，投资较少，易于实现自动化控制，有较强的抗冲击负荷能力。随着SBR的不断发展与应用的增多，在实践中逐渐形成了一些新型的SBR工艺，如ICEAS工艺、CASS工艺、UNTANK系统等。

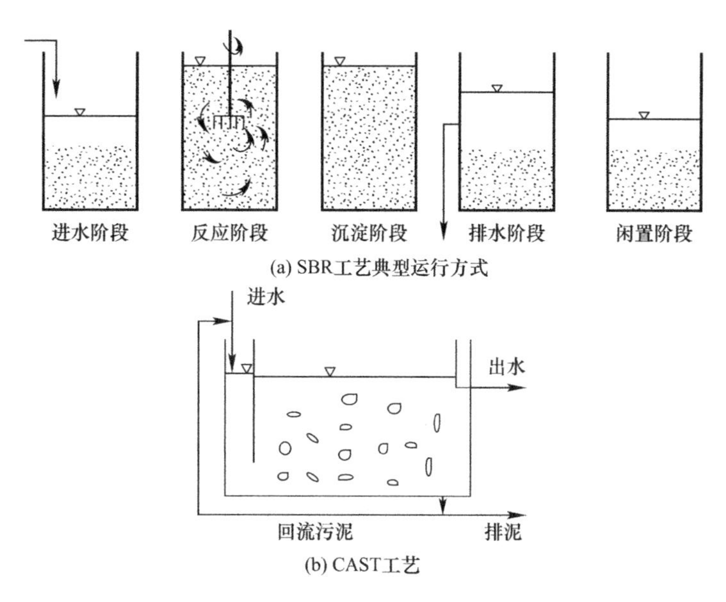

图1-6　SBR典型运行方式、CAST工艺

CASS工艺是周期性循环活性污泥法的简称。CASS工艺最核心的部分是CASS池。CASS池是在SBR构造的基础上，在池长上分为两部分，前一部分设计为生物选择区，后一部分则设计为主反应区。在处理污染物的过程中经历了基质的积累和污泥再生的过程。在生物选择区有机物不断积累，形成了一个高浓度的环境，随后在主反应区，活性污泥对有机物进行降解，并且完成了自身的繁殖过程。

CAST工艺是在主反应区的前面设置了生物选择区和接触区。CAST工艺与CASS工艺主要的不同之处在于前者具有污泥回流系统，如图1-6（b）所示。生物选择区可在厌氧或缺氧的条件下运行，能有效抑制丝状菌的膨胀，经预处理的污水和回流的活性污泥首先进入这里进行混合；接触区具有明显的基质浓度梯度，活性污泥能快速吸附和水解水中的有机物，同时回流污泥中的硝态氮经反硝化去除，磷得到释放，达到了较好的脱氮除磷效果。

1.2.1.5　缺氧/好氧工艺（A/O工艺）

A/O生物脱氮工艺利用污水中的含碳有机物作为反硝化碳源，能有效实现去除COD和脱氮，其工艺流程如图1-7所示。污水首先进入缺氧池，以其中的有机物作为电子供体，对内循环回流的硝态氮进行反硝化，有机物得到初步降解。混合液进入

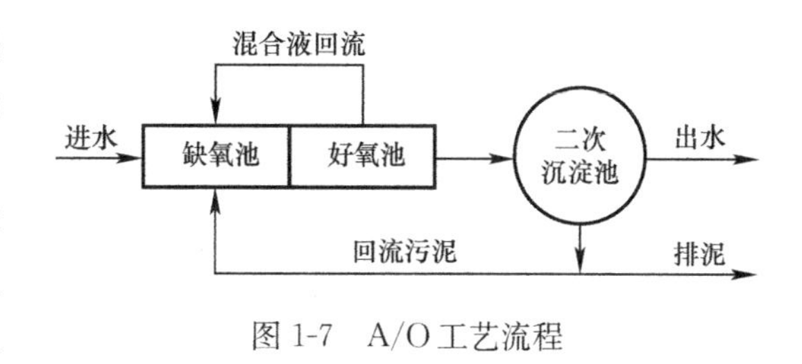

图1-7　A/O工艺流程

好氧池，有机物进一步降解，同时发生硝化反应，氨氮被去除。最后，好氧池硝化混合液和沉淀后部分污泥同时回流到缺氧池，使缺氧池能从原污水中得到充足的有机碳源和大量的硝态氮，从而进行反硝化作用。A/O 工艺流程简单，基建及运行费用低，占地面积小，耐冲击负荷强，能够减少外加碳源的投加，有利于控制污泥膨胀，易于在常规活性污泥系统上改建。然而，A/O 工艺若要取得较大的脱氮效率，需要足够大的污泥与混合液回流比，相应基建费用增加。由于影响脱氮效率的因素也较多，需要根据水质情况及时调整运行参数。

1.2.1.6　曝气生物滤池（BAF）

曝气生物滤池（Biological Aerated Filter，BAF）是集生物降解和固液分离于一体的废水处理工艺（图 1-8），主要由滤料、布水系统、曝气系统、出水系统以及反冲洗系统组成。BAF 滤池内填装了比表面积大、生化性质稳定的颗粒状滤料，启动时在系统内进行曝气，经驯化培养使滤料挂膜，当污水穿过滤层时，附着在滤料上的微生物充分吸附进水中的有机物，并利用曝气所产生的溶解氧，在微生物的新陈代谢作用下将其氧化分解。随着滤层内微生物的大量生长繁殖，生物膜厚度不断增加，外层的异养菌对溶解氧的消耗量逐渐增大，此时在生物膜由外而内的区域便形成了好氧、缺氧及厌氧环境。由于生物膜系统内好氧段、缺氧段及厌氧段的存在，滤池可实现同步硝化反硝化脱氮，若在工艺运行的相应阶段投加适量除磷剂，还能达到较好的除磷效果。BAF 不需要后续的沉淀池，工艺更为简单，具有处理效率高、占地面积小、基建投资少、管理方便和抗冲击负荷能力强等特点，但需要考虑预处理要求、除磷效果、滤料流失、运行维护费用等问题。

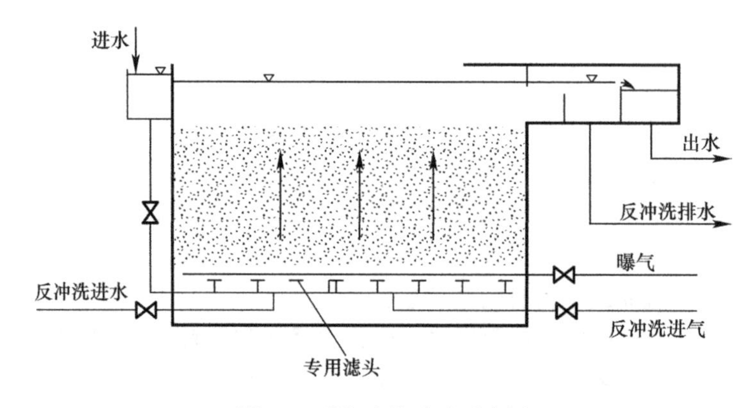

图 1-8　曝气生物滤池示意图

1.2.1.7　其他工艺

除了上述一些城市污水处理厂常用的处理工艺以外，膜生物反应器（Membrance Bio-Reactor，MBR）、百乐克工艺以及其他的一些生物膜法在污水处理厂中也有应用。

生物膜法是基于微生物附着于填料表面形成固定的活性污泥层的工艺，流动污水中的有机污染物通过附着水层进入生物膜，在溶解氧存在的条件下，生物膜中大量微生物和原生动物将去除进入其中的有机污染物以实现污水的净化。生物膜法主要分为生物滤池（普通生物滤池、高负荷生物滤池、塔式生物滤池及曝气生物滤池）、生物转盘、生物接触氧化、生物流化床。生物膜法具有生物群落多样，抗冲击负荷能力强，易于维护，动力消耗少等特点。

MBR是膜分离技术与生物处理技术相结合的污水处理技术，根据膜组件与生物反应器的位置摆放可分为分置式和一体式。MBR可以有效地截留污水中的微生物实现污泥龄和水力停留时间的分离，使工艺运行更加灵活稳定。MBR有较高的固液分离效率，出水效果良好且稳定，占地面积较小，易实现一体化自动控制，操作管理方便。尽管MBR具有许多优点，但对其膜污染严重、投资成本高、水处理能耗较高、化学清洗废液造成二次污染等问题，在实际应用中应予以考虑。

百乐克工艺通过在同一构筑物中设置多个A/O段，使污水能够经过多次的缺氧过程与好氧过程，强化污泥的活性并具有脱氮除磷效果。百乐克工艺采用悬链式曝气装置，强化了氧的转移效率，减少了运行费用。该工艺采用土池建设、设计简单、便于管理、在适宜的条件下具有较显著的经济和社会效益，但是占地面积大，建设成本较高。

1.2.2 分散式污水处理技术

比较分散的中小城镇、农村及偏远山区，由于受到地理条件和经济因素制约，不适合进行生活污水的集中处理，应因地制宜地选择和发展分散式污水处理技术。分散式污水处理技术因具有占地面积小、节省管网维护与建设费用、环境影响较小、因地制宜、灵活多样等优点，而成为一种新型的、经济环保的污水处理技术。分散式污水处理技术可分为小型生活污水一体化水处理技术与自然净化技术。其中，小型生活污水一体化水处理技术包括一体化MBR技术、一体化A/O技术等；自然净化技术包括人工湿地污水处理技术、污水土地处理技术、氧化塘处理技术等。

1.2.2.1 小型生活污水一体化水处理技术

1. 一体化MBR技术

MBR如图1-9所示。一体化MBR技术是将膜组件置于生物反应器内部进行污水处理及回用的一体化设备，以膜组件取代传统生物污水处理技术末端二沉池，在生物反应器中保持高活性污泥浓度，提高生物处理有机负荷，从而减少污水处理设施占地面积和剩余污泥量。一体化MBR技术的出水水质好，水力停留时间（HRT）和污泥停留时间（SRT）可以分别控制，占地少，有利于增殖缓慢的硝化细菌的生长和繁殖，剩余污泥产量少，但是工艺造价、运行维护及更换费用较高。

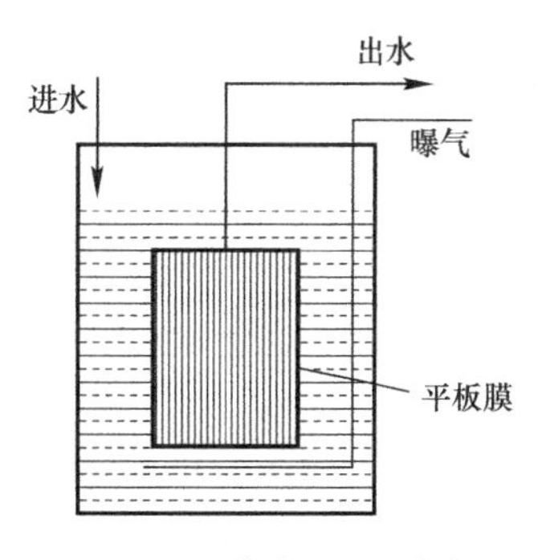

图1-9 一体化MBR技术

2. 一体化A/O技术

一体化A/O反应器是将普通A/O技术的多个处理单元在同一个反应器内完成的处理设备（图1-10），一定程度上解决了普通A/O工艺操作烦琐、占地面积大的问题。一体化A/O反应器主要有筒式一体化A/O反应器、套筒式一体化A/O反应器等。一体化A/O技术整体处理效率高、投资成本低、剩余污泥少、能耗低、可减少恶臭发生，但是溶解氧需要严格控制，且填料的选择对出水水质影响较大。

1.2.2.2 自然净化技术

1. 人工湿地污水处理技术

人工湿地是通过模拟和强化自然湿地系统净化水体功能来构造和设计的，其结构如

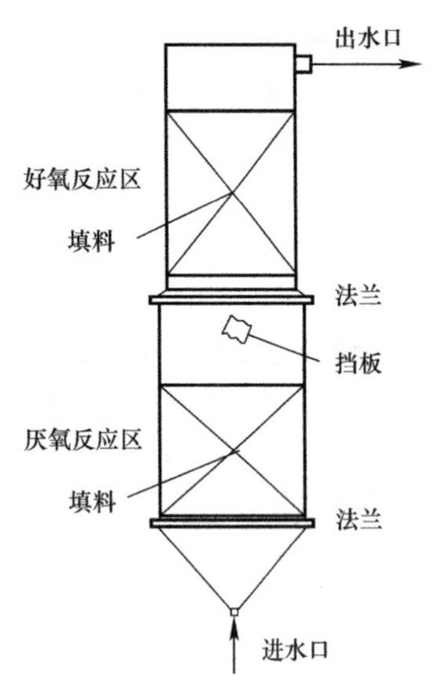

图 1-10　一体化 A/O 反应器

图 1-11 所示。将污水、污泥有控制地投配到人工建造的湿地上，在污水与污泥沿一定方向流动的过程中，利用土壤、人工介质、植物、微生物的物理、化学、生物三重协同作用对污水、污泥进行处理。人工湿地的作用机理包括吸附、滞留、过滤、氧化还原、沉淀、微生物分解、转化等。按照污水在其中的流动方式，人工湿地分为表面流人工湿地、水平潜流人工湿地、垂直流人工湿地和潮汐流人工湿地。人工湿地具有缓冲容量大、处理效果好、工艺简单、投资少、运行费用低、具有景观资源价值等特点，非常适合中小城镇的污水处理。但是人工湿地易受虫害的影响，如果设计不当可能使出水达不到设计要求或不能达标排放。

2. 污水土地处理技术

污水土地处理技术是指在人工控制的条件下，将污水投配在土地上，通过土壤-植物系统，进行一系列物理、化学、生物的净化过程，使污水得到净化的一种污水处理工艺（图 1-12）。污水的土地处理，既经济有效地净化了污水，又充分利用了污水中的营养物质和水，强化农作物、牧草和林木的生产，促进水产和畜产的发展，是一种环境生态工程。污水土地处理技术一般包括污水的收集与预处理设施、调节与储存设施、布水与控制系统、土地净化田以及净化水收集装置。根据处理目标与处理对象，污水土地处理技术可分为慢速渗滤系统、快速渗滤系统、地表漫流系统以及地下渗流系统。污水土地处理技术成本低廉，运行简便，二次污染少，能够充分利用水肥资源，可促进生态系统的良性循环。

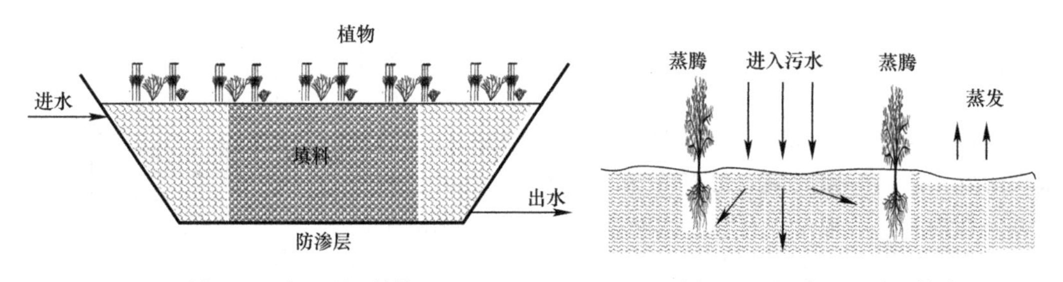

图 1-11　人工湿地结构　　图 1-12　污水土地处理技术

3. 氧化塘处理技术

氧化塘属于生物处理设施，也称稳定塘或生物塘，其净化过程与自然水体的自净过程相似，是一种利用天然净化能力对污水进行处理的构筑物的总称（图 1-13），通常是对土地进行适当的人工修整，建成池塘，并设置围堤和防渗层，依靠塘内存活微生物的代谢活动和包括水生植物在内的多种生物的综合作用，使有机污染物降解，污水得到净化。其中好氧微生物代谢所需的溶解氧主要由以藻

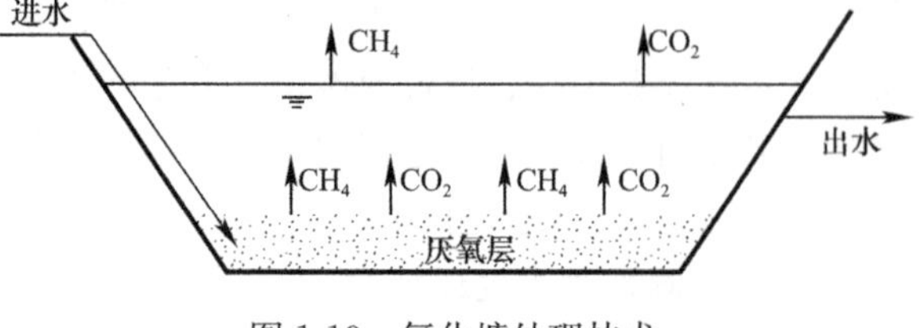

图 1-13　氧化塘处理技术

类为主的水生浮游植物的光合作用提供。氧化塘能充分利用地形，基建投资和运行费用低，维护简单，便于操作，能实现污水资源化，但是存在占地面积大，处理效果不稳定，容易散发臭气与滋生蚊蝇等问题。按照氧化塘内优势微生物群体可将氧化塘分为好氧塘、兼性塘、厌氧塘以及曝气塘。

1.2.3 现有污水处理工艺对比

1.2.3.1 工程建设对比

集中式污水处理系统包括城市排水管网及污水处理厂。集中式污水处理系统的服务范围较广，处理效果稳定，工艺成熟，设计比较规范，其最主要的特征是统一收集、统一输送、统一处理。污水集中处理设施的建设周期较长，建设内容复杂，配套设施多，需要配备提升泵站和集水管网，并且占地大，选址也相对困难，实施难度较大，施工管理比较严格。即使污水处理厂建成，如果配套的排水管网建设无法跟上，也会造成污水收集困难，污水处理厂无法按设计运行，而且处理后的污水要再生利用还需要再修建一套回用管网，因此很难进行再生水回用。

分散式污水处理就是对污水就地处理后达标排放或作为中水回用，主要用于处理和处置来自独户或相对集中的一小片住宅或商业区、文教区的生活污水，或应用于中小城镇、农村及偏远山区。其处理系统具有小型化的特征，污水处理设备一般采用一体化建设，因此建设周期较短，不需要长距离输送管道，占地面积小，对周围影响小，实施起来相对容易。但是分散污水处理系统的服务范围相对较小，处理效果不稳定，特别是后期运行如果缺乏有效的监督管理机制，往往存在排放不达标等问题。

1.2.3.2 经济效益对比

集中式污水处理系统的投资包含城市排水管网及污水处理厂。由于集中式污水处理系统占地面积较大，特别是对于老城市，由于拆迁工作量巨大，因此土地成本很高。此外，污水集中处理所需要的管网建设耗资较大，大部分污水处理厂需建中间提升泵站，导致总投资过高。

分散式污水处理系统的投资一般包括污水处理装置、污泥收集、运输及处理系统费用。分散式污水处理系统占地面积小，免去了排水管道系统的建设，基建和运行投资均较小。近年随着膜分离技术的运用和不断推广，其出水水质得到了提高。

1.2.3.3 环境效果对比

集中式污水处理系统的长距离输送已经暴露出大量的渗漏问题。运输中污水未经处理就渗漏到地下，不仅对环境造成污染，而且对水资源的回收利用、实现水资源的可持续发展极为不利。集中式污水处理系统利用水作为介质来输送浓度较高的生活污水，污水中的污染物被稀释后必须采用更昂贵、更耗能、技术更复杂的工艺进行处理，造成资源能源浪费。

分散式污水处理系统能够减少水资源在管网系统中多次输送的问题，可避免因长途输送导致的污水渗漏。管理适当的分散式污水处理系统在节约处理费用和能耗的同时，可以补充当地的地下储水层，提供污水再生利用机会，并且污泥产生量少，便于就地处理。分散式污水处理系统比集中式污水处理系统更灵活，针对性强，能针对不同的水质进行处理，将有害物质的扩散等危害程度降至最低。

1.2.4 污水处理工艺存在的问题和技术需求

1.2.4.1 污水处理设施对周边环境的影响

传统的污水处理设施多数存在与周围环境不协调等问题，污水处理厂周边的较大范围都被其产生的臭味困扰。随着城市的发展及城市区域的扩大，一些原来建设在离城市较远的地方的污水处理厂也渐渐被扩张的新城区包围，这些污水厂的臭味、景观问题严重影响了周边市民的生活质量。随着城市居民生活质量不断提高，市民的“维权”意识也逐渐上升，在一些城市出现了市民上访，要求污水厂搬迁，甚至集体抵制污水处理设施的选址。基于这些问题，一些新建的污水处理厂采用全地下构筑物，一些原有的污水处理厂通过技术改造增加了除臭设施。尽管如此，污水处理设施对周边环境的干扰并没有彻底消除，没有达到与其周边景观环境的相互协调、充分融合到市民生活氛围中的程度。因此，提高污水处理设施的景观性及生态性是城镇污水处理所面临的新问题。

1.2.4.2 季节性低温条件下污水处理的稳定性

原有的城市污水处理厂普遍存在工艺落后的问题，其出水难以满足新的排放标准。即使是新建的污水处理厂，也存在处理效果季节性恶化的共性问题，尤其是常规生物处理工艺的脱氮能力会在冬季低温条件下降低，无法满足排放标准。基于季节性问题，国家一级A排放标准放宽了对气温低于12℃时出水的氨氮要求，将氨氮的出水浓度由5mg/L放宽到8mg/L。

污水生态处理技术的发展，为解决传统污水处理技术存在的问题提供了新的途径。污水生态处理技术运用生态学的原理，采用工程学的手段，使污水无害化和资源化，是一种将污水中污染物的治理和水资源的利用相结合的污水处理方法。生活污水的室内型景观生态处理技术进一步将污水处理、生态构建及景观设计相结合，较好地解决了常规污水处理系统影响周边环境和低温条件下工艺处理效率降低这两个难题，具有优越的污水处理效能和景观价值。通常，污水生态处理技术主要包括人工湿地、氧化塘等。这些处理技术在消除污水处理设施对周边环境的影响方面具有一定优势，但是人工湿地占地面积大，氧化塘在严寒地区的季节性问题等仍然存在。因此，污水生态处理技术仍需进一步地改进以应对社会发展的需求。

1.3 生态型污水处理技术

随着国内生态环境保护意识加强，生态型污水处理技术在污水处理领域得到了广泛关注。广义上的生态型污水处理技术被认为是包含所有废弃物资源利用程度高、能耗小、二次污染少的技术。狭义上讲，生态型污水处理技术主要是指利用土地系统和自然型及人工型的污水处理工艺，形成以植物、土壤和微生物为主的复合生态系统用于有效处理污水的技术。具体来说，生态型污水处理技术就是系统地应用生态学、生态经济学及工程学等的原理，利用生态系统中微生物和动植物对污水中的污染物进行转化降解的技术。该技术不仅能够去除污染物质，同时能对产出的动植物进行资源回收，使污水处理与物质利用相结合，从而实现污水的资源化。生态型污水处理技术主要优点在于能够将污水处理与环境生态有机地融合，使污水处理成本大大降低。目前，生态型污水处理技术主要包括土地处理技术、氧化塘处理技术、人工湿地处理技术、Living machine 技术以及一些联合处理技术等。人工湿地、氧化塘、人工浮岛等由于其发展时间较长，已成为具有代表性的生态型污水处理技术，被认为是传统的生态型污水处理技术。在此基础上，依据生态理念，一些新型的生态型污水处理技术又被提出，如 Living machine 技术、FBR 废水生态处理技术、景观生态活性污泥复合系统等。

1.3.1　生态型污水处理技术应用前景

未经处理的污水排放是导致水体受到污染的主要原因之一。城市污水的处理方法通常是由市政管网收集后，统一送至大型的污水处理厂处理。然而随着城市污水处理率得到显著提高，国内的水体污染仍然没有得到明显缓解，其中很大一部分原因在于分散式污水没有得到很好的处理。分散式污水的主要来源包括村镇生活污水、旅游景区污水（包括餐饮、沐浴、厕所废水等）、部队营区污水、独立别墅区污水等。

分散式污水处理与集中式污水处理相比，具有不依赖复杂的基础设施，受外界的干扰小，系统自主建设，运行和维护管理较方便，应用较为灵活，污水处理后便于回用等优势。分散式污水处理技术（Decentralized Wastewater Treatment Process，DWTP）的诸多优点使其成为国内外生活污水处理的一种新常态，美国有20%以上的生活污水采用分散式污水处理技术。在分散式污水处理技术的诸多工艺中，生态型污水处理技术以其独具的生态友好特征受到越来越多的青睐。

然而，目前常用的一些生态型污水处理系统，如人工湿地、氧化塘等多少存在一些不足。首先，现有的生态型污水处理系统处理过程中存在易堵塞、效果不佳等问题。其次，其抗冲击负荷的能力并不理想，同时对温度的变化十分敏感，常出现出水水质不达标的现象。例如，人工湿地受水力负荷和水力停留时间的影响较大，冬季时脱氮效果下降明显。生态型污水处理技术通常占地面积大，产生臭味对周边环境造成影响，建设覆盖率和投入运营率不高，如人工湿地处理 $1m^3$ 的生活污水需要 $25\sim30m^3$ 甚至更多的土地。因此，寻找一种处理效果好、抗冲击负荷能力强、占地面积小且能与周边环境相融合的生态型污水处理系统迫在眉睫。

1.3.2　污染物去除机理

1.3.2.1　植物在系统中的作用

植物在生态型污水处理系统中有着重要的作用，具有良好的景观性与一定的经济价值，通过与微生物协同作用达到去污效果。影响植物对污染物去除效果的因素主要有植物生长习性、生物量、根系发达程度、水质条件、水力停留时间、温度等。植物在系统中的作用主要有以下几类。

1. 植物直接利用

污水中含有植物所需的大量氮（N）、磷（P）等元素，这些营养物质可以直接被植物吸收利用，而植物吸收重金属则是通过植物体富集进行。与此同时，植物具有较强的耐污特性，可主要通过污染物排斥和污染物累积两种途径实现。污染物排斥是指植物本能地排斥环境中对自身有毒有害的物质进入植物体内，而污染物累积则是指植物能够过量吸收环境中的污染物质储存在植物体内，使其在植物体内的某些物质浓度高于环境浓度。

污水中 N 主要分为有机氮和无机氮，植物主要利用的是 NH_4^+-N、NO_3^--N 等无机氮，对有机氮如氨基酸等也有一定的吸收。图 1-14 是景观生态-活性污泥复合系统中不同形态 N 的相互转化。污水中 NH_4^+-N 与 NH_3-N 在水解作用下可以相互转化，NH_4^+-N 在微生物作用下可以转化为 NO_3^--N 和 NO_2^--N，这两种物质又可以在反硝化菌的作用下转化为 N_2。景观生态-活性污泥复合系统中 NH_4^+-N 和 NO_3^--N 等无机氮可以在植物和微生物的作用下转化为有机氮，而有机氮可在微生物的作用下转化为无机氮。

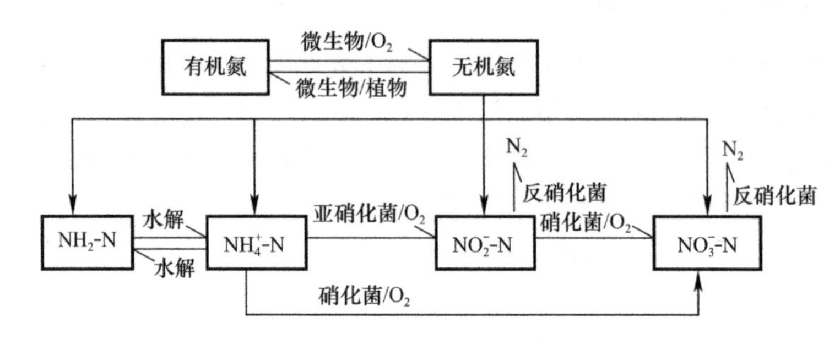

图 1-14　景观生态-活性污泥复合系统中不同形态 N 的相互转化

污水中 P 以溶解态（DTP）和颗粒态（PP）存在，植物可以直接吸收利用的主要是溶解态中的无机磷，即磷酸盐。图 1-15 是景观生态-活性污泥复合系统中不同形态 P 的相互转化，植物对有机磷（DOP）不能直接吸收利用，必须通过微生物降解成无机磷（DIP）才可以利用，植物和微生物可以将 DIP 和 DOP 相互转化利用。DTP 和 PP 可以相互转化，并且可以沉淀作为微生物和植物的潜在磷源，在有效磷不足时潜在磷可以溶解成为有效磷。

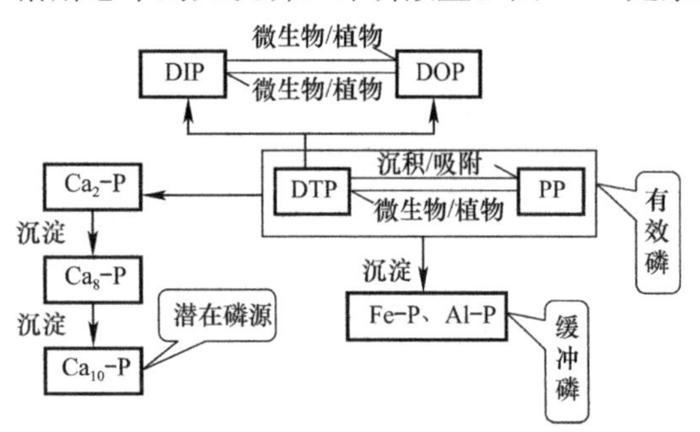

图 1-15　景观生态-活性污泥复合系统中不同形态 P 的相互转化

2. 传递氧气和分泌化感物质

植物通过光合作用为微生物提供氧气，氧气传输到植物根区，形成厌氧、缺氧和好氧环境，利于各种微生物的硝化和反硝化作用，提高系统对污染物的去除率。

一些植物的根系分泌物可以杀死大肠杆菌和病原菌，如灯芯草根系可以分泌抗生素，对系统可以起到杀菌消毒作用；一些植物根部可以分泌酶，这些酶可以降解污染物，并且速度非常快；一些植物的分泌物可以促进微生物如嗜氮菌和嗜磷菌的生长，有利于对 N、P 的吸收和转化；还有些植物可以分泌一些复合物，影响其他物种生长，如石菖蒲可以分泌抑制藻类生长的物质。

3. 为根系微生物生长提供环境

植物为根系微生物的生长提供了良好的环境。植物将其光合作用所产生的氧气输送到根部，从而在根部产生氧化态的微环境，根部区域有氧、缺氧形成的环境条件为好氧、厌氧、兼性厌氧的微生物生长提供了良好的生存环境，使多种多样的微生物发挥各自的功能，相辅相成。此外，微生物是系统中营养物质去除的主要执行者，污染物质的净化效果与系统中微生物的数量呈明显的正相关性。不同的植物体系中，细菌、真菌和放线菌等根系微生物种类组成也不相同，植物能够起到调节微生物群落分布的作用，从而提高对有机物和氮、磷等的去除与利用能力。

4. 景观功能

植物的景观功能改善了污水处理设施的整体环境并具有一定的除臭能力。传统的污水处理设施占地面积大，沉淀池、曝气池等池体表面无任何装饰美化措施，使得污水处理厂并不为周围群众所乐见，污水处理厂周边较大范围都被污水厂的臭味所困扰。虽然一些新建污水处理厂采用了全地下式构筑物，一些原有污水处理厂通过技术改造增加了除臭设施，但污水处理设施并没有彻底消除对周边环境的干扰，更没有实现与周边景观环境的协调和市民生活氛围的融合。植物的景观效应与除臭效果很大程度上解决了目前常规污水处理系统面临的现实问题。

5. 经济价值

许多植物具有很高的经济效益，如风车草、美人蕉、菖蒲、芦苇等在药理和临床上都具有很高的药用价值，风车草茎秆可以用来制作凉席，芦苇秆可用作造纸、人造丝、人造棉等的原料，也可用于编织席、帘等，甚至还是优良饲料，花絮也可做扫帚和填充枕头等。

1.3.2.2　根系微生物在系统中的作用

根系微生物是指生长在植物根系范围内的微生物群落，包括植物根系表面及近根区域的微生物。根系微生物一般广泛应用于污染土壤的修复、有机污染物的吸收、污水中氮和磷营养物质的去除等方面。根系微生物对污染物的降解原理较为复杂，并且不同种类的植物，微生物群落具有明显的差异。

植物种类和基质对微生物的种类和数量都有重要影响，细菌在系统中占主导地位，放线菌其次，真菌最少，植物根系微生物数量与污染物去除效果之间有明显的相关性。微生物的数量、活性等特性具有明显的根际效应，根际细菌、真菌和放线菌的数量及活性均大于非根际微生物相应项的数量及活性。植物种类、基质类型不同，植物的根际效应不同，各种微生物类型受根际效应的影响也不同，其中受影响程度为细菌＞真菌＞放线菌。污染物去除效果方面，不同植物的根际微生物数量不同，植物根际细菌总数与BOD（Brochemical Oxygen Demand）的去除率之间存在显著相关性，而根际微生物数量与TP（Total Phosphorus）、COD和凯氏氮的去除率之间不存在显著相关性。

1.3.2.3　填料在系统中的作用

系统中植物、微生物和填料基质三者协同作用，通过吸收吸附、富集、过滤、沉淀、氧化分解等作用去除污染物。填料可以固定植物根系，植物通过光合作用产氧提供给微生物，利于植物从水中吸收N、P，植物和填料为微生物提供栖息场地，三者相辅相成，达到协同去除N、P的目的。

基质作为植物的生长载体，为微生物提供了大量的附着界面，直接通过物理化学作用净化污水，并保证一定的水力传导性能。基质对于污染物的去除以基质吸附沉降和表面生物膜生化处理为主，基质表面吸附的生物量越多，对污染物的去除能力越强。对于基质的选择标准主要有粒径、孔隙率、吸附特性等，基质的粒径越大，孔隙率越高，吸附效果越好，在实际应用中要因地制宜，慎重选择。

基质的选择根据处理系统的类型进行，例如人工湿地中，自由表面流人工湿地多以自然土壤为基质。对于潜流人工湿地来说，基质的粒径尺寸，应既具有较高的比表面积为微生物提供更多的附着介质，又能保证一定的水力传导性能，防止床体很快被堵塞，潜流人工湿地基质的选择多样，但也要考虑取材方便、经济适用等因素。一般情况下，处理以TSS（Total Suspenled Solids）、BOD和COD为特征污染物的污水时，可根据停留时间、占地和出水水质要求选用细沙、粗砂、砾石、灰渣中的一种或两种作为基质。以P为特征污染物的污水则多选择方解石、大理石或含Ca^{2+}、Fe^{2+}、Al^{3+}离子较多的矿石。

1.3.3 传统生态型污水处理技术

1.3.3.1 人工湿地

人工湿地是在自然湿地的基础上，通过模拟自然湿地的结构与功能，根据人们的需要设计和建造出的主要由基质、植物、动物及微生物组成的复合体系，是一种利用湿地植物、土壤和相关的微生物组合等自然过程来帮助处理污水的工程系统。人工湿地具有较多优点，如氮、磷去除效果好、处理成本低、能改善生态环境等。1903年，英国约克郡建立了世界上第一个人工湿地，用于处理污水并连续运行到1992年，这也是人工建造的最早的生态型污水处理系统。1987年国内首座芦苇人工湿地在天津建造完成；1990年，深圳白泥坑建造了中国第一个规模较大的人工湿地污水处理试验场，占地$800m^2$，日处理规模达$3100m^3$。20世纪90年代之后，国内开始大规模采用人工湿地处理技术，先后在北京、深圳、四川、湖北、海南、广东、福建、西安、吉林、山西等地建立了上百项人工湿地大型工程，用于净化生活污水、湖泊富营养水体等污染水体。

人工湿地的基本形式主要包括两种：表面流人工湿地（Surface Flow Constructed Wetlands，SFCW）和潜流人工湿地（Horizontal Subsurface Flow Constructed Wetlands，HSFCW）。表面流人工湿地是使污水流经湿地表面，依靠基质、植物和微生物的相互作用去除污染物，其构造简单、成本低、易于管理，但存在占地面积大、水力负荷低、易滋生蚊虫、散发臭味等缺点。潜流人工湿地是污水在湿地床表面以下流动，其处理效果较好、保温效果与卫生环境相对更好，但构建复杂、投资高、易堵塞。目前，国外新建的人工湿地中潜流人工湿地占很大的比例。根据污水的流向，潜流人工湿地分为水平潜流人工湿地和垂直潜流人工湿地。水平潜流人工湿地是在湿地表面种植挺水植物，使污水从一端水平通过基质流向另一端。在垂直潜流人工湿地中，水流在填料层中垂直向下流，布水系统设在表面，填料的底部安装出水收集管。除了这两种基本的形式，复合垂直流人工湿地、波浪流人工湿地等也相继出现。

基质与植物、微生物作为人工湿地主要组成部分，为植物和微生物提供生长介质，为微生物提供了良好的生长环境，为水流提供了良好的水力条件，通过沉淀、过滤、吸附等作用去除污染物，影响着湿地系统的去污能力和稳定运行。植物直接吸收和富集污水中的N、P、重金属等物质，增加湿地基质的透水性，根系为周围环境中的动植物和微生物提供附着场地，通过光照、氧的传递等作用形成微生态环境，实现对污染物的去除。微生物能直接吸收利用N、P、COD、重金属，去除部分难降解有机物，微生物附着于植物根系，可以促进植物对N、P等元素的吸收。

2009年以来，国内外对人工湿地的研究报道迅速增加，有关人工湿地的累计发文量已经超过20000篇，研究内容主要集中在如何提高脱氮除磷效率、对新兴污染物的去除、人工湿地根系微生物结构与功能以及人工湿地模型四个方面。应用广泛的传统人工湿地技术通常主要研究提高脱氮除磷的方法选择。人工湿地系统内基质的种类以及粒径的不同，对污染物的截留吸附效果也存在差异，同时会影响人工湿地内部水力特性、局部微环境，间接改变微生物群落结构，最终反映在人工湿地的处理效率的变化上。沸石、砾石和无烟煤对COD均有较好的去除效果，但是基质粒径过小和过大都会限制湿地中有机物的降解；小粒径基质由于复氧能力弱更有利于氮素的去除；无烟煤对TP的平均去除率最高，且表现为小粒径优于大粒径，而沸石的TP去除率较低。在实际应用中，基质投资占人工湿地的大部分建设费用，基质选择应考虑效率和成本之间的平衡。表面流人工湿地、水平潜流人工湿地以及垂直潜流人工湿地各有优劣，此基础上为提高人工湿地效率，加大负荷，不同的人工湿地组合工艺应运而生。针对巢湖流域治理小城镇污水处理厂污水排放标准提高的问题，一些学者以规模为1500m^3/d的某污水处理厂尾水为对象，通过潜流人工湿地和表面流人工湿地的组合人工湿地对尾水进行深度处理，出水COD、NH_4^+-N、TP的质量浓度均达到《地表水环境质量标准》GB 3838—2002的Ⅳ类水质要求。在三级垂直流湿地的组合工艺中，生活污水中有机物的去除主要集中在组合式垂直流人工湿地的第一级，第一级去除速率常数显著高于后面两级。以垂直潜流湿地、表面流湿地以及水平潜流湿地为主的组合处理工艺用于卫生和工业混合废水深度处理，在6年的长期运行中表现出了较强的稳定性。为了进一步地提高人工湿地的脱氮除磷效率，借鉴其他工艺发展成果，将人工湿地与其他水处理工艺相耦合是一种效果较好的方法。在普通垂直流人工湿地、上升垂直流微电解耦合人工湿地和复合垂直流微电解耦合人工湿地中，两种微电解耦合人工湿地的启动时间比普通垂直流人工湿地缩短近一半，处理后的生活污水中COD与TP平均质量浓度均达到《城镇污水处理厂污染物排放标准》GB 18918—2002的一级A排放要求。针对现有的人工湿地工艺处理效果受溶解氧局限的问题，BAF型人工湿地被提出，其COD、NH_4^+-N、TN等出水指标均能达到一级A排放要求。另外，植被的存在明显影响人工湿地对污染物的去除效率，温度变化、不同的水力负荷、有机负荷以及悬浮固体负荷对于人工湿地的去除效果也存在一定的影响。

经过几十年的发展，人工湿地技术已经应用于城市生活污水、农村生活污水、工业废水、城市和农业径流、污染的地表水等的处理。与常规处理系统相比，人工湿地运行和维护成本要低得多。人工湿地在去除有机物和悬浮固体方面都非常有效，而对N和P的去除效果较差，分别需要结合不同类型人工湿地及使用具有高吸附能力的特定介质提高对N、P的去除率。除用于处理污水外，人工湿地通常也被设计为两用或多用生态系统，可以提供其他生态系统服务，例如防洪、固碳或作为野生动植物栖息地。

1.3.3.2 氧化塘

氧化塘（Oxidation Pond）也叫稳定塘或生物塘，按照供氧方式可分为好氧塘、兼性塘、厌氧塘和曝气塘，通常是普通池塘经过人为改造和处理后具备净化和处理污水能力的一种新型池塘，是利用自然生物净化能力净化污水的一种生态处理方法。人工对合适的土地进行修整，建立起围堤和防渗层，经过一段时间的运行后在塘内形成菌藻共生体系来处理污水，塘内污染物的净化过程与天然水体自净的过程相似。氧化塘的研究从20世纪初开始，因其工艺简单、投资和运行费用较低、不需要污泥处理、管理和操作简单、并且具有一定的生态效能，20世纪50年代开始逐渐受到重视。氧化塘在国外应用较多，截至

2011年，美国已经建立12000座氧化塘，数量居世界之首，其次是德国和法国，俄罗斯的小城镇污水处理基本上也采用氧化塘。一些发展中国家氧化塘应用也比较多，马来西亚40%的工业废水通过氧化塘处理。国内氧化塘发展与国外几乎同步，尤其“八五”以来，更是迅速发展，在新疆、内蒙古等地建设了大量氧化塘，新疆最大的氧化塘在2006～2010年期间对COD、NH_4^+-N、TP表现出比较稳定的处理效果。

与其他生态型分散式污水处理工艺相比，氧化塘具有构筑物结构简单，能够因地制宜地利用当地的池塘、湖泊进行建设，实现污泥的零排放等特点。但其依然存在占地面积大，除磷效果不佳，水力停留时间长，处理效果不稳定等缺点。随着排放标准提高，温室气体排放及地价上涨等，传统的氧化塘需要进行改良，高效藻类塘、水生植物塘和养殖塘等新型塘技术，以及UNITANK工艺＋生物稳定塘、水解酸化＋稳定塘等组合塘工艺不断出现。

藻类是基于太阳能曝气的氧化塘技术的关键，如何解决藻类过度生长问题，降低藻类潜在危害是氧化塘技术研究重点之一。一些通过结合岩石过滤器、人工湿地系统或者投加食物链中的捕食者改善藻类问题的方法相继出现。另外，早期研究发现曝气塘可通过增大塘中的溶解氧来提高微生物对有机物的氧化速率，人工湿地比没有曝气的氧化塘处理效果好，而曝气塘能够更好地去除NH_4^+-N和PO_4^{3-}－P。

1.3.3.3　人工浮岛

人工浮岛（Artifical Floating Island）也称作漂浮植物堆、生态浮床、人工浮床或漂浮湿地。人工浮岛主要由浮床和植物组成，利用植物的自然生长规律，通过具有一定浮力结构的高分子材料组成的载体将植物种植于水体表面。浮岛植物一般是水生植物，也可是改良驯化的陆生植物。微生物附着于植物根系，与植物及周围环境组成小的生态环境，通过吸收、吸附、分解等作用将水体中N、P、COD去除。同时，人工浮岛也可为鱼类和鸟类提供栖息地、护堤和防止水华，在此基础上还能形成景观效果。

人工浮岛在20世纪70年代末开始应用于水处理，20世纪90年代后期在日本、欧美国家等得到广泛应用。国内20世纪90年代引进人工浮岛技术，主要应用于河道、湖泊等水体的富营养化治理以及生活污水的处理。1991年，在杭州、上海、北京、无锡等城市应用人工浮岛技术对污染河道进行试验与治理，表现出较好的效果。2000年国内开始重视人工浮岛的研究与应用，运用人工浮岛技术对永定河、什刹海和太湖等富营养水体进行处理，水质得到全面改善。

人工浮岛中的植物可选择有景观价值的，或者选择粮食、蔬菜等经济作物。美人蕉、风车草、梭鱼草、再力花、灯芯草、菖蒲、水培蕹菜、芦苇、鸢尾、旱伞草、水葫芦等植物有较好的净化作用，并且适应性强，景观性较好，比较适合人工浮岛。

人工浮岛具有投资少、运行费用低、去除率高、管理简单方便、易维护和抗冲击能力良好的特点。人工浮岛的框架一般由木材、竹材、塑料管或废旧轮胎等加工而成，这些物质浸泡在水里太长时间易腐烂，容易引起二次污染。植物对营养物质的摄取和存储是临时的，植物通过吸收污染水体中含有的过量氮磷以满足植物生长的需要，最终通过收割植物体的方式将营养物质移出水体，不同植物的不同器官对N、P的吸收能力也不同，植物选择不当会造成物种入侵。植物对人工浮岛的水面覆盖率影响对污染物的去除效果，覆盖率过高易造成缺氧，导致水体黑臭，过低则无法得到较好处理效果。

传统的人工浮岛主要依靠植物吸收和微生物代谢来去除污染物，温度、pH值、DO、水力负荷等也影响其去除效率。一些将各种辅助技术与传统人工浮岛相结合的新型的生态人工浮岛被用于提高净化能力。与传统的人工浮岛相比，复合人工浮岛作为一种新的技术，添加固定的生物膜或生物填料作为基质，通过植物吸收、基质吸附和微生物作用联合净化污水，或者增加水生生物，延长食物链，形成植物-水生动物-微生物生态恢复系统，提高系统污水净化能力。如将生物陶瓷基质悬挂在池塘大薸根部下，建立联合生态浮床处理养殖废水，对NH_4^+-N、TP和COD均有较高去除率。

1.3.4 新型生态型污水处理技术

1.3.4.1 Living Machine技术

20世纪80年代，生物学家Todd将活性污泥法与人工湿地结合起来，形成一种新型的生态型污水处理技术——Living Machine。Living Machine由一系列的厌氧池、好氧池、多级曝气植物浮床生态箱和沉淀池等组成，通过在活性污泥系统中引入水生植物及一些微型动物如螺蛳、鲇鱼等来达到污水处理以及提升景观效果的目的。其不足之处主要包括处理单元数目较多，占地面积大，基建成本高，处理水量不大，植物发挥作用有限等。图1-16是传统的Living Machine技术的流程图，污水依次流进厌氧池、缺氧池和好氧池，污染物在微生物和植物的吸收、吸附等作用下被去除。污水进入综合池，在池内植物、藻类、鱼类及细菌的作用下，污染物进一步被氧化分解，最后经人工湿地中的植物、微生物和基质的系列作用将污染物去除。20世纪80年代，Living Machine技术开始应用到许多国家和地区，在美国主要应用于生活污水、化粪池废水等的处理，在加拿大、英国和澳大利亚等国主要应用于农村生活污水、旅游度假村污水以及工业废水的处理。

在不外加化学药剂的情况下，Living Machine系统能很好地处理混合了工业废水的生活污水，对BOD、COD、SS、N、P以及重金属有较高去除率，对高BOD和NH_4^+-N乳制品废水也有较好的去除效果。该工艺在处理水量小于300m^3/d时，与传统氧化沟工艺费用相近。

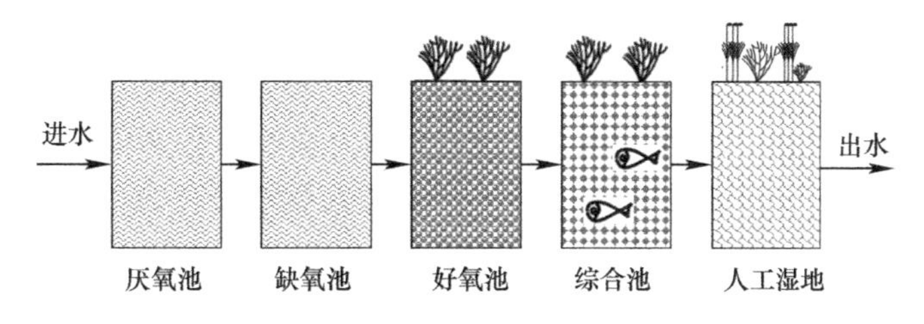

图1-16 传统的Living Machine技术的流程图

1.3.4.2 FBR废水生态处理技术

FBR废水生态处理技术是由匈牙利生态技术有限公司参考Living Machine技术开发的一种成本低、效率高和兼具景观价值、可实现水资源再生利用的生态型分散式污水处理技术。FBR技术主要用于城市生活污水和工业废水的处理及其回用，也可用于污染河流、湖泊生态修复等。FBR技术是由一系列生物处理反应器构成的，这些反应器中的微生物经过目的性人工培养后用来降解水中的有机物污染物，图1-17为FBR技术污水处理流程图。FBR技术与其他生物处理技术和污水生态处理技术相比较，表现出多方面的优势，其占地面积小，对污染物去除效果好，景观性好，对周边环境影响小，有利于消除市民对污水处理厂的抵触情绪，解决污水处理厂选址难题，利于对原污水处理厂的升级改造。在匈牙利、法国、英国、捷克、波兰、塞尔维亚、奥地利等国家建有300余套FBR废水生态处理系统，运行正常，各项出水指标都达到要求。FBR技术在文献中鲜有报道，目前在国内河源、深圳等部分地区已有应用，多数情况下用于市政生活污水和工业有机废水净化、污水处理厂的升级改造和受污染河流、湖泊的生态修复等。河源某污水处理厂采用FBR技术进行提标升级改造，出水中的主要污染物经处理后达到了《地表水环境质量标准》(GB 3838—2002) 地表Ⅲ类水的要求。深圳建立的FBR污水处理技术的示范基地，其出水COD、NH_4^+-N与TP各项污染物浓度指标均优于城镇污水排放一级A标准。

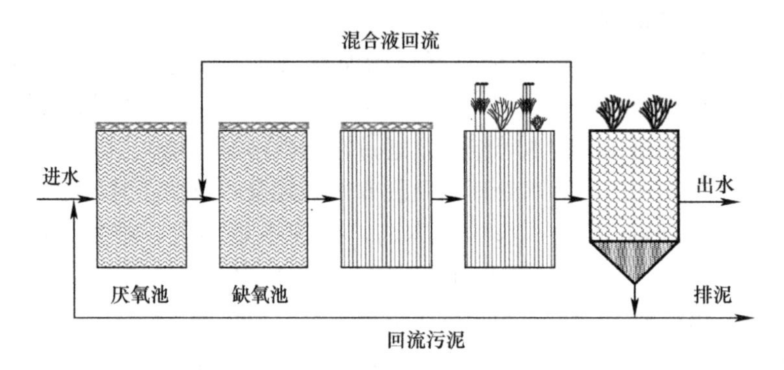

图1-17 FBR技术污水处理流程

1.3.4.3 景观生态-活性污泥复合系统

景观生态-活性污泥复合系统（Vegetation-Activated Sludge Process，V-ASP）是结合植物与活性污泥法的一种新兴的生态型分散式污水处理技术。由于植物种类以及活性污泥工艺的多样性，V-ASP的构建形式也不尽相同。目前，植物多采用金鱼藻、菹革、黑藻、风车草、再力花、水浮莲、茭白和通菜等，活性污泥系统则大多采用SBR、A^2/O、接触氧化工艺等。图1-18与图1-19分别为景观生态-SBR系统工艺流程图及景观生态-接触氧化A/O系统工艺流程图。

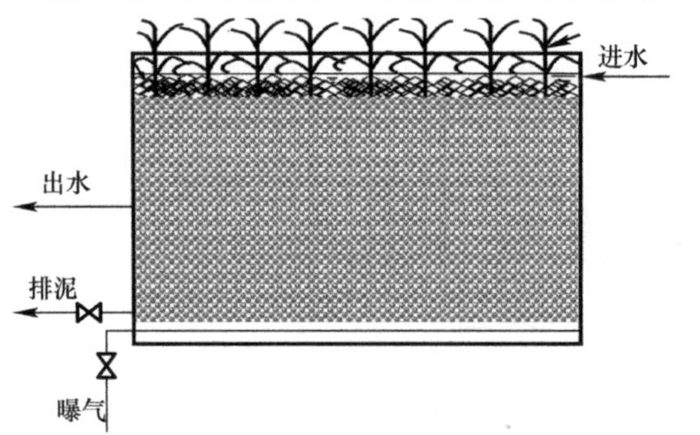

图1-18 景观生态-SBR系统工艺流程图

关于景观生态-活性污泥复合系统的研究国内外鲜有相关报道。与普通活性污泥系统相比，将活性污泥系统与芦苇、金鱼藻和小浮萍进行耦合，对TN和TP的去除有明显提升作用。金鱼藻、菹革、黑藻、风车草和再力花与接触氧化工艺的复合系统中，金鱼藻对TN和NH_4^+-N的去除效果最好，种植水生植物明显提升了硝化菌数量，增强了系统脱氮能力。植物-生物膜氧化沟系统使其兼具氧化沟、生物膜法和植物修复三种处理过程的优点，对生活污水的出水水质达到国家一级B排放标准，其中美人蕉对N、P的去除量最大。本书对该系统进行了较为全面的研究，发现景观生态-活性污泥复合系统对污水的处理效果更优；采用新型的景观生态-活性污泥系统对生活污水进行了试验室和实际应用研究，发现复合系统比人工湿地具有更大的N、P吸收速率，更高的生物量和酶活性，更高的细菌群落多样性；复合系统的长期试验结果表明，其在抗进水冲击负荷和季节性温度变化方面具有良好的稳定性。

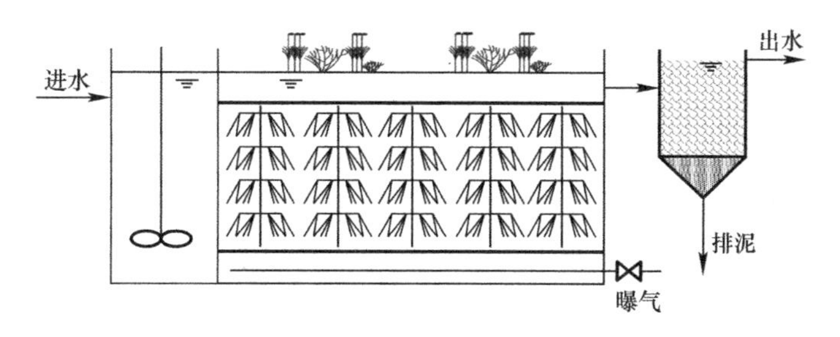

图 1-19　景观生态-接触氧化 A/O 系统工艺流程图

1.3.5　生态型污水处理技术发展趋势

不同生态型污水处理技术有各自的优点与缺点，表 1-1 是一些生态型污水处理技术的比较。

生态型污水处理技术比较　　**表 1-1**

技术	人工湿地	氧化塘	人工浮岛	FBR	Living Machine
效果	一般	一般	低	好	好
占地	很大	很大	—	小	小
建设费	低	低	一般	高	高
运行费	低	很低	低	高	高
管理	简单	简单	简单	一般	一般
景观性	一般	一般	一般	好	好
产生影响	低	高	低	低	低
处理量	小	小	小	大	小
HRT	长	很长	很长	短	短

传统的生态型污水处理技术建设和运行费用低，但是其占地面积较大，对污染物的去除效果不理想，停留时间较长，景观性不好，卫生条件差，容易滋生蚊虫，不适合在城镇及别墅、度假村等地方应用。新型生态型污水处理技术将污水生态处理系统与传统污水处理工艺相结合，对污染物具有很好的去除效果，通过科学优化工艺流程、减小占地面积、缩短水力停留时间、加入景观植物提高了污水处理系统的景观性，有效减少了污水处理过程中臭气的产生。

景观生态-活性污泥系统的工艺流程相对简单，景观性好，但是处理水量小，应用规模和范围小，这个问题是该技术今后大规模应用的研究重点内容之一。作为新型的生态型污水处理技术，景观生态-活性污泥系统能够改善污水处理系统的环境条件，改变人们对传统污水处理系统的不良印象，解决选址问题，使污水处理系统能够和谐与城市融合。景观生态-活性污泥系统作为污水生态处理技术重要的分支，有望成为环保行业未来发展的重点方向。

第2章 景观生态-活性污泥系统构建与设计

景观生态-活性污泥系统主要依靠植物与微生物的协同作用去除污水中的污染物。植物本身能够吸收污水中一定量的N、P等污染物，植物根系附着的微生物、植物生长产生的氧气对整个景观生态-活性污泥系统中污染物的去除产生一定的协同与强化作用。景观生态-活性污泥系统中植物的引入让整个污水处理系统具有良好的景观性，其中一些特定的植物还具有一定的经济价值。为提高景观生态-活性污泥系统对污染物的去除效果，植物的选择主要基于其对污染物的去除能力，同时需要综合考虑植物的景观性、适应性、耐污能力等指标。在此基础上，为使选择的植物整体性能最优，建立一个能综合评价植物的各指标、反映植物整体性能的方法是必要的。

本书采用层次分析法建立了基于植物选择的评价体系，针对不同的植物为景观生态-活性污泥系统提供了一个系统完整的选择方法。在试验中，主要选取了12种传统的观赏型植物（类型Ⅰ）和6种典型的生态污水处理型植物（类型Ⅱ）作为研究对象，考察了各种植物在没有基质的情况下对生活污水的适应性、耐污能力以及对污染物的去除能力。结合植物的各种评价指标，综合各指标性能比较其权重，建立植物的选择评价体系，选择适合在景观生态-活性污泥系统中应用的最佳植物。

景观生态-活性污泥系统中活性污泥系统的选用主要基于目前较为成熟且常用的活性污泥工艺，并综合考虑其与植物耦合的限制条件。目前常用于污水处理的活性污泥工艺主要有A^2/O工艺、A/O工艺、氧化沟、传统活性污泥法、SBR等，制约工艺选择的因素主要包括污水处理后的排放要求、系统整体占地面积、运行费用、管理难易等。

目前关于植物与活性污泥系统的耦合方式、植物优选配置的研究较少，多数植物在系统中仅承担景观功能，在污染物去除方面的贡献有限。本书在国外景观生态处理技术的基础上，以植物强化N、P脱除能力为主要依据，优选出能够与常见活性污泥工艺高效耦合的植物，研究其最佳的配置方法，为国内景观生态-活性污泥系统的应用和发展提供技术支持。同时，本书基于植物优选和配置方法结果，厌氧池配置美人蕉，缺氧池配置梭鱼草，好氧池配置美人蕉和风车草，建立景观生态-A^2/O系统，在中试试验条件下考察其污染物去除效果和稳定性。

2.1 复合系统中植物的优选与配置

2.1.1 植物优选的基本原则与方法

对于景观生态-活性污泥系统，可选植物种类较多，可根据实际情况参考常用的生态型污水处理工艺中选择的植物，或通过相关评价试验进行优选。由于试验基于污水处理系统，选择的植物首先需具备较强的生存能力以适应相应活性污泥系统的运行环境；在此基础上，作为景观生态-活性污泥系统的重要组成部分，所选植物应具有一定去除N、

P 等污染物的能力；同时景观性是活性污泥系统耦合植物的主要目的之一，所选植物应以色彩优美、观赏性维持时间较长为优。人工浮岛中应用较多的是一些挺水植物，因此在景观生态-活性污泥系统的研究中考虑选择挺水植物进行试验。

植物优选试验采用静态试验方法，备选的应用于景观生态-活性污泥系统的植物主要分两类，即传统的观赏型植物（类型Ⅰ，12 种）和典型的生态污水处理植物（类型Ⅱ，6 种），试验装置如图 2-1 所示。

(a) 传统的观赏型植物　　(b) 典型的生态污水处理型植物

图 2-1　植物优选试验装置

类型Ⅰ植物主要为相对耐污、在水中能够生长、环境适应性强、适合用于试验室试验的 12 种植物，其小试研究和工程应用相关文献报道很少。对类型Ⅰ植物进行试验研究，旨在选出一些去除污染物能力相对较高、景观性好的植物。通常，类型Ⅰ植物植株相对较小，试验采用的烧杯体积为 1000mL，内置培养液体积为 300mL。试验中所用污水为深圳市西丽大学城校园内生活污水，因活性污泥系统在实际运行过程中 NH_4^+-N 浓度一般要求在 20mg/L 左右，所以将上述生活污水进行一定程度的稀释，以满足 NH_4^+-N 浓度要求，具体进水水质见表 2-1。

类型Ⅱ植物主要为去污效果好、耐污能力强、环境适应性强的典型的生态污水处理型植物。结合深圳市人工湿地植物种类及其运行效果等综合考虑，选出 6 种典型人工湿地植物作为景观生态-活性污泥系统试验对象。类型Ⅱ植物植株较大，试验采用的烧杯体积为 2000mL，内置培养液体积为 600mL。类型Ⅱ植物对污染物的去除能力相对较好，试验主要考察其根部完全浸没水中时的生存情况及其对污染物的去除能力。试验前将生活污水稀释使 NH_4^+-N 浓度达到 20mg/L 左右，使培养液中各污染物浓度更接近实际活性污泥系统，再向稀释后的污水中投加 NO_3^--N 和 DIP 使二者浓度达到 20mg/L 左右，具体进水水质见表 2-1。

试验进水水质　（单位：mg/L）　**表 2-1**

试验组	COD	NH_4^+-N	TN	NO_3^--N	TP	DIP
类型Ⅰ进水水质	167±8.9	23.7±2.6	27.6±3.0	0.005±0.0006	2.5±0.2	1.6±0.1
类型Ⅱ进水水质	—	23.3±0.9	22.6±0.9	—	20.6±0.7	—

类型Ⅰ与类型Ⅱ植物各分为一组，每组做两个空白对照试验，不同植物各做一个平行试验。试验过程中，采用试验装置将两组植物置于室温下培养（试验期间平均气温16.6℃），培养时间为20d，停留时间为3d，通过评价培养后N、P等污染物浓度的变化情况对植物进行优选。

2.1.2 类型Ⅰ植物除污效能

关于类型Ⅰ植物去污能力和工程应用报道较少，本书对类型Ⅰ植物的研究与选择主要基于其良好的景观性。在人工湿地应用中，白掌、万年青、滴水观音、绿萝、春羽、绿萝和铜钱草等景观花卉植物对污染水体均表现出较好的适应性及水体净化能力。表2-2是试验前12种类型Ⅰ植物生物量，图2-2是12种类型Ⅰ植物的实物图。

试验前12种类型Ⅰ植物生物量 **表2-2**

植物名称	拉丁名	初始质量/g	植物名称	拉丁名	初始质量/g
粉黛万年青-1	*Dief fenbachia*	36.2	罗汉松-1	*Podocarpus macrophyllus*	3.0
粉黛万年青-2		36.3	罗汉松-2		3.0
黑天鹅-1	*Herba Monachosori Henryi*	18.9	滴水观音-1	*Alocasia macrorrhiza*	17.3
黑天鹅-2		18.3	滴水观音-2		21.4
绿魔万年青-1	*Dieffenbachia overig'Green Magic'*	33.8	七彩铁-1	*Dracaena deremensis*	24.0
绿魔万年青-2		32.1	七彩铁-2		25.0
粉掌-1	*Anthurium andraeanum*	26.2	观音竹-1	*Dracaena sanderiana*	6.9
粉掌-2		29.7	观音竹-2		11.2
金钻-1	*Philoclendron'congo'*	19.0	翠叶-1	*Calathea freddy*	27.3
金钻-2		22.1	翠叶-2		23.3
白掌-1	*Spathiphyllum kochii*	24.5	白蝴蝶-1	*Syngonium poclphyllum*	10.3
白掌-2		16.0	白蝴蝶-2		10.5

试验过程中罗汉松的生长状况较差，对污染物去除效果不明显，其他植物生长状况良好，对污染物均表现出一定的去除效果。试验中期选择放弃罗汉松，对除罗汉松外的其他植物进行去污能力等方面研究。

(a) 粉黛万年青

(b) 黑天鹅

(c) 绿魔万年青

图2-2 12种类型Ⅰ植物的实物图（一）

(d) 粉掌 (e) 金钻 (f) 白掌

(g) 罗汉松 (h) 滴水观音 (i) 七彩铁

(j) 观音竹 (k) 翠叶 (l) 白蝴蝶

图2-2 12种类型Ⅰ植物的实物图（二）

2.1.2.1 类型Ⅰ植物对NH_4^+-N的去除情况

类型Ⅰ植物对NH_4^+-N的去除率与单位质量植物去除能力分别如图2-3与图2-4所示。植物可以吸收利用的N的形态主要是NH_4^+-N和NO_3^--N。如图2-3所示，在停留时间为3d的条件下，类型Ⅰ植物对NH_4^+-N的去除率较好的是观音竹、翠叶、粉掌、白掌、滴水观音，对NH_4^+-N的去除率分别为21.5%、21.2%、20.1%、20.1%和19.0%。由图2-4可知，对NH_4^+-N的单位质量植物去除能力较好的是观音竹、白掌、滴水观音、翠叶、白蝴蝶，对NH_4^+-N的单位质量植物去除能力分别是0.056mg/(g·d)、0.024mg/(g·d)、0.023mg/(g·d)、0.020mg/(g·d)和0.019mg/(g·d)。综合各植物对NH_4^+-N的去除情况，观音竹、翠叶、粉掌、白掌、滴水观音和白蝴蝶6种植物对NH_4^+-N表现出对NH_4^+-N较好的去除效能。

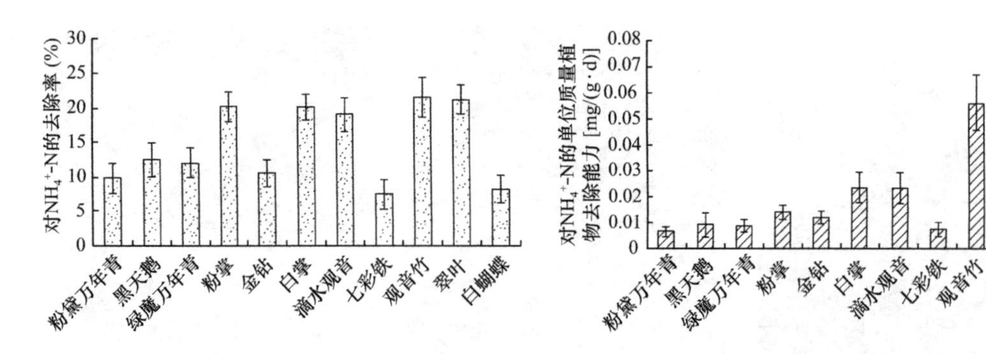

图 2-3　类型Ⅰ植物对 NH_4^+-N 的去除率　　图 2-4　类型Ⅰ植物对 NH_4^+-N 的单位质量植物去除能力

2.1.2.2　类型Ⅰ植物对 TN 的去除情况

图 2-5 与图 2-6 分别为类型Ⅰ植物对 TN 的去除率及单位质量植物去除能力。由图 2-5 可知，类型Ⅰ植物对 TN 的去除率较高的为翠叶、观音竹、白掌、滴水观音，分别为 23.4%、23.3%、21.9%和 21.7%。对 TN 的去除能力单位质量植物较好的类型Ⅰ植物是观音竹、白蝴蝶、白掌、滴水观音、翠叶，效果最好的观音竹对 TN 的单位质量植物去除能力可达到 0.071mg/(g・d)，如图 2-6 所示。综合去除率与单位质量植物去除能力，翠叶、观音竹、白掌、滴水观音和白蝴蝶对 TN 表现出较好的去除效能。

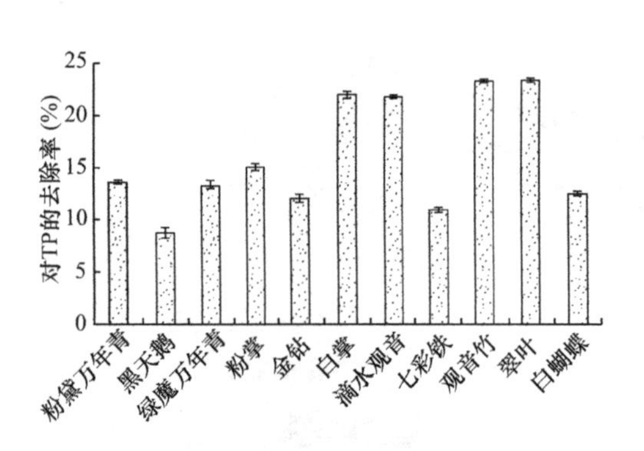

图 2-5　类型Ⅰ植物对 TN 的去除率

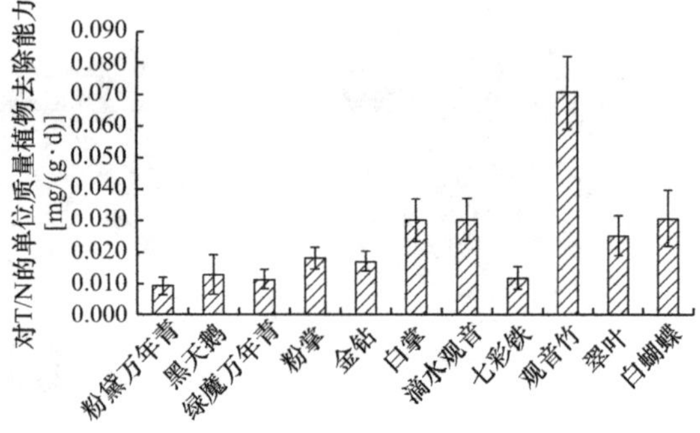

图 2-6　类型Ⅰ植物对 TN 的单位质量植物去除能力

2.1.2.3　类型Ⅰ植物对 TP 的去除情况

本试验研究了类型Ⅰ植物对 TP 的去除率以及单位质量植物去除能力。类型Ⅰ植物对 TP 的去除率较高的是滴水观音、七彩铁、观音竹、白掌、金钻，分别为 32.0%、30.9%、30.0%、28.0%和 26.4%，如图 2-7 所示。由图 2-8 可知，对 TP 的单位质量植物去除能力较好的类型Ⅰ植物为观音竹、白蝴蝶、滴水观音、白掌、翠叶、金钻和七彩铁，对应的对 TP 的单位质量植物去除能力在 0.003～0.008mg/(g・d) 范围内。结合去除 TP 的情况，观音竹、滴水观音、白掌、白蝴蝶、翠叶、七彩铁和金钻 7 种类型Ⅰ植物对 TP 表现出较好的去除效能。

2.1.2.4　类型Ⅰ植物对 DIP 的去除情况

类型Ⅰ植物对 DIP 的去除率及其对单位质量植物去除能力分别如图 2-9 与图 2-10 所示。植物吸收 P 的形态主要是无机磷（DIP），试验污水中的 DIP 占 TP 的 63%以上，类型Ⅰ各植物对 DIP 的去除效果与 TP 相似。由图 2-9 可知，类型Ⅰ植物对 DIP 的去除率较好的为观音竹、七彩铁、粉掌、滴水观音，分别为34.7%、34.0%、31.1%和28.0%。类型Ⅰ植物对DIP的单位质量植物去除能力较好的是观音竹、白蝴蝶、滴水观音、七彩铁、金钻，对DIP的对应的单位质量植物去除能力在0.002～0.004mg/(g·d)范围内，如图2-10所示。结合去除DIP的情况，类型Ⅰ植物中，观音竹、七彩铁、滴水观音、粉掌、白蝴蝶和金钻对DIP表现出了较好的去除效能。

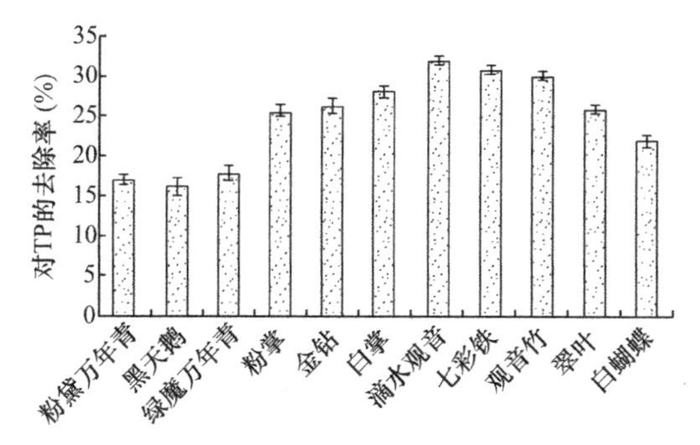

图2-7　类型Ⅰ植物对TP的去除率

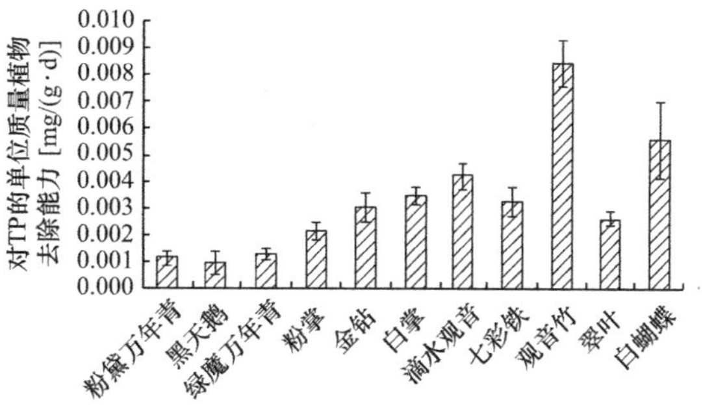

图2-8　类型Ⅰ植物对TP的单位质量植物去除能力

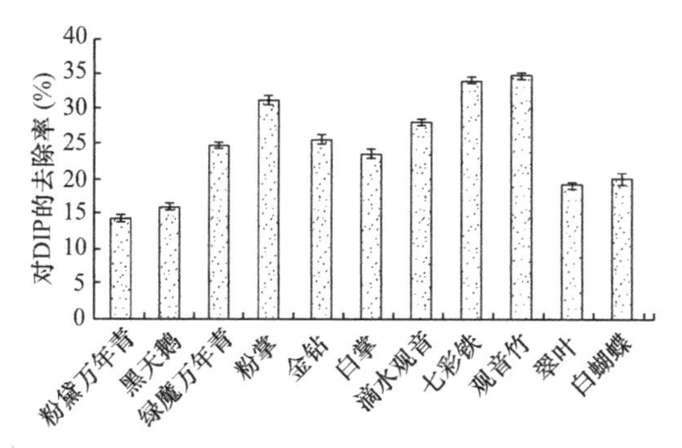

图2-9　类型Ⅰ植物对DIP的去除率

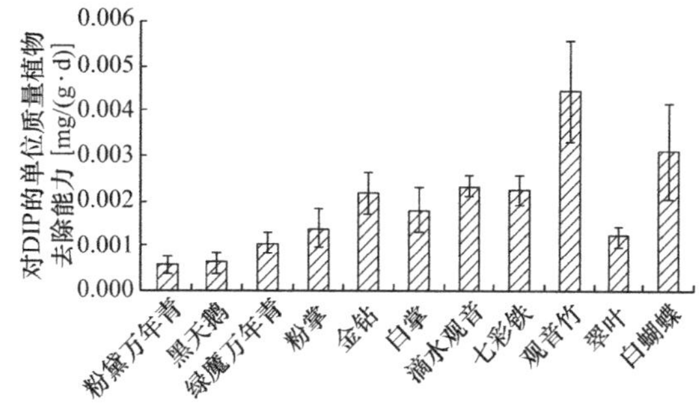

图2-10　类型Ⅰ植物对DIP的单位质量植物去除能力

2.1.3　类型Ⅱ植物除污效能

类型Ⅱ植物选取已在人工湿地、人工浮岛等污水生态处理系统中应用和研究比较成熟的植物。类型Ⅱ植物由于植株比较高大，需要分株后将上部茎叶修剪掉，只保留植物的根部进行试验。因本试验中植物对应的生长基质、水利条件等不同，初选的植物的适应性和去污能力等会有差别。本试验将初选的6种类型Ⅱ植物作为试验对象，通过研究其对生活污水中污染物的去污能力等性能进行再次优选。图2-11为6种类型Ⅱ植物的实物图。

2.1.3.1　类型Ⅱ植物对NH_4^+-N的去除情况

类型Ⅱ植物对NH_4^+-N的去除率及单位质量植物去除能力分别如图2-12与图2-13所示。由图2-12可知，除梭鱼草以外其他植物对NH_4^+-N都表现出较好的去除能力，对应的去除率在10.1%～13.8%范围内。类型Ⅱ植物对NH_4^+-N的单位质量植物去除能力：香根草为0.136mg/(g·d)，鸢尾为0.095mg/(g·d)，风车草为0.090mg/(g·d)，美人蕉为0.079mg/(g·d)，如图2-13所示。结合去除情况，鸢尾、美人蕉、香根草、风车草和富贵竹对NH_4^+-N具有较好的去除效能。

图 2-11　6 种类型Ⅱ植物的实物图

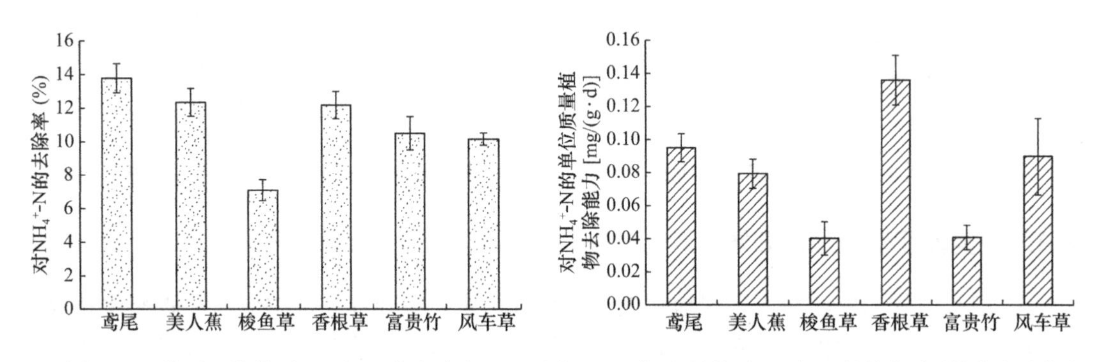

图 2-12　类型Ⅱ植物对 NH_4^+-N 的去除率

图 2-13　类型Ⅱ植物对 NH_4^+-N 的单位质量植物去除能力

2.1.3.2　类型Ⅱ植物对 NO_3^--N 的去除情况

图 2-14 与图 2-15 分别为类型Ⅱ植物对 NO_3^--N 的去除率及单位质量植物去除能力。如图 2-12 和图 2-14 所示，类型Ⅱ植物对 NO_3^--N 的去除率高于对 NH_4^+-N 的去除率，表明类型Ⅱ植物更容易吸收利用 NO_3^--N。由图 2-14 可知，类型Ⅱ植物对 NO_3^--N 均表现出较好的去除能力，去除率 29.9%～39.0%。由图 2-15 可知，类型Ⅱ植物中对 NO_3^--N 单位质量植物去除能力较好的是香根草、风车草、美人蕉、梭鱼草，对应的对 NO_3^--N 的单位质量植物去除能力为 0.341mg/(g・d)、0.291mg/(g・d)、0.243mg/(g・d) 和 0.214mg/(g・d)。结合对 NO_3^--N 的去除情况，类型Ⅱ植物中香根草、风车草、美人蕉、梭鱼草对 NO_3^--N 有较好的去除效能。

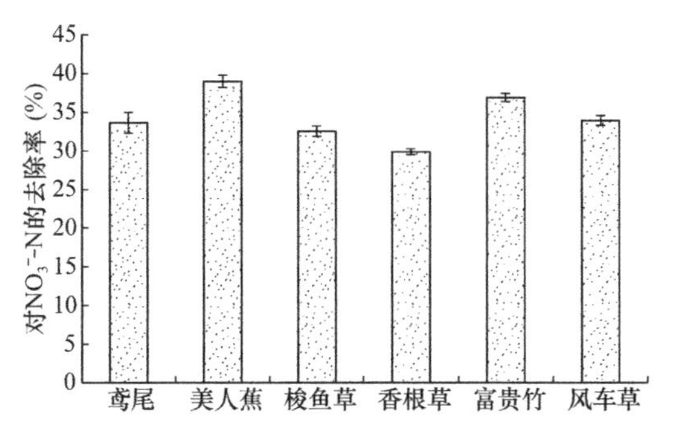

图 2-14　类型Ⅱ植物对 NO_3^--N 的去除率

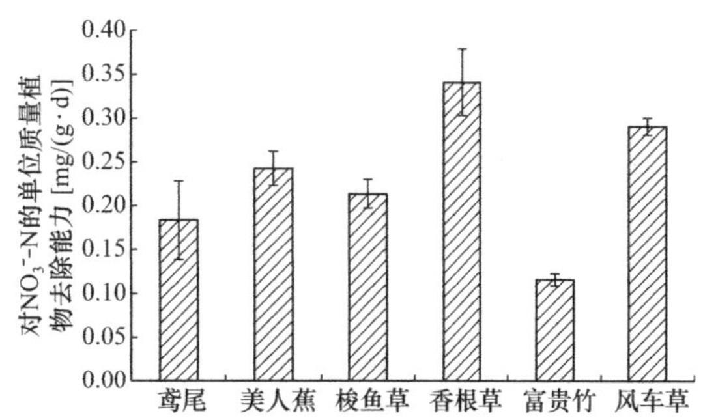

图 2-15　类型Ⅱ植物对 NO_3^--N 的单位质量植物去除能力

2.1.3.3　类型Ⅱ植物对 TP 的去除情况

图 2-16 与图 2-17 分别是类型Ⅱ植物对 TP 的去除率和单位质量植物去除能力。由图 2-16 可知，由于低温抑制植物对磷的吸收利用，不同类型Ⅱ植物对 TP 的去除率相差不大，均在 26.7%～34.0%范围内。由图 3-16 可知，类型Ⅱ植物对 TP 的单位质量植物去除能力较好的是香根草、风车草、美人蕉、梭鱼草、富贵竹，均在 0.171～0.357mg/(g·d) 范围内。结果表明，香根草、风车草、美人蕉和梭鱼草 4 种类型Ⅱ植物对 TP 有较好的去除效能。

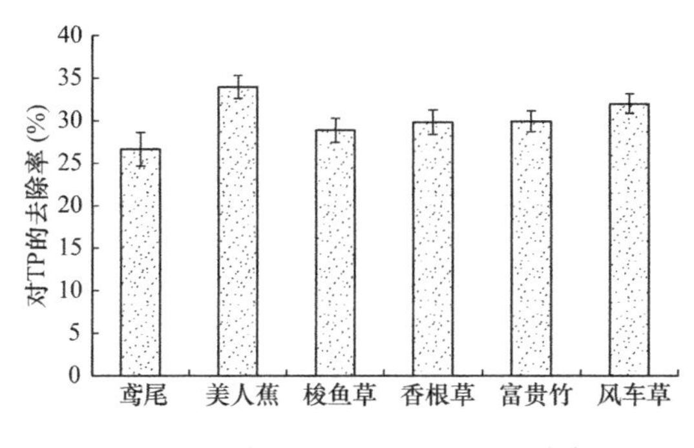

图 2-16　类型Ⅱ植物对 TP 的去除率

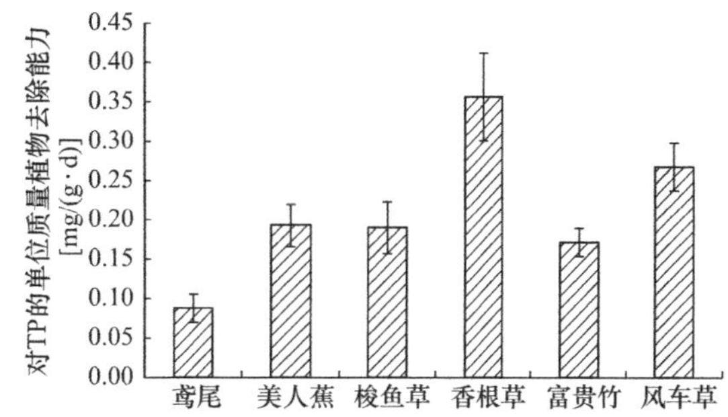

图 2-17　类型Ⅱ植物对 TP 的单位质量植物去除能力

2.1.4　植物选择评价体系及植物选择

为提高景观生态-活性污泥系统对污染物的去除效果，植物的选择原则主要考察其对污染物的去除能力，植物的景观性、适应性、耐污能力等指标也需要被考虑。为使所选择植物的整体性能最优，需要建立一个能综合评价植物的各指标、反映植物整体性能的方法。本书采用层次分析法建立植物选择评价体系，为景观生态-活性污泥系统中植物的选择提供一个完整的方法。

2.1.4.1　评价原则

1. 综合性

植物选择评价体系不是简单地将各个单项评价指标加和，它是各个评价指标，依据一定法则组成的集合体，以整体观念综合协调各单项评价指标之间的关系，使景观生态-活性污泥系统的整体功能达到最优，具有最佳的污水处理效果。植物选择评价体系要能够涵盖选择植物的所有指标，保证指标覆盖面的完整性。

2. 功能性

根据不同的活性污泥工艺和要求选择不同种类的植物，即植物选择评价体系不仅要能够优选出单独处理污水时表现较好的植物，还要能够结合活性污泥工艺，根据实际需求优选出不同功能的植物，比如效果型植物、经济型植物等，指导工程应用植物的选型。

3. 应用性

构建的植物选择评价体系应具有可实际操作与应用的特点。植物选择评价体系应用到景观生态-活性污泥系统的植物选择中，旨在对多种植物进行综合比较，或就某个关心的指标性能进行对比，应能指导相关工程人员挑选相应工程应用所需目标效果最优的植物。

4. 稳定性

植物选择评价体系只与植物本身的性质和考察指标有关，植物选择评价体系的目标结果必须具有稳定性。根据该评价体系优选出的植物的适应性、耐污能力、去污能力等指标要相对稳定，应尽量不受天气、气候、地理位置与时间变化的影响。

植物选择评价体系不仅覆盖污水生态处理的政策、管理、经济、宣传教育等领域，还贯穿污水生态处理过程中植物的生长、去污、收割等过程，整个评价体系影响因素众多。植物的各个评价指标之间相互关联又彼此制约，一些评价指标还具有不稳定性和不确定性，导致这些评价指标难以量化。仅用定量分析法进行分析会导致评价结果和现实存在差距，难以取得理想的效果，而单独采用定性方法又过于主观。在综合考虑多种评价方法的基础上，本书建立的植物选择评价体系采用定量与定性相结合的方法，实现对植物选择的评价。

当前，指标权重的确定方法主要有主观赋权法和客观赋权法。主观赋权法是根据各项指标的重要性而赋权的一种方法，常用的有专家调查法、层次分析法、循环打分法等；客观赋权法是利用指标所反映的客观信息确定权重的一种方法，主要有均方差法、主成分分析法等。其中，层次分析法是一种定性分析与定量分析相结合的多目标决策分析方法，且具有实用性强、计算简便等优点，特别适合用于目标因素结构复杂、缺少必要的数据和需要将经验判断定量化的情况，综合了专家的经验和看法，又具有一定的数学基础，同时对权重的确定更全面、更客观。因此，试验中采用层次分析法来确定各个指标权重，不仅能够提高植物选择评价结果的精确性，过程也更加科学合理，具有说服力。

2.1.4.2　评价指标

1. 评价指标选择方法

评价指标选择方法主要有分析法、频度统计法、综合法、交叉法、指标属性分组法等。本试验主要采用分析法和指标属性分组法。

（1）分析法

分析法是构建评价指标体系最基本、最常用的方法，是指将评价的总目标划分成若干个不同组成部分或不同侧面（即子系统），并逐步细分，直到每一个部分或侧面都可以用具体的统计指标来描述、实现。

（2）指标属性分组法

指标本身具有很多不同的属性，也有不同的表现方式，一个评价指标体系中指标属性也可以不是统一的，在选择指标时可以从指标属性角度构建体系中指标元素组成。

2. 评价指标选择及计算

指标具有揭示、指明、宣布或者使公众了解等作用，它是帮助人们理解事物发生的变化的定量化信息，反映总体现象的特定概念和具体数值。指标是综合评价的基础，指标确定是否具有合理性，对于后续的评价工作有决定性的影响。试验中各指标释义与计算如下，定性分析指标中每项总分100分，对每种植物进行分析评价。

（1）对TN的去除效率

植物对污染物的去除效率是植物的去污能力最主要的表现形式，是选择植物时需要考虑的一个重要因素，植物的去污效率主要表现在两个方面：一是植物的生物量大，二是植物中污染物浓度高。为了提高系统对TN的去除效率，本试验选择对TN去除能力强的植物。去除效率评分＝植物对污染物的去除率×100％。

（2）对TP的去除效率

选择植物时不仅需要考虑植物对TN的去除效率，同时需要考虑植物对TP的去除效率，本试验需要选择对TP去除能力强的植物以提高系统对TP的去除效率。

（3）生物量

植物的生物量可以间接表征植物的净化能力，选择不同生物量的植物对景观生态-活性污泥系统的污染物去除效果有直接的影响。植物生物量大对污染物的去除率通常较高，景观性也相对较好。生物量评分＝某植物生物量/所有植物生物量和×100％。

（4）耐污性

本试验中，植物的耐污性主要指植物在进水水质发生变化时所表现出来的抗性，植物所能承受的污染物浓度越高表明其耐污性越强。自然环境中各种植物都具有一定的耐污性，通过定性分析，能够在生活污水中生长良好的植物得80分，生长一般得50分，生长一段时间后根系腐烂变黑得10分，对其他情况的植物比较根部及生长状况在10～80分范围内评分。

（5）观赏性

考虑到植物的景观生态效应，进行植物选择时要从群落配置、合理布局和景观美学等方面对植物进行调控和配置，构建一个环境良好、兼顾人们休闲和游憩的场所，不仅可以消除人们以往对污水处理厂的消极印象，还可以提升人们对污水处理和环保的认识。污水处理厂在设计和建设过程中引入园林景观理念，将治污与休闲式园林融为一体，这将是未来污水处理的发展趋势。对该指标需进行定性分析。

（6）生态性

多物种系统要比单一物种系统稳定且处理效果好，植物种类越多资源利用越充分，景观生态-活性污泥系统在设计和建设过程中将多种植物合理搭配更为合理。然而，一些植物会释放某些化感物质影响其他植物生长，甚至还有一些植物是入侵物种，从生态安全角度考虑需要保证所选植物对其他植物生长没有消极作用。对该指标需进行定性分析。

（7）侵占性

一些植物在生长过程中会不断向周边环境扩展，即使初期种植时密度不高，在生长过程中密度会越来越高。为景观性考虑，实际工程中希望种植的植物有一定侵占性而不希望其侵占性太强。对该指标需进行定性分析。

（8）植物成本

经济性是在污水处理系统构建过程中需要考虑的一个重要因素，在保证系统功能性的条件下尽可能降低成本，对实现生态与经济的可持续发展有重要意义。应选择利用价值高的植物，如收割后可用来堆肥，可作为造纸、编织原料，可用作燃料或动物饲料等的植物。对该指标进行定量分析，评分＝(1－某植物单价/所有植物单价和)×100％。

（9）管理性

所选植物需要便于管理。选择枯死量少、不容易倒、短时间没有进水也能够生长、花絮不造成污染或者不影响景观和周围人们生活、冬天不需要为过冬做太多防护工作的植物。对该指标需进行定性分析。

（10）生长周期

所选植物应具有年生长周期长，在冬季表现为半枯萎或者常青等优点。植物在冬季枯萎、死亡或者休眠会导致系统的能力下降很多，选择一些在冬季仍然能茂盛生长的耐寒植物对景观生态-活性污泥系统的污染物去除效果与景观效应的维持有很大作用。对该指标进行定量分析，生长周期大于12个月的评分100，6个月到12个月的评分60，小于6个月的评分30。

（11）适应性

植物的选择应考虑所选植物对生长环境的适应性。植物有各自最佳的生长环境，选取植物时应考虑气候、地形、水质等条件，做到因地制宜，所选植物是当地湿地植物或去污能力好的水生植物将提高系统的去污能力。同时，所选植物是景观生态-活性污泥系统的一部分，因此必须融入其中，所选植物应具有与其他植物的可搭配性，与周围景观的协调性。该指标需进行定性分析。

（12）抗逆性

植物的抗逆能力是植物抵抗恶劣环境的能力，景观生态-活性污泥系统中水质、水量、温度及其他一些影响因子会发生变化，选取的植物应具备抗冻抗热、抗病虫害、抗倒伏和易繁殖等特点。对该指标需进行定性分析。

（13）生长性

植物的生长情况可直观表现植物对环境的适应性，也可以根据其生长情况判断其观赏性、生物量、侵占性等情况，是植物综合各种因素所表现出的结果，是植物最直观的考量因素。对该指标需进行定性分析。

（14）根系大小

植物根系从污水中吸收营养物质并加以利用，不同植物根系发达程度不同，对营养物吸收能力也会有差异，对于大部分植物而言根系越发达其对污染物的去除能力越好，对环境的适应能力越强。植物根系可以传输氧气和分泌化感物质，氧气是植物运输营养物质的能量来源，在根区形成不同溶氧环境，能促进微生物分解有机物。同时，一些植物可以分泌抗生素，杀死水中大肠杆菌和病原菌；一些植物可以分泌降解有机物的酶；还有一些植物分泌的酶能够促进嗜磷菌和嗜氮菌的生长，促进N、P的转化。对该指标进行定量分析，评分＝某植物根部生物量/所有植物根部生物量×100％。

2.1.4.3　基于植物选择评价体系的植物优选

1. 指标权重计算

（1）指标体系层次

根据指标属性及各指标间的交叉关联性，将目标层分为4个准则层，共14个植物选择评价指标。指标体系层次如图2-18所示，包括14个植物选择评价指标及对应的指标编号。

（2）构造判断矩阵

比较第 i 指标与第 j 个指标相对上一层某个元素的重要性时，使用数量化的相对权重 a_{ij} 来描述。设共有 n 个元素参与比较，则构造矩阵可以表示为

$$\mathbf{A}=(a_{ij})_{n\times n}$$

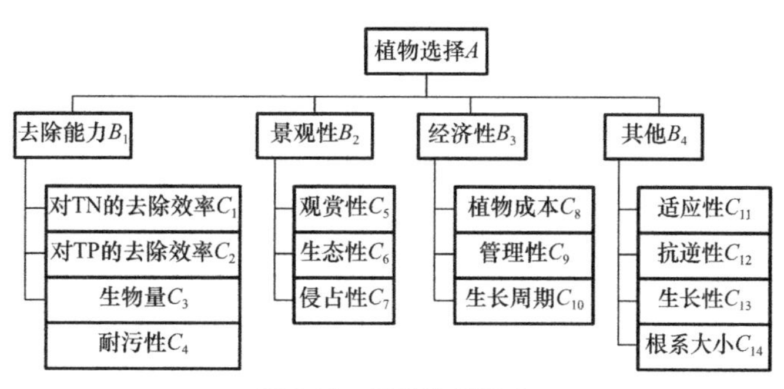

图 2-18　指标体系层次

构造判断矩阵的方法是：每一个具有向下隶属关系的元素（被称作准则）作为判断矩阵的第一个元素（位于左上角），隶属于它的各个元素依次排列在其后的第一行和第一列。填写判断矩阵 $\mathbf{A}=(a_{ij})_{n\times n}$ 的方法是：针对判断矩阵的准则，对各元素的重要性程度按 1～9 赋值，重要性标度含义见表 2-3。

重要性标度含义　　**表 2-3**

重要性标度	含义
$a_{ij}=1$	元素 i 与元素 j 的重要性相同
$a_{ij}=3$	元素 i 比元素 j 重要
$a_{ij}=5$	元素 i 比元素 j 明显重要
$a_{ij}=7$	元素 i 比元素 j 很重要
$a_{ij}=9$	元素 i 比元素 j 非常重要
$a_{ij}=2$，4，6，8	表示上述判断的中间值
倒数	若元素 i 与元素 j 的重要性之比为 a_{ij}，则元素 j 与元素 i 的重要性之比为 $a_{ji}=1/a_{ij}$

构造的判断矩阵具有的特点是：$a_{ij}>0$，$a_{ii}=1$，$a_{ji}=1/a_{ij}$。

根据上述规则构造判断矩阵，判断矩阵及其权重向量见表 2-4。

判断矩阵及其权重向量　　**表 2-4**

A	B_1	B_2	B_3	B_4	权重	CR
B_1	1	4	6	1/3	0.283	0.047
B_2	1/4	1	3	1/5	0.108	
B_3	1/6	1/3	1	1/9	0.048	
B_4	3	5	9	1	0.561	
B_1	C_1	C_2	C_3	C_4	权重	CR
C_1	1	1	6	5	0.423	0.004
C_2	1	1	6	5	0.423	
C_3	1/6	1/6	1	1	0.074	
C_4	1/5	1/5	1	1	0.081	

续表

B_2	C_5	C_6	C_7	权重	CR
C_5	1	6	6	0.750	
C_6	1/6	1	1	0.125	0.000
C_7	1/6	1	1	0.125	

B_3	C_8	C_9	C_{10}	权重	CR
C_8	1	2	1	0.400	
C_9	1/2	1	1/2	0.200	0.000
C_{10}	1	2	1	0.400	

B_4	C_{11}	C_{12}	C_{13}	C_{14}	权重	CR
C_{11}	1	4	4	5	0.567	
C_{12}	1/4	1	1	3	0.178	0.036
C_{13}	1/4	1	1	3	0.178	
C_{14}	1/5	1/3	1/3	1	0.077	

若取权重向量

$$\boldsymbol{W} = [w_1, w_2, \cdots, w_n]$$

则有

$$\boldsymbol{AW} = \lambda \boldsymbol{W}$$

式中，λ 是 $\boldsymbol{A}$ 的最大正特征值；$\boldsymbol{W}$ 是 $\boldsymbol{A}$ 的对应于 λ 的特征向量。层次排序转化为求解判断矩阵 $\boldsymbol{A}$ 的最大特征值 λ_{max} 和最大特征值所对应的单位特征向量，由此可以得出这一组指标的相对权重，计算结果见表 2-4“权重”列。

最大特征值及其对应的单位特征向量计算步骤如下：

① 判断矩阵 $\boldsymbol{A}=(a_{ij})$ 是 n 阶矩阵，将 $\boldsymbol{A}$ 的每一列向量归一化后得 $\boldsymbol{B}=(b_{ij})$，其中 $b_{ij} = a_{ij} / \sum_{i=1}^{n} a_{ij}$，$i$，$j=1$，2，…，$n$；

② 对 $\boldsymbol{B}=(b_{ij})$ 按行求和得 $\boldsymbol{C}=(C_1, C_2, \cdots, C_n)^{\mathrm{T}}$，其中 $C_i = \sum_{j=1}^{n} b_{ij}$，$i=1$，2，…，$n$；

③ 将 $\boldsymbol{C}$ 归一化后得到近似特征向量 $\boldsymbol{W}=(W_1, W_2, \cdots, W_n)^{\mathrm{T}}$，其中 $W_i = C_i / \sum_{i=1}^{n} C_i$，$i=1$，2，…，$n$；

④ 计算 $\lambda_{max} = \frac{1}{n} \sum_{i=1}^{n} \frac{(\boldsymbol{AW})_i}{W_i}$，作为最大特征值的近似值。向量 $(\boldsymbol{AW})_i$ 表示向量 $\boldsymbol{AW}$ 的第 i 个分量。

（3）一致性检验

检验判断矩阵的一致性，需要计算它的一致性指标，计算公式为式(2-1)。

$$CI = \frac{\lambda_{max} - n}{n - 1} \tag{2-1}$$

当 $CI=0$ 时，认为判断矩阵具有完全一致性；CI 越大，判断矩阵的一致性就越差。为了检验判断矩阵是否具有满意的一致性，则需要将 CI 与平均随机一致性指标 RI（表 2-5）进行比较。一般而言，1 阶或 2 阶判断矩阵总是具有完全一致性的。对于大于 2 阶的判断矩阵，其一致性指标 CI 与同阶的平均随机一致性指标 RI 之比，称为判断矩阵的随机一致性比例，记为 CR。

当 $CR=\frac{CI}{RI}<0.10$ 时，认为判断矩阵具有满意的一致性；当 $CR\geqslant 0.10$ 时，需要调整判断矩阵，直到满意为止。表 2-4 中判断矩阵全部具有满意的一致性。

平均随机一致性指标 *RI* **表 2-5**

阶数	1	2	3	4	5	6	7	8	9	10	11	12	13	14
RI	0	0	0.58	0.90	1.12	1.24	1.32	1.41	1.45	1.49	1.52	1.54	1.56	1.58

2. 指标总排序

各评价指标的权重用 W_j 表示，指标总排序是各指标的权重 W_j 的大小排序，W_i 是各层次指标权重 C_j 与各自准则权重 B_i 的乘积，即 $W_j=B_i\times C_j$（$i=1$ 时 $j=1$，2，3，4；$i=2$ 时 $j=5$，6，7；$i=3$ 时 $j=8$，9，10；$i=4$ 时 $j=11$，12，13，14），j 为评价指标编号，由表 2-4 计算得到的各指标权重见表 2-6 的"权重 W_i"列。

每种植物均用上述的评价指标进行综合评价，定量评价与定性评价相结合。对每种植物的各个指标的评分记为 X_{ij}，i 为植物编号，类型Ⅰ植物取值为 1，2，…，11，类型Ⅱ植物取值 1，2，…，6；j 为评价指标编号，取值 1，2，…，14，评分结果见表 2-6。P_i 为第 i 种植物的总得分，计算公式为式(2-2)，计算结果见表 2-6"得分"行。

$$P_i=\sum_{j=1}^{13}W_jX_{ij}=W_1X_{i1}+W_2X_{i2}+\cdots+W_{14}X_{i14} \tag{2-2}$$

各指标权重与植物得分 **表 2-6**

指标 \ 植物	类型Ⅰ植物											类型Ⅱ植物						权重 W_j
	1	2	3	4	5	6	7	8	9	10	11	1	2	3	4	5	6	
1	14	2	13	15	12	22	22	11	23	23	13	24	33	26	26	30	29	0.120
2	17	16	18	26	26	28	32	31	30	26	22	27	34	29	30	30	32	0.120
3	15	7	13	11	8	8	8	10	4	10	4	13	17	19	10	28	12	0.021
4	40	15	50	70	50	80	70	50	80	70	70	50	80	80	70	80	90	0.023
5	70	50	60	70	60	80	70	60	60	60	50	60	90	80	60	70	80	0.081
6	40	30	40	50	50	50	40	20	40	40	40	70	80	80	70	80	80	0.014
7	50	30	30	30	20	40	30	20	30	40	30	70	80	70	60	60	70	0.014
8	92	95	92	89	86	89	84	95	95	92	92	65	81	88	94	77	94	0.019
9	50	50	50	40	50	50	50	40	60	50	60	50	50	60	60	80	70	0.010
10	60	50	60	80	70	100	100	50	100	80	100	100	100	100	100	100	100	0.019
11	50	30	50	80	60	90	80	40	90	80	90	70	90	90	80	90	90	0.318
12	40	20	40	70	60	70	70	50	80	70	70	60	90	90	80	100	90	0.100
13	50	30	50	70	70	70	80	40	80	70	70	50	100	100	90	100	100	0.100
14	60	50	60	70	40	70	50	40	50	60	40	80	80	90	80	70	80	0.043
得分	43	28	42	63	49	66	60	39	66	62	60	55	75	74	66	74	74	—

注：指标编号同图 2-18 中指标下标编号。类型Ⅰ编号：1—粉黛万年青；2—黑天鹅；3—绿魔万年青；4—粉掌；5—金钻；6—白掌；7—滴水观音；8—七彩铁；9—观音竹；10—翠叶；11—白蝴蝶。类型Ⅱ植物编号：1—紫叶鸢尾；2—美人蕉；3—梭鱼草；4—香根草；5—富贵竹；6—风车草。

综合考虑植物的各指标计算得到每种植物的总得分见表 2-6。本试验中，由得分高低最终选择类型Ⅰ植物白掌、粉掌、观音竹和翠叶，类型Ⅱ植物美人蕉、梭鱼草、富贵竹和风车草。

2.2 活性污泥处理工艺的选择

选择合适的活性污泥工艺与景观生态组成复合工艺对于实现示范工程的高效运行十分重要，目前常用于分散式污水处理的活性污泥系统，或具有活性污泥系统特点的工艺主要有 A^2/O 工艺、氧化沟工艺、SBR 工艺、生物接触氧化法等。制约活性污泥工艺选择的因素有很多，主要包括污水的处理后排放要求、系统整体占地面积、运行费用、管理难易等。通常，当污水排放执行一级标准时，由于对 N、P 的去除要求较高，结合污水处理工艺的处理费用，推荐选择的工艺为 A^2/O 工艺、氧化沟工艺和 SBR 工艺；执行二级标准时，可选用生物接触氧化法。本书中，对 SBR 工艺、生物接触氧化法、A^2/O 工艺以及氧化沟工艺进行分析研究。

2.2.1 SBR 工艺

SBR 工艺可采用自动控制技术，运行过程较简单，相对于其他的活性污泥工艺维护管理工作更困难。与其他工艺相比，SBR 工艺构筑物少、占地面积小、处理过程简单、对水质和水量的变化适应性好，同时可通过自动控制设备在时间上实现厌氧、缺氧、好氧的组合，从而在一个反应器内完成脱氮除磷，这些优势使其成为分散式污水处理设施的实际建设中的主要工艺。李谱等通过构建景观生态-SBR 系统，对其进行了较为系统的研究，并与传统的 SBR 工艺进行了对比，发现通过除污植物与 SBR 工艺的耦合显著提高了原来单一 SBR 工艺对污染物的去除效果，改善了污水处理设施的对周围环境的影响，充分表明了景观生态-SBR 系统在污水处理中的优越性。该研究结果进一步表明植物在景观生态 SBR 系统中起到增加微生物总量，改变反应器内的水力条件，改善污泥的沉降性与脱水性等作用。SBR 工艺作为景观生态-活性污泥系统构建中活性污泥工艺的备选工艺具有显著的优越性。

2.2.2 A^2/O 工艺

A^2/O 工艺通过厌氧、缺氧、好氧三种不同的环境条件和不同种类微生物菌群的有机配合，具有实现同步脱氮除磷及去除 COD 的功能。A^2/O 工艺自开发以来经国内外污水处理行业多年的研究和实际工程应用表明，具有工艺流程简单、运行灵活、水力停留时间短、不易发生污泥膨胀、基建和运行费用低等优点。N、P 是造成水体富营养化的主要因素，污水中 N、P 的排放标准日趋严格，A^2/O 工艺在活性污泥系统中可以称为最简单的同步脱氮除磷工艺。对以传统 A^2/O 工艺为基础的景观生态-活性污泥系统的研究表明，景观生态-A^2/O 工艺对 TP 和 COD 的去除效率较单独 A^2/O 工艺均有提高，各污染物出水均能达到城镇污水排放一级 A 标准，但对 NH_4^+-N 和 TN 的去除效率变化不大。

2.2.3 氧化沟工艺

氧化沟由于其封闭环流和曝气设备分散布置的特点，可有效地达到去除有机物、SS 及脱氮除磷效果。氧化沟工艺通过时空的合理安排能够实现运行方式的多种多样、灵活多变，具有独特的应用优势和优良稳定的运行效果，被广泛应用于城市污水或工业废水处理。刘雯等采用植物-生物膜氧化沟系统将多种污水处理工艺包含在极其简单的装置中，该系统兼具氧化沟、生物膜法和植物修复三种处理过程。植物-生物膜氧化沟系统用于生活污水处理，COD、TN、TP、SS的出水指标均达到国家一级B标准。

2.2.4 生物接触氧化法

生物接触氧化法能够接受较高的有机负荷，处理效率高，占地面积相对较小，符合小型污水处理厂的实际需求。生物接触氧化法具有较好的生态环境影响，不滋生滤池蝇，具有景观生态型污水处理设施的特点。目前很多小型室内生活污水处理厂采用生物接触氧化法，这也易于景观生态-生物接触氧化系统在实际工程中推广应用。生物接触氧化法兼具活性污泥法与生物膜法的特点，运行简单，易于维护管理，无须污泥回流，不产生污泥膨胀现象，污泥量少，污泥附着在生物填料上而不会出现大量污泥附着在植物根系上导致植物根系腐烂或出水水质不达标等问题。景观生态-生物接触氧化系统与传统的生物接触氧化法相比具有更强的耐受水力停留时间、温度、COD容积负荷等工况条件变化的能力，运行更加稳定。王金菊等利用“生物接触氧化＋植物”一体化装置处理城镇污水，获得的出水水质也均优于《城镇污水处理厂污染物排放标准》(GB 18918—2002) 一级A标准。

2.3 景观生态-活性污泥系统的配置

2.3.1 植物配置试验装置与方法

植物配置试验装置如图2-19所示，在相同的条件下同步运行7组矩形反应器（长×宽×高＝0.54m×0.40m×0.23m），其中6组反应器中配置不同的植物，1组反应器为未配置植物的空白对照。试验中选用的植物是根据2.1节植物优选试验结果结合植物选择评价体系最终确定的优选植物。本试验中的活性污泥工艺采用A^2/O工艺，反应器为完全混合式反应器，污水从反应器底部进水，从另一侧高10cm处出水，反应器内利用聚乙烯塑料网格固定植物。植物在种植前进行简单修枝，剪除部分枯叶，在生活污水中培养一周后移植到反应器中，并称取植物湿重。

图2-19 植物配置试验装置

试验中，首先考察各植物在厌氧和好氧环境中对N、P的去除情况。在试验第一阶段，反应器内未曝气，形成厌氧环境，DO低于0.5mg/L；第二阶段进行均匀曝气，形成好氧环境，其DO约为2.0mg/L。试验过程中进水流量为Q=21.6L/d，水力停留时间HRT为12h。

试验考察了不同HRT条件下植物对各污染物的去除情况。HRT分别为12h和6h，Q分别为21.6L/d和43.0L/d。试验期间DO浓度约为2.0mg/L。

试验用水为深圳市西丽大学城校园生活污水，经初级沉淀后由蠕动泵输送到各反应器进行后续试验，试验进水水质见表2-7。试验过程中采用连续进水方式，每种植物处理后的出水分别收集于出水池中，每天取样一次进行水质测定。各植物通过自身作用去除的污染物总量由试验组数据扣除空白组数据后得出。试验中测定了各试验阶段植物中N、P含量，由植物生物量的净增加量计算植物中增加的N、P总量，与污水中被去除的N、P总量进行物料平衡分析。

试验进水水质 （单位：mg/L） **表2-7**

指标	COD	TN	NH_4^+-N	NO_3^--N	TP	DIP
浓度	266±13.1	58.6±1.4	50.9±1.1	4.8±0.3	4.6±0.1	3.3±0.2

试验时间和试验期温度见表2-8。厌氧和好氧环境的平均气温分别是21.6℃和25.5℃。HRT为12h和6h时平均气温分别为26.7℃和28.4℃。每个试验阶段开始和结束时均准确称量植物质量，计算试验过程中植物的净增量。

试验时间和试验期温度 **表2-8**

条件	时间	最高气温（℃）	最低气温（℃）	平均气温（℃）
厌氧（DO<0.5mg/L）	3.24—4.24	24.3	18.9	21.6
好氧（DO约2.0mg/L）	4.27—5.26	28.1	22.9	25.5
HRT=12h	5.9—5.26	29.2	24.2	26.7
HRT=6h	6.14—7.2	30.8	26.0	28.4

2.3.2 厌氧/好氧环境对植物除污效能影响

活性污泥系统一般分为厌氧、缺氧和好氧环境，本试验通过调整DO，考察植物在厌氧和好氧环境中对N、P的去除情况，确定植物在活性污泥系统中最佳的配置方法。

目前关于植物与活性污泥系统的耦合方式以及植物优选配置方面的研究有限，本试验以植物强化氮磷脱除能力为依据，优选可与传统A^2/O工艺高效耦合的植物，并研究其最佳的配置方法。

根据本书2.1节植物优选试验结果，对优选出的6种植物进行植物配置试验，确定各种植物在活性污泥系统中适合的位置。如图2-20所示，所选的6种植物在整个试验过程中都生长良好，所有植物都表现出较好的耐污和去污能力，并且美人蕉、梭鱼草和风车草的生长速度较快，在短时间内可以大量生长。

2.3.2.1 厌氧/好氧环境对NH_4^+-N去除的影响

图2-21和图2-22为厌氧/好氧环境中各植物对NH_4^+-N的去除率及单位质量植物去除能力。试验过程中进水不含NO_3^--N，出水的平均NO_3^--N浓度为1.8mg/L，增加的NO_3^--N是由NH_4^+-N转化而来。进水中NH_4^+-N浓度约50.9mg/L，可以认为整个系统去除的

NH_4^+-N中约96.5%是通过植物的作用被去除的。由图2-21可知，厌氧和好氧环境中美人蕉对NH_4^+-N都有最好的去除效果，好氧环境对美人蕉、风车草、粉掌和白掌去除NH_4^+-N都有促进作用，相应去除率较厌氧环境增加8.0%～22.3%，其中对美人蕉和风车草的促进作用最大。好氧环境对梭鱼草去除NH_4^+-N有抑制作用，而对富贵竹影响不大，即便在DO较低的条件下也可生长良好，表明富贵竹对DO的敏感性较差。

(a) 白掌　(b) 风车草　(c) 美人蕉　(d) 富贵竹　(e) 梭鱼草　(f) 粉掌

图2-20　不同植物的生长情况

在好氧和厌氧环境中风车草对NH_4^+-N的单位质量植物去除能力均表现为最好（图2-22），分别达到0.807mg/(g·d) 和0.490mg/(g·d)，而梭鱼草和白掌分别为好氧和厌氧环境中对NH_4^+-N的单位质量植物能力最低的，分别为0.158mg/(g·d) 和0.156mg/(g·d)。相对好氧环境，梭鱼草在厌氧环境中有较高的对NH_4^+-N的单位质量植物去除能力，其他植物在好氧环境中的单位质量植物去除能力都高于厌氧环境中的。考察各植物对NH_4^+-N去除效率的试验中，茎秆细长、中空、叶少和生物量小的风车草表现优越，是景观生态-活性污泥系统中较好的植物选择。综合各植物对NH_4^+-N的去除效率可知，白掌、风车草、美人蕉和粉掌比较适合在好氧条件下生长，富贵竹在好氧或厌氧条件下都可生长良好，梭鱼草建议在厌氧条件下生长。

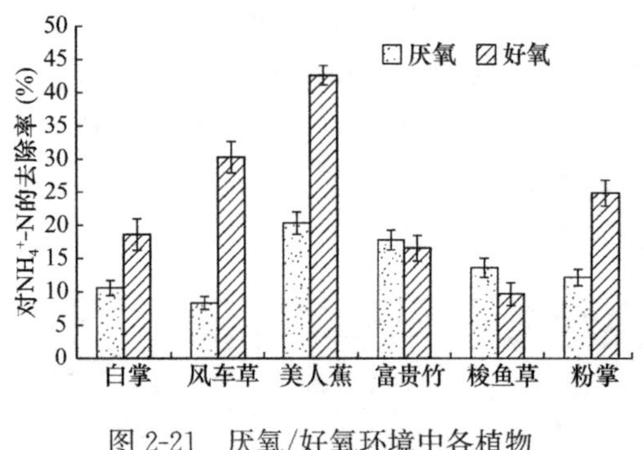

图 2-21 厌氧/好氧环境中各植物对 NH_4^+-N 的去除率

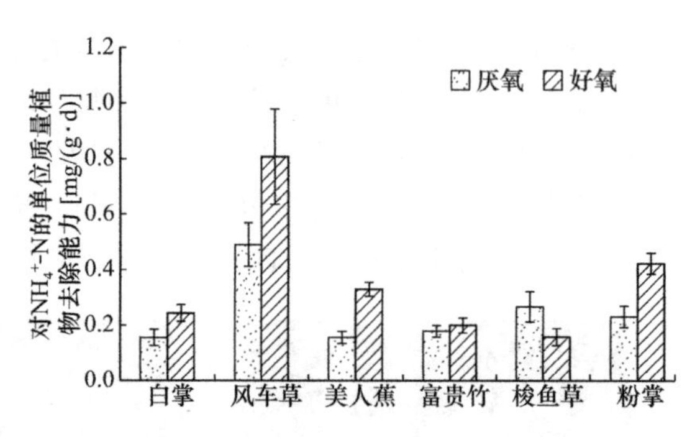

图 2-22 厌氧/好氧环境中各植物对 NH_4^+-N 的单位质量植物去除能力

2.3.2.2 厌氧/好氧环境对 TN 去除的影响

图 2-23 是厌氧/好氧环境中各植物对 TN 的去除率，图 2-24 是厌氧/好氧环境中各植物对 TN 的单位质量植物去除能力。反应器中 TN 主要由 NH_4^+-N 和 NO_3^--N 组成，其中 NO_3^--N 的含量较低，所以不同植物在不同环境下对 TN 的去除率可以直接由对 NH_4^+-N 的去除效果反映。比较图 2-21 和图 2-23 可知，不同环境条件下不同植物对 NH_4^+-N 和 TN 的去除效果变化规律相似。植物对 TN 去除率在厌氧环境中为 8.0%～20.5%，在好氧环境中为 8.9%～35.3%，好氧环境对美人蕉、风车草、粉掌和白掌去除 TN 均有促进作用。与关于 NH_4^+-N 的试验结果类似，好氧环境对梭鱼草去除 TN 有抑制作用，对富贵竹的影响很小。由图 2-24 可知，厌氧和好氧环境中风车草对 TN 都有最高的单位质量植物去除能力，分别为 0.916mg/(g·d) 和 0.516mg/(g·d)，梭鱼草在好氧环境中对 TN 的单位质量植物去除能力较厌氧环境中降低了 0.111mg/(g·d)，其他植物在好氧环境中较厌氧环境中对 TN 的单位质量植物去除能力增加了 0.059～0.400mg/(g·d)。

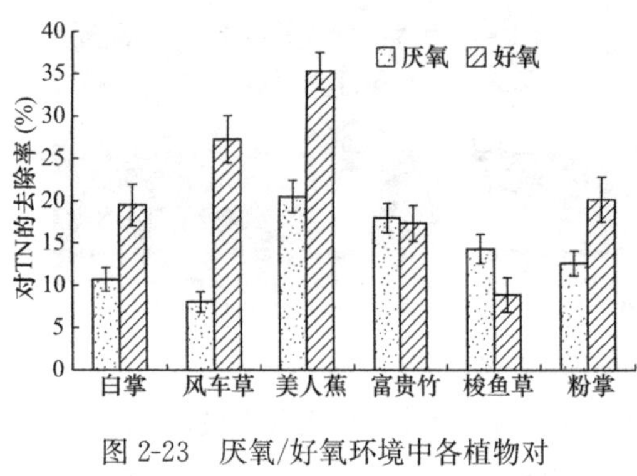

图 2-23 厌氧/好氧环境中各植物对 TN 的去除率

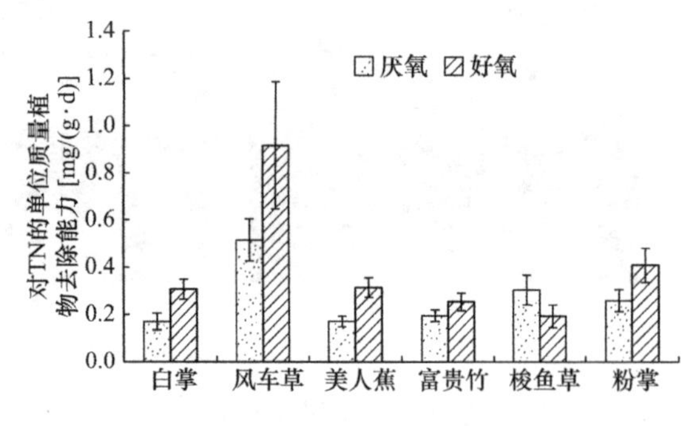

图 2-24 厌氧/好氧环境中各植物对 TN 的单位质量植物去除能力

2.3.2.3 厌氧/好氧环境对 DIP 去除的影响

图 2-25 与图 2-26 分别是厌氧/好氧环境中各植物对 DIP 的去除率及单位质量植物去除能力。

植物在生长过程中吸收利用的磷元素主要是 DIP 形式的。由图 2-25 可知，厌氧环境中各种植物对 DIP 的去除率均较高，由大到小为美人蕉、梭鱼草、风车草、富贵竹、粉掌、白掌，美人蕉对应的去除率最高，为 24.7%。除美人蕉之外，好氧环境均会不同程度上抑制植物对DIP的吸收利用，风车草和梭鱼草在好氧环境中对DIP的去除率较厌氧环境中降低一半，表明这两种植物更适合放置在缺氧或厌氧区域。较高的DO浓度有利于美人蕉对DIP的吸收，美人蕉在好氧环境中对DIP去除率明显提高。美人蕉、梭鱼草、风车草在厌氧环境中有较强的DIP吸收能力，更适合在活性污泥系统的厌氧区域与生物除磷协同强化除磷效果。另外，好氧和厌氧环境对富贵竹、白掌和粉掌对DIP的去除效果影响较小，A^2/O系统中各个单元均可考虑配置富贵竹、白掌和粉掌。

由图2-26可知，风车草和梭鱼草在好氧环境中对DIP的单位质量植物去除能力与厌氧环境中相比更低，分别降低0.004mg/(g·d)和0.008mg/(g·d)，其他植物在好氧环境中对DIP的单位质量植物去除能力与厌氧环境中相比增加0.001～0.012mg/(g·d)。

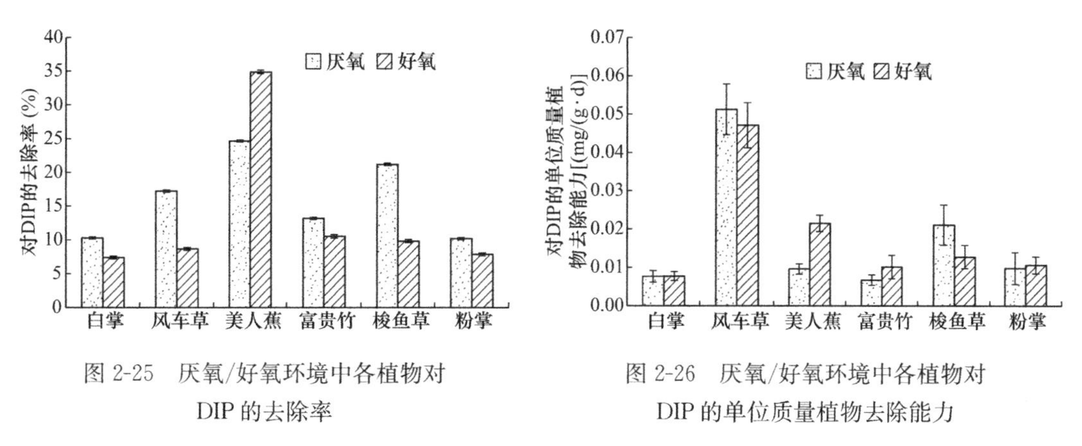

图2-25　厌氧/好氧环境中各植物对DIP的去除率

图2-26　厌氧/好氧环境中各植物对DIP的单位质量植物去除能力

2.3.2.4　厌氧/好氧环境对TP去除的影响

图2-27为厌氧/好氧环境中各植物对TP的去除率，图2-28为厌氧/好氧环境中各植物对TP的单位质量植物去除能力。

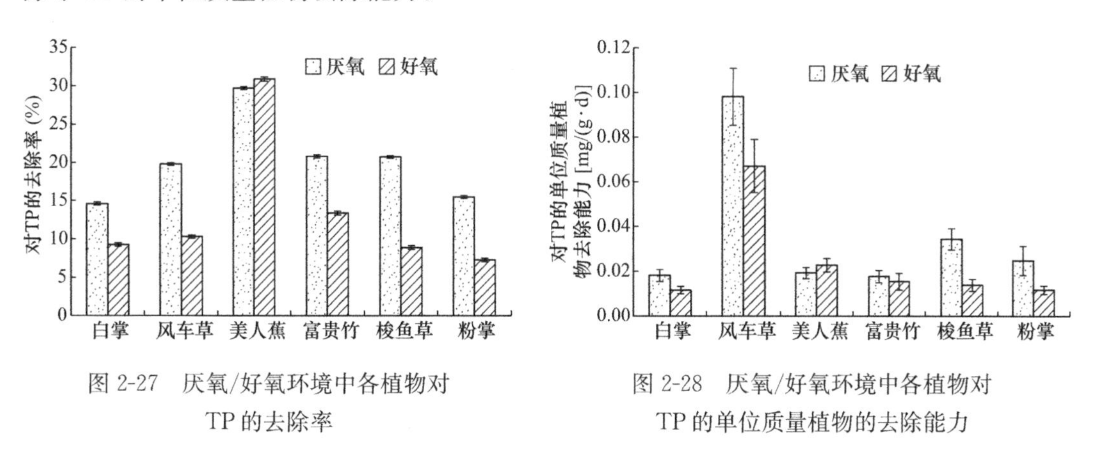

图2-27　厌氧/好氧环境中各植物对TP的去除率

图2-28　厌氧/好氧环境中各植物对TP的单位质量植物的去除能力

由图2-27可知，不同环境条件下不同植物对TP都有一定的去除能力，美人蕉在好氧和厌氧环境中对TP都具有最佳的去除能力，且去除率均接近30%。厌氧环境中，其他植物对TP去除率由高到低为富贵竹、梭鱼草、风车草、粉掌、白掌，对应去除率为14.6%～20.8%。风车草具有特殊的茎秆结构，具有最高的对DIP和TP的单位质量植物去除能力，分别为0.051mg/(g·d)和0.098mg/(g·d)(图2-26和图2-28)，其他植物对TP的单位质量植物去除能力相差不大。好氧环境中几乎所有植物对TP的去除率均受到一定程度的抑制，降低8.5%左右，受抑制程度低于DIP相应的受抑制程度。对比图2-25和图2-27可知，由于磷元素在污水中以多种形式存在，好氧环境对美人蕉对TP的去除率影响较小，使美人蕉对DIP的去除率较厌氧环境中出现增加。通常，TP的组成包括DIP、PP和DOP，本试验使用的污水中PP和DOP分别占TP的22.5%和14.1%。美人蕉根系对PP有显著截留和沉积作用，在未曝气的厌氧环境下可以改善对TP的去除效率。相反，在曝气的好氧环境中PP很难被沉积和截留，因此好氧环境中美人蕉对TP的去除率要低于对DIP的去除率。

2.3.2.5 物料平衡计算

不同试验条件下令6种植物各生长1个月，对生长前后生物量及增长的生物量（湿重）进行统计（植物的生物量只包括根部以上茎叶的生物量，不包括根的生物量）。表2-9为植物在试验前后生物量变化。

植物在试验前后生物量变化 （单位：g） **表2-9**

条件/名称	厌氧环境（DO<0.5mg/L）			好氧环境（DO>2.0mg/L）		
	试验前	试验后	增长量	试验前	试验后	增长量
白掌	526	1185	660	1115	1908	793
风车草	0[a]	198	198	178	829	651
美人蕉	2012	3528	1516	3141	5380	2239
富贵竹	1660	2818	1158	2727	4159	1433
梭鱼草	0[a]	593	593	556	16180	1062
粉掌	458	883	425	857	1469	613

备注：a表示植物在试验前将根部上部茎叶修剪掉，只保留根部在试验装置中进行试验。

由表2-9可知，厌氧环境中植株较大的美人蕉和富贵竹生长得较快。好氧环境中，梭鱼草和风车草因试验前将上部茎叶修剪掉了，初始生长速度较慢，适应环境后，其生长速度都比较快。白掌和粉掌在好氧和厌氧环境中的生长速度比较稳定，6种植物在好氧环境中生物量的增长均高于厌氧环境中。

由表2-10可知，美人蕉含水率约为90.7%，略高于其他植物。白掌和粉掌在试验过程中含TN量增加较多，分别从25.4mg/g和16.7mg/g增加到41.0mg/g和22.9mg/g，其他植物含TN量变化不大，试验过程中整体在增加，试验后含TN量均为30mg/g左右。白掌和粉掌作为传统观赏性植物，试验前生长于清水中，含TN量较小，试验前后生长水质差别较大；试验后生长于污水中，大量吸收TN，说明白掌和粉掌均具有良好的耐污能力和去污能力。植物中含TP量的变化没有明显规律，其中粉掌和美人蕉在试验结束后有较高的TP含量，分别为7.5mg/g和6.1mg/g。

试验过程中植物各指标 **表2-10**

项目/植物	含水率（%）			含N量（mg/g干重）			含P量（mg/g干重）		
	1	2	3	1	2	3	1	2	3
白掌	87.4	85.7	84.9	25.4	34.4	41.0	3.4	4.1	5.8
风车草	82.4	82.4	85.0	23.2	25.2	28.9	3.3	3.0	2.9
美人蕉	92.0	89.4	90.9	29.8	27.2	30.6	5.0	3.4	6.1
富贵竹	88.6	87.6	80.1	21.6	27.7	29.7	1.9	2.8	4.3

续表

植物＼项目	含水率（%）			含N量（mg/g干重）			含P量（mg/g干重）		
	1	2	3	1	2	3	1	2	3
梭鱼草	87.9	87.9	89.8	31.3	25.6	34.9	2.5	3.6	5.7
粉掌	86.2	83.9	85.0	16.7	21.2	22.9	6.8	6.0	7.5

备注：1表示厌氧环境下6种植物的初始各指标；2表示厌氧环境下试验结束时6种植物的指标，同时也是好氧环境下6种植物的初始各指标；3表示好氧环境下试验结束时植物各指标。

试验过程中物料平衡计算　（单位：mg）　**表2-11**

植物＼项目	厌氧环境（DO<0.5mg/L）						好氧环境（DO>2.0mg/L）					
	去除污水中N	植物中增加N	N是否平衡	去除污水中P	植物中增加P	P是否平衡	去除污水中N	植物中增加N	N是否平衡	去除污水中P	植物中增加P	P是否平衡
白掌	4056	3557	是	430	421	是	6658	4397	否	275	573	否
风车草	3064	2202	否	583	260	否	9373	2861	否	306	311	是
美人蕉	7784	5390	否	875	455	否	12174	6376	否	916	738	是
富贵竹	6811	5609	是	613	452	否	5881	6662	是	396	567	否
梭鱼草	5430	1844	否	611	259	否	3016	3585	是	263	332	否
粉掌	2781	1967	否	456	422	是	6848	351	否	215	641	否

备注：试验数据处理时以±20%增减量为判断物料是否平衡的依据。

试验期间植物增长的N、P量和污水中去除的N、P量如表2-11所示。在厌氧试验阶段内，对TN进行物料平衡分析，白掌和富贵竹达到物料平衡，其他植物去除污水中TN量高于植物中增加的TN量，风车草、美人蕉和粉掌前者较后者分别高出28.1%、30.8%和29.3%，空白对照组只能消除污染物自身降解以及装置吸附等作用产生的误差，对于植物根系吸附与截留等作用带来的误差难以消除。梭鱼草去除污水中TN量较植物中增加TN量高66.0%，主要是因为梭鱼草根系庞大，附着微生物降解，截留、吸附等作用能够去除大量TN。对TP进行物料平衡分析，植物根系相对较小的白掌和粉掌达到物料平衡。除植物根系微生物作用外，PP在植物根系存在条件下更容易被截留、吸附和沉积且能与DIP相互转化，导致其他人工湿地植物都是去除污水中的TP量较植物中增加TP量高50.0%左右。

由表2-11可知，在好氧试验阶段，对TN进行物料分析，富贵竹和梭鱼草基本达到物料平衡。其他植物去除污水中的TN量均较植物中增加TN量高50%左右，虽然曝气使污染物的沉积、吸附等作用的影响减小，NH_4^+-N的挥发加大，导致污水中去除TN量高于植物中增加TN量。对TP进行物料分析，风车草和美人蕉达到物料平衡，与厌氧试验阶段试验结果不同，其他植物均为去除污水中TP量低于植物中增加TP量。在未曝气的厌氧环境中，污染物沉积、截留和吸附作用可以去除部分TP，这些作用在存在曝气的好氧条件下很小甚至曝气可使沉积、吸附的TP释放，污水中有效P增加，从而促进了植物对P的吸收。

2.3.3　HRT对植物除污效能的影响

本试验考察不同HRT对植物去除氮磷污染物的影响，进一步确定植物在活性污泥系统中最佳配置方法，使所选植物发挥其最大的功能，指导景观生态-活性污泥系统在实际

图 2-29　梭鱼草、富贵竹、美人蕉和风车草的生长情况

工程中的应用。

如图 2-29 所示，在考察 HRT 因素时各植物各阶段生长情况良好。

2.3.3.1　HRT 对 NH_4^+-N 去除的影响

图 2-30 是不同 HRT 条件下各植物对 NH_4^+-N 的去除率影响情况，图 2-31 是不同 HRT 条件下各植物对 NH_4^+-N 的单位质量植物去除能力影响情况。由图 2-30 可知，HRT 对白掌和梭鱼草去除 NH_4^+-N 的影响较小，HRT＝12h 和 HRT＝6h 时白掌对 NH_4^+-N 的去除率分别为 18.8％和 17.7％，梭鱼草对 NH_4^+-N 的去除率分别为 9.7％和 8.3％。HRT＝12h 时美人蕉、风车草、富贵竹和粉掌对 NH_4^+-N 的去除率较 HRT＝6h 时增加 6.3％～10.2％。美人蕉对环境适应能力强，去污能力强，HRT＝12h 时去除率为 28.6％，HRT＝6h 时去除率为 18.4％，对 NH_4^+-N 均具有较好的去除效果。由图 2-31 可知，不同 HRT 条件下富贵竹和梭鱼草的单位质量的去除能力变化不大，白掌和粉掌在 HRT＝6h 的单位质量的去除能力大于 HRT＝12h 时，分别达到 0.792mg/(g·d) 和 0.893mg/(g·d)，而在 HRT＝12h 时只有 0.244mg/(g·d) 和 0.422mg/(g·d)，这被归因于植株的生物量增加较少。同样，HRT＝6h 时，去除率相对较高的风车草和美人蕉由于生物量增加较多，其对 NH_4^+-N 的单位质量的去除能力均降低。

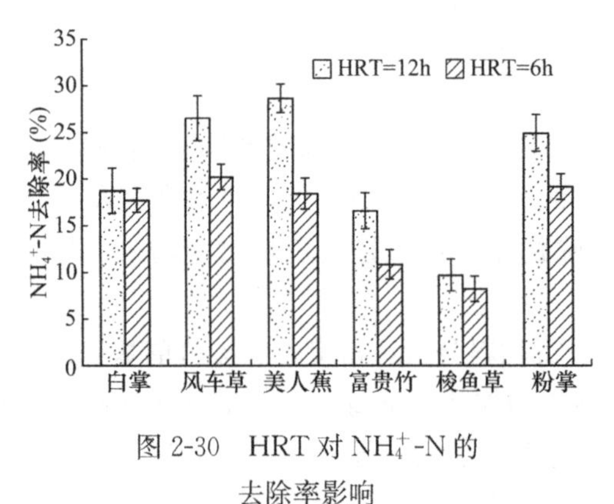

图 2-30　HRT 对 NH_4^+-N 的去除率影响

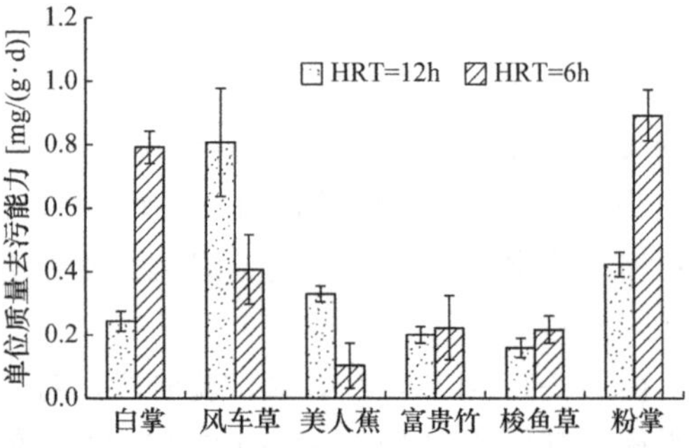

图 2-31　HRT 对 NH_4^+-N 的单位质量植物去除能力影响

2.3.3.2　HRT 对 TN 去除的影响

图 2-32 是不同 HRT 条件下各植物对 TN 的去除率影响情况，图 2-33 是不同 HRT 条件下各植物对 TN 的单位质量植物的去除能力影响情况。图 2-32 和图 2-33 是植物对 TN 的去除情况，各植物对应的对 TN 的去除率趋势与 NH_4^+-N 的去除率趋势相似。植物吸收 NH_4^+-N 的同时也吸收 NO_3^--N，曝气会使 NH_4^+-N 转化为 NO_3^--N，通过对 TN 的测定能够判断植物对含 N 污染物的整体去除情况。不同 HRT 对富贵竹和梭鱼草去除 TN 的影响较小，在 HRT＝12h 时对应去除率分别为 17.3％和 14.6％，在 HRT＝6h 时去除率分别为 14.5％和 15.7％。HRT＝12h 时风车草、美人蕉、粉掌和白掌对 TN 的去除率较 HRT＝6h 时高出

6.4%～14.8%。由图 2-33 可知，风车草在 HRT＝12h 时对 TN 的单位质量去除能力远大于其他植物，而其他植物在 HRT＝6h 时相对 HRT＝12h 时有较大的单位质量去除能力。

试验结果表明，不同 HRT 对富贵竹和梭鱼草对 NH_4^+-N 和 TN 的去除能力影响较小，而更长的 HRT 条件下有利于其他植物对 NH_4^+-N 和 TN 的去除。试验结果可用于景观生态-活性污泥系统根据实际 HRT 选择合适的植物，或者通过植物的选择达到适当缩短景观生态-活性污泥系统中 HRT 的目的。

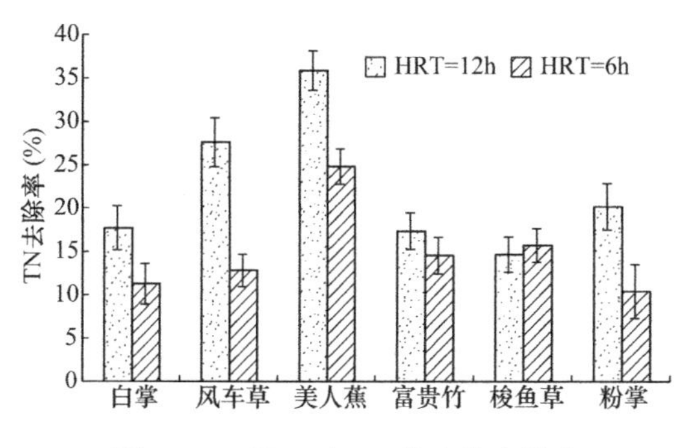

图 2-32　HRT 对 TN 的去除率影响

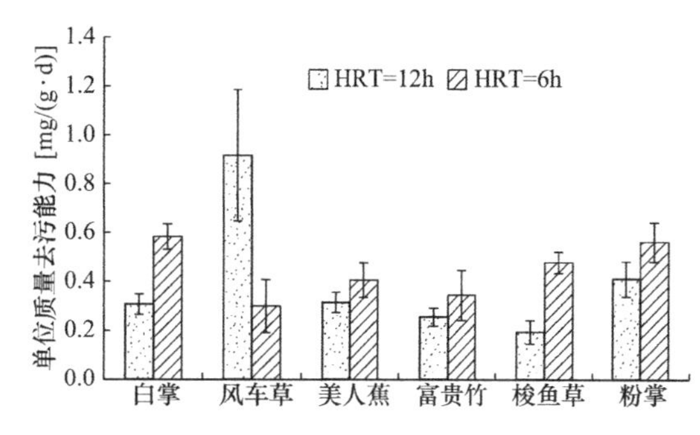

图 2-33　HRT 对 TN 的单位质量植物的去除能力

2.3.3.3　HRT 对 DIP 的去除影响

不同 HRT 条件下各植物对 DIP 的去除率影响情况及不同 HRT 条件下各植物对 DIP 的单位质量植物去除能力影响情况分别如图 2-34 和图 2-35 所示。由图 2-34 可知，DIP 作为植物吸收利用 P 的主要形态，HRT＝12h 和 HRT＝6h 时，美人蕉对 DIP 具有较高的去除率分别为 34.9%和 28.5%。其他植物对 DIP 的去除率较低，HRT＝12h 时与 HRT＝6h 时的去除率分别仅为 4.3%～10.0%和 7.3%～10.5%。由图 2-35 可知，由于风车草生长速度快，生物量增加多，其在 HRT＝12h 时对 DIP 的单位质量植物去除能力是 0.047mg/(g·d)，而 HRT＝6h 时只有 0.011mg/(g·d)。其他植物在 HRT＝6h 时对 DIP 的单位质量植物去除能力都略高于 HRT＝12h 时。

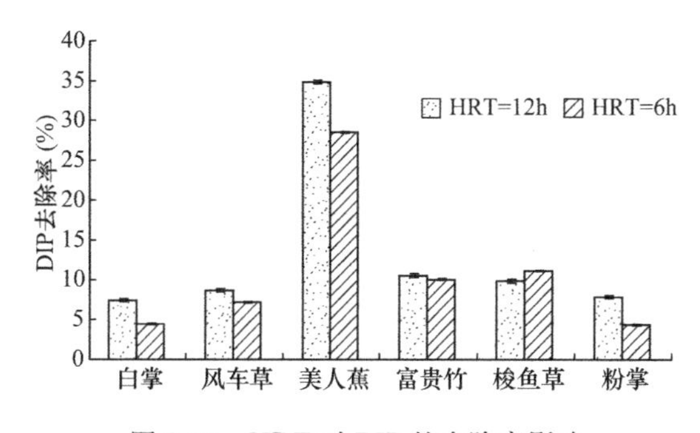

图 2-34　HRT 对 DIP 的去除率影响

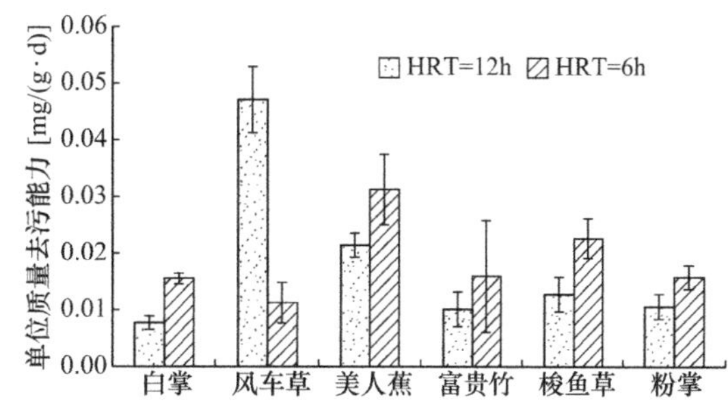

图 2-35　HRT 对 DIP 的单位质量植物的去除能力影响

2.3.3.4　HRT 对 TP 去除的影响

图 2-36 是不同 HRT 条件下各植物对 TP 的去除率影响情况，图 2-37 是不同 HRT 条件下各植物对 TP 的单位质量植物的去除能力影响情况。如图 2-36 所示，由于 TP 主要组成成分是 DIP 和 PP，试验用水中 DIP 占 TP 的 63%，所以不同 HRT 条件下不同植物对 TP 的去除率趋势与 DIP 的相似，曝气使更多的 PP 进入污水导致对 TP 的去除率略有下

降。HRT对富贵竹、梭鱼草和粉掌去除TP的影响较小，HRT=12h时较HRT=6h时白掌、风车草和美人蕉对TP的去除率略微增加3.0%~6.5%。HRT=12h时，风车草具有明显优于其他植物的单位质量植物的去除能力，而其他植物在HRT=6h时略高于HRT=12h时的单位质量植物的去除能力，如图2-37所示。

景观生态-活性污泥系统中不同HRT对各植物去除DIP和TP的能力影响均较小。虽然延长HRT对美人蕉、风车草和白掌去除TP的效果会略有增强，但是以延长HRT提升去除率不具有工程实际意义。据此试验结果建议在优化DIP和TP的去除效果时，选择植物的时候可以不考虑HRT的影响。

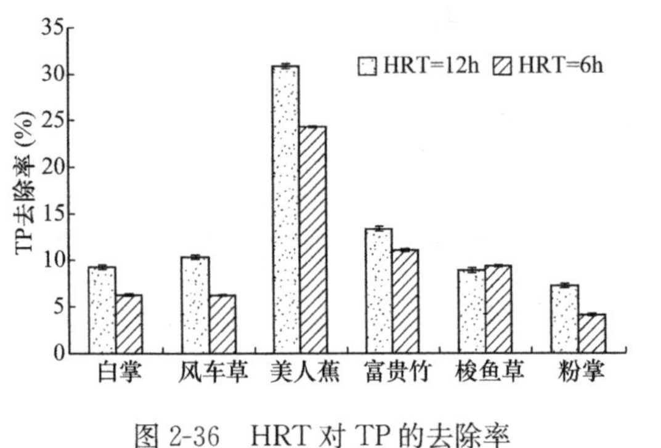

图2-36　HRT对TP的去除率

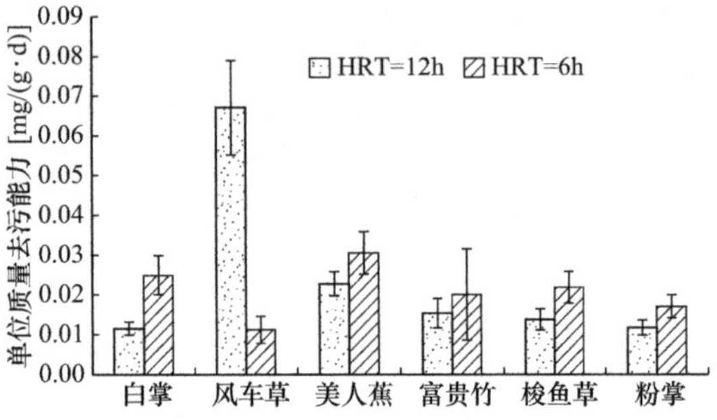

图2-37　HRT对TP的单位质量植物去除能力

2.3.3.5　物料平衡计算

表2-12是不同HRT试验时植物各生长18d后植物的生物量变化情况，表2-13是不同HRT试验时植物的含水率和N、P含量等信息，表2-14是不同HRT条件下TN和TP的物料平衡计算表。

由表2-12可知，不同HRT条件下生物量增加较多的植物是美人蕉、富贵竹、风车草和梭鱼草。风车草适应环境后生长速度较其他植物更快，风车草在HRT=6h时增加的生物量是HRT=12h时增加的生物量的2倍。上述4种生长速度快、植株较大的传统人工湿地植物与植株较小的传统观赏植物白掌和粉掌，可供在实际应用时根据具体情况选用。

植物在试验前后生物量变化　(单位：g)　**表2-12**

植物＼条件	HRT=12h			HRT=6h		
	试验前	试验后	增长量	试验前	试验后	增长量
白掌	1432	1908	476	855	1290	435
风车草	439	829	390	1680	2643	963
美人蕉	4036	5380	1343	3041	4417	1376
富贵竹	3300	4159	859	2638	3587	949
梭鱼草	981	1618	637	2663	3402	739
粉掌	1102	1470	368	668	1085	417

试验过程中植物各指标 表2-13

植物＼指标	含水率（%）				含N量（mg/g干重）				含P量（mg/g干重）			
	1	2	3	4	1	2	3	4	1	2	3	4
白掌	85.7	84.9	86.0	85.4	34.4	41.0	39.6	37.9	4.1	5.8	5.5	5.7
风车草	82.4	85.0	83.7	84.5	25.2	28.9	28.1	29.2	3.0	2.9	2.9	2.9
美人蕉	89.4	90.9	90.8	87.8	27.2	30.6	31.0	29.7	5.0	6.1	5.7	6.1
富贵竹	87.6	80.1	85.4	86.7	27.7	29.7	30.8	29.7	2.8	4.3	4.4	4.1
梭鱼草	87.9	89.8	88.8	83.8	25.6	34.9	32.6	35.5	3.6	5.7	5.6	5.7
粉掌	83.9	85.0	85.0	84.7	21.2	22.9	23.6	25.0	6.0	7.5	6.7	7.2

备注：1表示HRT=12h试验初始时植物各指标；2表示HRT=12h试验结束时植物各指标；3表示HRT=6h试验初始时植物各指标；4表示HRT=6h试验结束时植物各指标。

试验过程中物料平衡计算 （单位：mg） 表2-14

植物＼条件	HRT=12h（mg）						HRT=6h（mg）					
	去除污水中N	植物中增加N	N是否平衡	去除污水中P	植物中增加P	P是否平衡	去除污水中N	植物中增加N	N是否平衡	去除污水中P	植物中增加P	P是否平衡
白掌	3995	2638	否	165	344	否	6195	2362	否	195	344	否
风车草	5624	1717	否	184	186	是	7057	4490	否	194	456	否
美人蕉	7304	3826	否	549	443	是	4097	3862	是	755	752	是
富贵竹	3529	3997	是	238	340	否	3805	4191	是	343	593	否
梭鱼草	1810	2151	是	158	199	否	3585	2806	否	291	464	否
粉掌	4109	2108	否	129	385	否	6697	1516	否	128	435	否

备注：试验数据处理时以±20%增减量为判断物料是否平衡的依据。

比较表2-10和表2-13可知，所有植物的含水率在整个试验过程中变化不大，基本稳定在85%左右；植物的N含量先增加，后期基本达到稳定状态；P含量前期试验阶段规律不明显，整体P含量增加后达到稳定。

由表2-14计算结果可知，在HRT=12h时，对TN进行物料分析，富贵竹和梭鱼草基本达到物料平衡，其他植物去除污水中的TN量较植物中增加TN量高50%左右。曝气使污染物的沉积、吸附等作用减小，NH_4^+-N挥发加大导致污水中去除TN量高于植物中增加TN量。对TP进行物料分析，风车草和美人蕉达到物料平衡，其他植物去除污水中TP量低于植物中增加TP量。曝气条件下，沉淀、吸附等作用减小，导致有效TP增加，促进植物对TP的吸收。试验过程中，HRT=6h时物料平衡情况与HRT=12h时相似。

2.4 小结

试验中，通过研究类型Ⅰ植物和类型Ⅱ植物分别对生活污水中氮磷污染物的去除效果，优选出去污能力好的植物作为工程应用植物备选，并介绍了景观生态-活性污泥系统可采用的具有活性污泥法特点的工艺；考察了景观生态-活性污泥系统中植物的去污能力，综合了植物的景观性、经济性等性能，构建了植物选择评价体系；基于植物优选和配置方法结果，建立景观生态-A^2/O系统，在中试试验条件下考察其污染物去除效果和稳定性，得出以下结论：

（1）依据植物选择评价体系综合考察植物的各种性能，最后优选类型Ⅰ植物为：粉掌、白掌、观音竹和翠叶；类型Ⅱ植物为：美人蕉、梭鱼草、风车草和富贵竹。

（2）制约活性污泥系统选择的因素主要包括污水处理后的排放要求、占地面积、运行费用、管理难易等。SBR工艺、生物接触氧化法、A^2/O工艺以及氧化沟工艺可作为景观生态-活性污泥系统的备选工艺。

（3）植物选择评价体系不仅能够综合考察植物的各种指标，优选各种指标的综合性能最强的植物，同时还可以根据实际需求选择性地考察重点的指标。

（4）好氧环境中，美人蕉、风车草、粉掌和白掌对NH_4^+-N和TN的去除率均高于厌氧环境中，好氧环境对富贵竹去除TN的影响不大，对梭鱼草有抑制作用。考虑NH_4^+-N和TN的去除效果，适合配置于厌氧池和缺氧池中的植物是：美人蕉、梭鱼草和富贵竹；除梭鱼草以外其他植物都适合配置于好氧池中。

（5）好氧环境对美人蕉去除DIP有促进作用，对美人蕉去除TP影响不大，对其他植物均有不同程度的抑制作用。考虑DIP和TP的去除效果，所有植物都适合配置于厌氧池和缺氧池中，美人蕉和富贵竹适合配置在好氧池中。

（6）不同HRT条件不会影响富贵竹和梭鱼草对NH_4^+-N和TN的去除能力，在HRT＝12h时美人蕉、白掌、风车草和粉掌对NH_4^+-N和TN的去除率会略高于HRT＝6h时。不同HRT条件对各植物去除DIP和TP的能力影响均较小。结合实际考虑，在景观生态-活性污泥系统中植物的配置时可以不考虑HRT的影响。

第3章 景观生态-活性污泥系统运行效果与影响因素

为了能确定植物复合后对整个工艺污染物去除效果的影响，长期跟踪研究景观生态-活性污泥系统与单一活性污泥工艺对生活污水中碳、氮、磷的去除效果是必要的。本试验就水力停留时间、碳氮比和污泥负荷等相关因素对两种系统污染物去除的影响进行了研究。

活性污泥是污染物质降解的主要工作者，保证其功能的正常发挥对于景观生态-活性污泥系统至关重要。本试验中，对景观生态-活性污泥复合系统进行了污水处理效果与活性污泥性状的研究，通过监测污水处理效果及活性污泥性状的变化，确定了景观生态-活性污泥工艺与单一活性污泥工艺相比在污水处理方面表现出的优势。

同位素是指质子数相同而中子数不同的元素，本试验中利用同位素示踪技术确定污染物在系统中迁移和转化的方向，从而进一步丰富和完善除污系统的基础理论。本章通过在进水中加入^{13}C和^{15}N，利用同位素示踪技术得到景观生态-SBR系统中三个功能单元，即植物、根际污泥和活性污泥，对有机物和营养物质氮的去除权重，从而对景观生态-SBR系统中C和N的去除机制做全面解析。在景观生态-SBR系统中直接测定污泥在不同运行条件下对P的吸收和释放以及植物根、茎、叶的吸收作用，进而得出P在复合系统中不同除污单元中的去除比例。

除植物的景观效应以外，其固有的生理特性作用在系统的运行过程中也有着非常重要的作用，主要表现为植物的蒸腾作用。植物的蒸腾作用产生蒸腾拉力，被动吸收与转运水分，蒸腾作用还可以降低植物体的温度，防止叶片被灼伤。本章通过讨论植物蒸腾作用的影响因素、复合系统的蒸散量变化规律及植物蒸腾作用和污水处理效果的关系，明确植物对于复合系统中活性污泥性状的影响规律，为景观生态-活性污泥系统的稳定运行提供指导。

与单一活性污泥工艺相比，景观生态-活性污泥系统在变化规律、外部条件的影响机制、工艺及运行管理等方面都存在极大不同。复合系统的运行不仅应考虑复合系统自身的相互影响，还要充分考虑其对于特定组成部分的响应机制。本书基于复合系统活性污泥的性状、植物的生理特性、根系微生物的变化情况及复合系统对影响因素的响应等方面提出景观生态-活性污泥系统评价体系，为复合系统的长期稳定运行及调控措施方面提供辅助决策分析工具。

3.1 复合系统对污染物的去除效果

3.1.1 对COD的去除效果

长期对景观生态-SBR系统和单一SBR工艺的进出水COD浓度进行监测，所得结果如图3-1所示。由图3-1可知，两系统均表现出较稳定的运行效果，出水COD平均浓度分别为35.89mg/L和40.81mg/L，平均去除率分别为84.26%和81.01%。复合系统对COD的去除效果略优于SBR工艺，平均去除率提高约3%。稳定期内，出水COD浓度复合系统低于单一SBR工艺的天数为231天，两系统出水水质达一级A排放标准的天数分别为 276 天和 258 天，试验结果说明景观生态-SBR 系统的出水 COD 浓度稳定性优于单一 SBR 工艺。从 54～87 天期间，进水 COD 平均浓度突然由原来的 309.42mg/L 增大到 435.19mg/L，这个阶段景观生态-SBR 系统和单一 SBR 工艺的出水 COD 平均浓度为 31.93mg/L 和 35.38mg/L，试验结果说明景观生态-SBR 系统的抗冲击负荷能力强于单一 SBR 工艺，景观生态-SBR 系统更加适合水质变化大的污水处理应用。

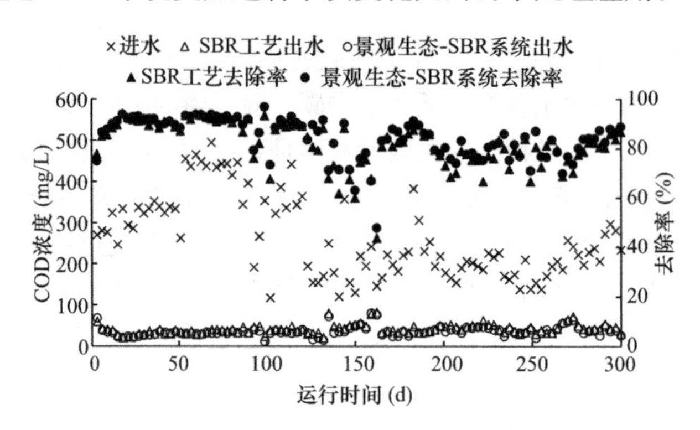

图 3-1 景观生态-SBR 系统和单一 SBR 工艺对 COD 的去除效果对比

3.1.2 对氨氮的去除效果

景观生态-SBR 系统和单一 SBR 工艺对 NH_4^+-N 的去除效果对比如图 3-2 所示。

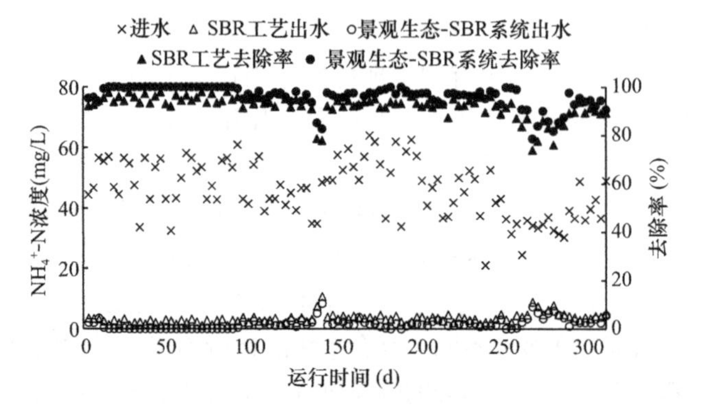

图 3-2 景观生态-SBR 系统和单一 SBR 工艺对 NH_4^+-N 的去除效果对比

由图 3-2 可知，景观生态-SBR 系统和单一 SBR 工艺的出水中 NH_4^+-N 平均浓度分别为 1.61mg/L 和 3.36mg/L，对应的对 NH_4^+-N 的平均去除率分别为 96.93%和 92.70%。两系统的出水水质的 NH_4^+-N 浓度均达到国家一级 A 标准。经比较可知，景观生态-SBR 系统的出水 NH_4^+-N 平均浓度仅为单一 SBR 工艺的 50%，平均去除率提高了约 4%。与对 COD 的去除相比，景观生态-SBR 系统对 NH_4^+-N 的去除较单一 SBR 工艺呈现出明显优势，前者稳定期内有 291 天的出水 NH_4^+-N 浓度低于后者，其中景观生态-SBR 系统有 78 天对 NH_4^+-N 的去除率达 100%，而单一 SBR 工艺对 NH_4^+-N 的最高去除率为 98.06%。试验结果说明植物的耦合有助于提高污水对 NH_4^+-N 的去除效果。

3.1.3 对总氮的去除效果

如图 3-3 所示，景观生态-SBR 系统和 SBR 工艺的出水 TN 平均浓度分别为 9.29mg/L 和

14.56mg/L，两系统对 TN 的平均去除率分别为 80.02%和 68.35%，景观生态-SBR 系统的出水 TN 平均去除率较 SBR 工艺提高了约 12%。稳定期内景观生态-SBR 系统的出水 TN 浓度不满足一级 A 标准的天数仅为 3 天，而 SBR 工艺则为 144 天，不达标率分别为 1%和 48%。试验结果表明植物的耦合对景观生态-SBR 系统中 TN 去除的稳定性有显著的提升。

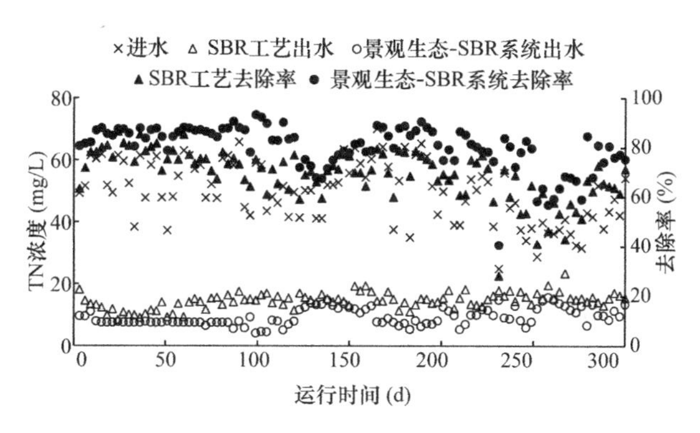

图 3-3 景观生态-SBR 系统和单一 SBR 工艺对 TN 的去除效果对比

3.1.4 对总磷的去除效果

景观生态-SBR 系统和 SBR 工艺对 TP 的去除效果对比如图 3-4 所示。由图 3-4 可知，景观生态-SBR 系统和 SBR 工艺的出水 TP 平均浓度分别为 0.32mg/L 和 0.53mg/L，两系统对 TP 的平均去除率分别为 93.25%和 89.85%。植物的耦合对景观生态-SBR 系统的 TP 去除率在数值上的提高不明显，但使出水的 TP 平均浓度满足一级 A 标准。比较可知，景观生态-SBR 系统和 SBR 工艺的不达标率分别为 29%和 48%，说明景观生态-SBR 系统对 TP 去除的稳定性优于 SBR 工艺。试验结果表明，植物吸收是对 TP 的处理效果提高的因素之一，种植植物和不种植物的人工湿地对 TP 的去除率也不同，前者高于后者。

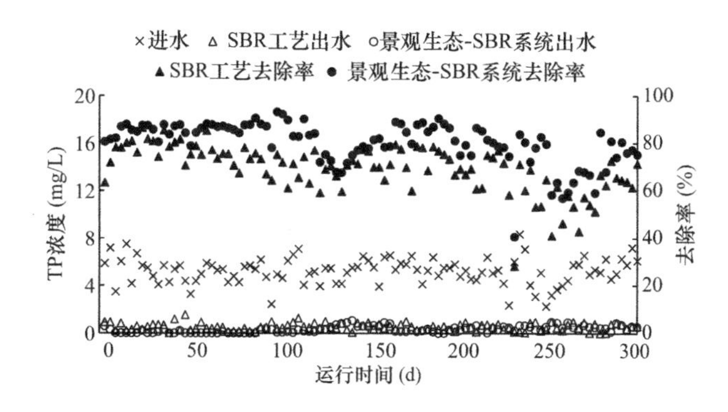

图 3-4 景观生态-SBR 系统和 SBR 工艺对 TP 的去除效果对比

3.1.5 去除效果的影响因素

3.1.5.1 水力停留时间

水力停留时间对景观生态-SBR 系统和 SBR 工艺去除生活污水中污染物的影响，如

图 3-5 所示。由图 3-5 可知，两个系统对 COD 和 NH_4^+-N 的去除效果均随 HRT 的延长而提高。当 HRT 为 6h 时，景观生态-SBR 系统和 SBR 工艺的出水 COD 浓度分别为 56mg/L 和 68mg/L，NH_4^+-N 浓度分别为 4.7mg/L 和 5.5mg/L。当 HRT 大于 8h 时，两个系统的出水 COD 浓度和 NH_4^+-N 浓度均能达到国家一级 A 标准，且景观生态-SBR 系统的出水污染物浓度低于 SBR 工艺，这与长期试验的运行结果一致。因此，景观生态-SBR 系统运行时建议保持 HRT 在 8h 以上。

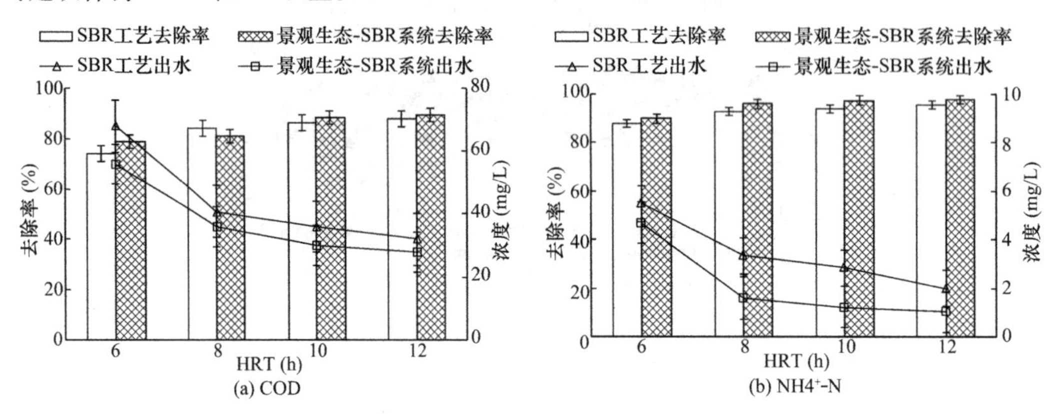

图 3-5　水力停留时间对两个系统污染物去除效果对比

3.1.5.2　碳氮比

图 3-6 为选取 C/N 比为 3、5、7 和 9 时对景观生态-SBR 系统和 SBR 工艺去除生活污水的处理效果研究。由图 3-6 可知，C/N 比的变化对两个系统的脱氮效果都会产生影响，当 C/N 为 3 时，景观生态-SBR 系统和 SBR 工艺的出水 NH_4^+-N 浓度分别为 6.6mg/L 和 8.7mg/L，均没有达到排放标准。当 C/N 比为 9 时，两个系统的出水 NH_4^+-N 浓度均较低，但 SBR 工艺的出水 COD 浓度为 56mg/L，说明高 C/N 比反而不利于提高出水的 COD 浓度。与 SBR 工艺相比，景观生态-SBR 系统能够承受更大的水质波动，适应更宽的 C/N 的范围。试验结果表明景观生态-SBR 系统的最佳 C/N 为 5～9。

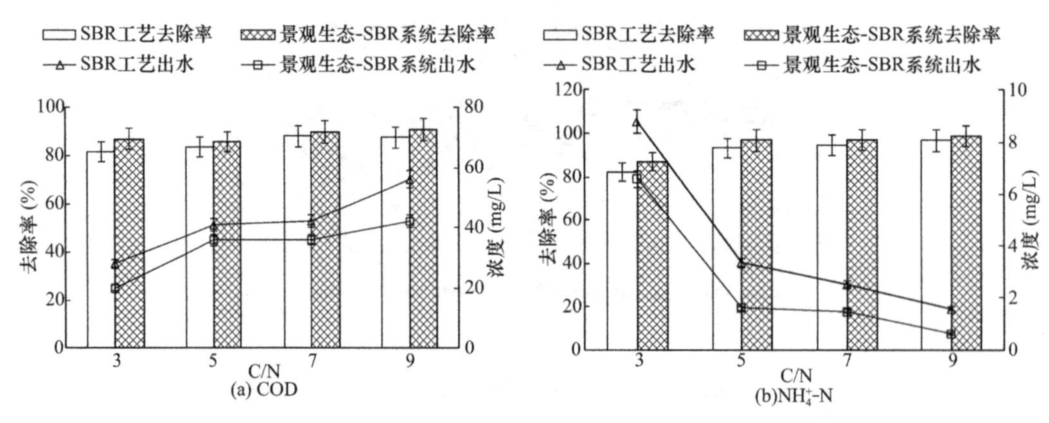

图 3-6　碳氮比对两个系统污染物去除效果对比

3.1.5.3　污泥负荷

试验中选取了 4 种不同的污泥负荷，即 0.25gCOD/(gSS·d)、0.30gCOD/(gSS·d)、0.35gCOD/(gSS·d) 和 0.40gCOD/(gSS·d)（对应的进水 COD 浓度分别为 290mg/L、

348mg/L、406mg/L 和 464mg/L)，对景观生态-SBR 系统和 SBR 工艺去除生活污水的处理效果进行研究。由图 3-7 可知，随着污泥负荷的增大，两个系统对 COD 的去除率呈下降趋势，对 NH_4^+-N 的去除率则呈上升趋势。当污泥负荷为 0.35gCOD/(gSS·d) 时，景观生态-SBR 系统和 SBR 工艺的出水 COD 浓度分别为 48mg/L 和 52mg/L，当污泥负荷为 0.40gCOD/(gSS·d) 时，两系统的出水 COD 浓度均不能达标，且景观生态-SBR 系统的出水 COD 浓度略低于 SBR 工艺。在试验阶段的污泥负荷范围内，两个系统内的 NH_4^+-N 均能取得较好的去除效果。当污泥负荷为 0.35gCOD/(gSS·d) 时，仍然能保证出水 COD 浓度达标。与 SBR 工艺相比，景观生态-SBR 系统的污泥负荷适用范围更大，表现出更好的抗冲击负荷能力。

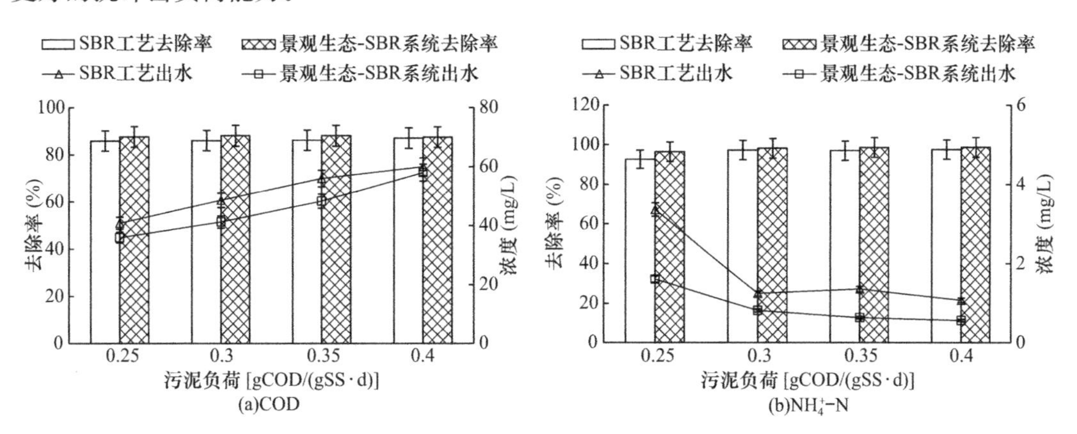

图 3-7 污泥负荷对两个系统污染物去除效果对比

3.2 污染物去除机制

3.2.1 碳的去除机制

景观生态-SBR 系统去除有机物的功能单元主要包括植物、活性污泥和根际污泥。植物能够通过光合作用将空气中的 CO_2 合成为植物体内的有机碳，同时植物还会产生根系分泌物促进根际微生物对污水中有机碳的利用，但植物能否吸收利用污水中的有机碳仍然是一个有争议的问题。活性污泥和根际污泥中的微生物主要通过同化作用和异化作用来去除污水中的有机碳。通过 ^{13}C 稳定同位素示踪技术可明确景观生态-SBR 系统中 3 个功能单元（活性污泥、根际污泥和植物）对有机物的去除权重，从而对景观生态-SBR 系统中碳的去除路径做出全面解析。加入同位素前，进行了为期一个月的监测，期间景观生态-SBR 系统运行状况稳定，进水 COD 浓度为（600±120）mg/L，出水 COD 浓度为（36±17）mg/L。

对试验期间活性污泥中总碳的含量进行测定。由图 3-8 可知，同位素示踪试验期间活性污泥中总碳含量较为稳定，保持在 29.15%～33.51%范围内，平均碳含量为 32.30%。

对活性污泥中 $\delta^{13}C$ 值进行测定。如图 3-9 所示，随着运行时间的增加，活性污泥中 $\delta^{13}C$ 值呈现逐渐增加的状态。进行同位素示踪试验前，活性污泥中 $\delta^{13}C$ 值为－19.22‰，低于 PDB 标准物（碳稳定同位素标准物质）。2 天后，$\delta^{13}C$ 值增加到 201.31‰，随后逐步增加，10 天后活性污泥中 $\delta^{13}C$ 值为 681.08‰。

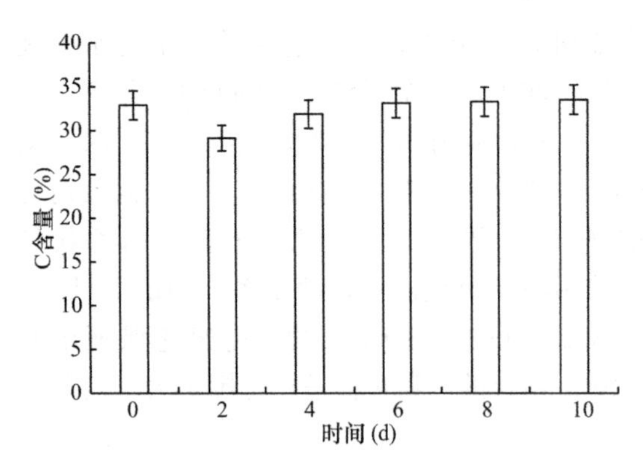

图 3-8　景观生态-SBR系统活性污泥中总碳含量变化

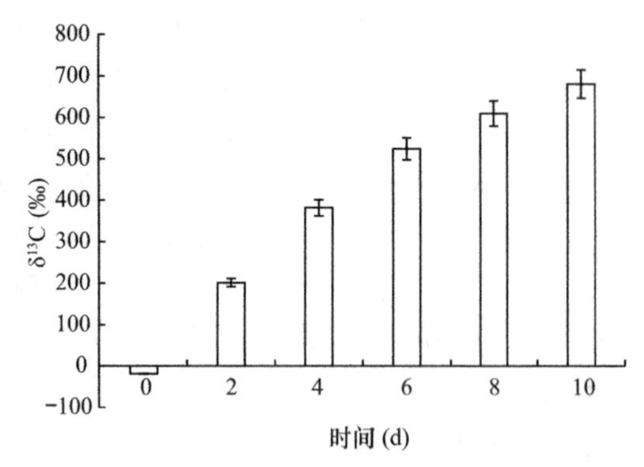

图 3-9　景观生态-SBR系统活性污泥中 $\delta^{13}C$ 值变化

对试验期间景观生态-SBR系统根际污泥中总碳的含量进行测定。由图 3-10 可知，与活性污泥相似，试验期间根际污泥中总碳含量也保持在较稳定的水平，范围为 24.01%～32.47%，平均碳含量为 28.95%。

对根际污泥中 $\delta^{13}C$ 值进行测定。如图 3-11 所示，随着试验天数的增加，根际污泥的 $\delta^{13}C$ 值也呈现增加的趋势，与活性污泥中趋势一致。数值上，根际污泥中 $\delta^{13}C$ 从试验前的－19.22‰增加到第 10 天的 429.83‰，说明活性污泥和根际污泥都能利用污水中的有机物来合成自身物质。与活性污泥的变化趋势对比可以发现，活性污泥中 $\delta^{13}C$ 值的增长速率明显高于根际污泥，可能是活性污泥在景观生态-SBR系统中处于悬浮状态，能够与水中的有机物和营养物质等进行充分传质交换，活性污泥与根际污泥相比能够同化更多的碳元素。与活性污泥相比，生物膜形式的根际污泥的流动性更差，可能会影响根际污泥，尤其是靠近根部的污泥，与污水的充分接触。此外，受植物根系分泌物的影响，根际污泥可能会利用部分根系分泌物作为碳源，从而降低了对污水中碳源的利用率。

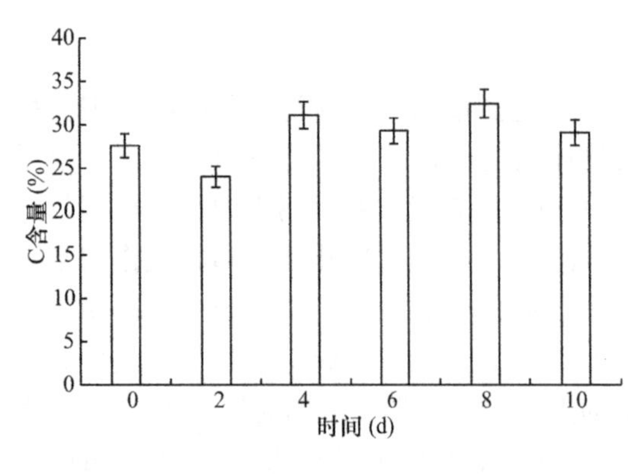

图 3-10　景观生态-SBR系统根际污泥中总碳含量变化

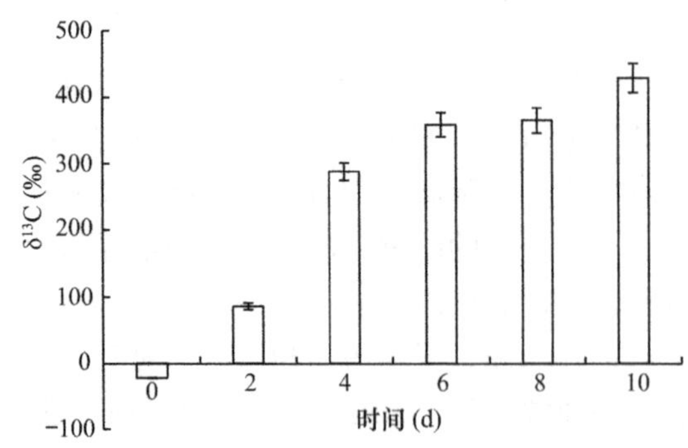

图 3-11　景观生态-SBR系统根际污泥中 $\delta^{13}C$ 值变化

对试验期间景观生态-SBR系统中植物根、茎、叶中总碳含量进行测定。由图 3-12 可知，植物根、茎、叶中总碳含量在试验期间没有明显变化，范围分别为 32.07%～35.23%，34.12%～36.47%和 39.98%～42.51%，对应的平均值分别为 33.96%、35.59%和 40.97%。对比植物根、茎、叶中总碳含量可以发现，植物叶部碳含量明显高于根部和茎部，这被归因于植物叶部中含有大量的叶绿体，能够进行光合作用，利用光能直接将二氧化碳和水转化为有机物。

对景观生态-SBR 系统中美人蕉的根、茎、叶的 $\delta^{13}C$ 值进行测定。如图 3-13 所示，$\delta^{13}C$ 在试验用美人蕉的根、茎、叶中的背景值分别为－26‰、－29‰和－28‰。在同位素示踪试验的 10 天，美人蕉茎部和叶部 $\delta^{13}C$ 值几乎没有变化，但根部 $\delta^{13}C$ 值有明显增加的趋势，第 10 天为 109.9‰。试验结果说明，美人蕉根部可以直接从污水中吸收碳，但吸收后的有机物基本供给根部生长，不发生向上运输。

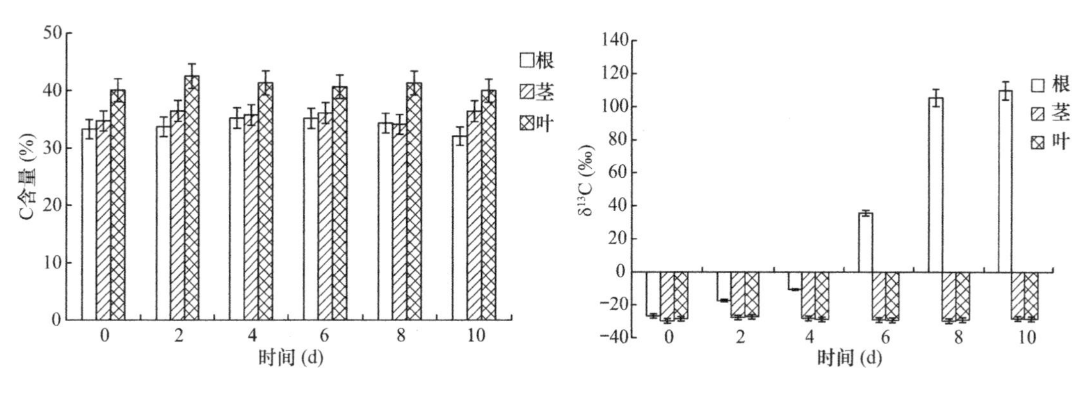

图 3-12　景观生态-SBR 系统植物根、茎、叶中总碳含量变化

图 3-13　景观生态-SBR 系统植物根、茎、叶中 $\delta^{13}C$ 值变化

结合以上试验结果分析可知，景观生态-SBR 系统中碳的去除途径为：活性污泥的同化作用和异化作用、根际污泥的同化作用和异化作用，以及植物根、茎、叶的吸收作用。景观生态-SBR 系统中碳平衡为：进水总碳＝出水中的碳＋活性污泥同化作用的碳＋活性污泥异化作用的碳＋根际污泥同化作用的碳＋根际污泥异化作用的碳＋植物根部吸收的碳＋植物茎部吸收的碳＋植物叶部吸收的碳＋剩余污泥中的碳。由于在植物茎部和叶部未检测到同位素累积，同时在试验过程中装置未排出剩余泥，后三项所占比例为零。采用同位素法物料平衡计算，剩余项计算如下。

（1）进水总碳

试验期间，每天进水 2 次，每次 3L，进水中总碳量为 20.88g，进水碳同位素 ^{13}C 总量为 888mg。

（2）出水总碳

试验期间，每天排水 2 次，每次 3L，出水中总碳量为 3.92g，出水 ^{13}C 总量为 166.56mg。

（3）活性污泥同化作用的碳

根据同位素结果计算，每 1g 干污泥每天同化的 ^{13}C 的量为 0.902mg，反应器中干污泥的量为 18g，则试验期间被活性污泥同化作用去除的 ^{13}C 的量为 162.36mg。

（4）活性污泥异化作用的碳

污水中有机物被微生物降解时，其中三分之一通过同化作用合成为细胞物质，三分之二被氧化为 CO_2 除去。因此，试验期间被活性污泥异化作用去除的 ^{13}C 的量为 324.72mg。

（5）根际污泥同化作用的碳

根据同位素示踪试验结果计算，每 1g 干污泥每天同化的 ^{13}C 的量为 0.764mg，根际干污泥的量为 6g，则试验期间被根际污泥同化作用去除的^{13}C的量为 45.84mg。

（6）根际污泥异化作用的碳

计算方法参考活性污泥异化作用的碳，在稳定同位素示踪试验时期根际污泥异化作用去除的^{13}C的量为 91.68mg。

（7）植物根部的碳

根据试验结果，植物根部平均每天同化的^{13}C的量为 3.2577mg，因此 10 天吸收量为 32.58mg。

根据计算，景观生态-SBR 系统中碳元素的物料平衡率为 92.76%。通过对进水、出水、植物、污泥等单元中碳去除的分析，可得出景观生态-SBR 系统中各除污途径碳去除百分比，如图 3-14 所示。

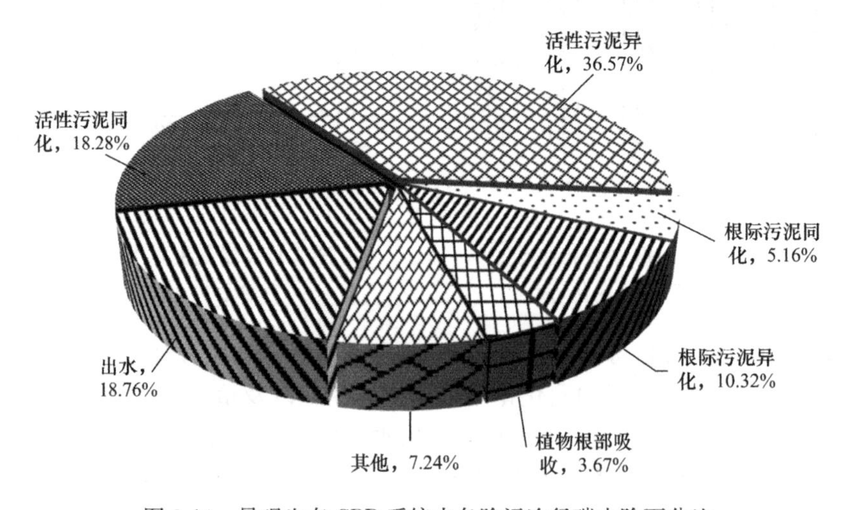

图 3-14　景观生态-SBR 系统中各除污途径碳去除百分比

由图 3-14 可知，碳元素主要通过活性污泥和根际污泥的异化作用以气体形式返回大气中，占 54.13%，污泥同化部分约占 23.44%，植物根部吸收占 3.67%，出水占 18.76%。试验计算结果表明，植物的耦合对景观生态-SBR 系统中总碳去除的综合作用可达约 20.75%。其他途径去除比例为 7.24%，可能的原因包括曝气导致有机物的挥发、有机物被污泥吸附后未得到降解等。

3.2.2　氮的去除机制

微生物作为景观生态-SBR 系统的分解者，对污水中的氮元素主要起两方面的作用：通过硝化反硝化作用将进水的氮元素转化为气态氮如 N_2 和 N_2O，称为异化作用；另一方面是将外源氮素转化为自身生长所需的一部分，称为同化作用。植物可以通过直接吸收作用和根际微生物的作用对氮进行去除。虽然通过长期的试验数据证明了植物的耦合对景观生态-SBR 系统中氨氮和总氮的去除有一定提升作用，但植物的作用和植物根际微生物的作用所占的比例尚不明确。本试验通过^{15}N稳定同位素示踪技术可得出景观生态-SBR 系统中 3 个功能单元对氮的去除权重，从而对景观生态-SBR 系统中氮的去除路径做出全面解析。加入同位素前，本试验对景观生态-SBR 系统进行了为期一个月的监测，期间该系统运行状况稳定，进水 TN 平均浓度为（40±5）mg/L，出水 TN 平均浓度为 8.4mg/L。

对试验期间景观生态-SBR系统活性污泥中总氮的含量进行了测定，结果如图3-15所示。同位素示踪试验表明复合系统运行期间活性污泥中总氮含量稳定，保持在5.08%～5.28%范围内，平均N含量为5.18%。

对活性污泥中$\delta^{15}N$值进行测定。由图3-16可知，随着时间的增加，活性污泥中$\delta^{15}N$值呈现逐渐增加的状态。进行同位素示踪试验前，活性污泥中$\delta^{15}N$值仅为7.02‰，2天后，$\delta^{15}N$值增加到15797‰，随后逐步增加，10天后活性污泥中$\delta^{15}N$值为40908‰。

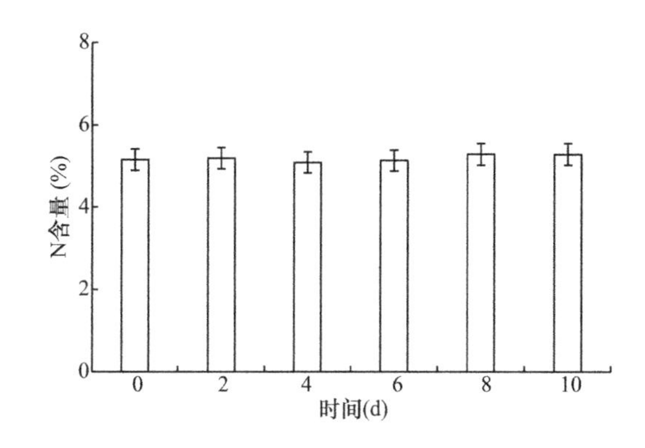

图3-15 景观生态-SBR系统活性污泥中总氮含量变化

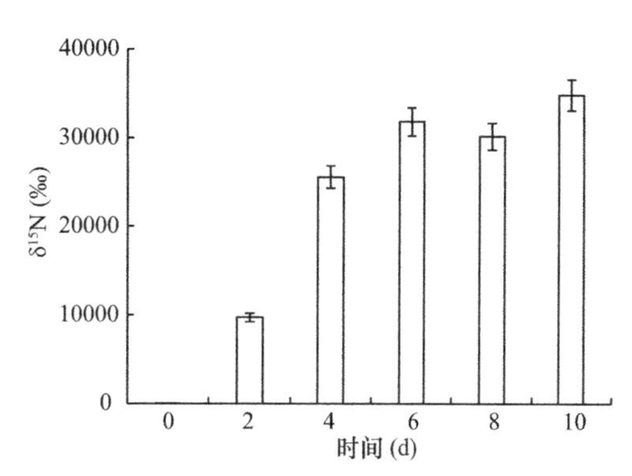

图3-16 景观生态-SBR系统活性污泥中$\delta^{15}N$值变化

对试验期间根际污泥中总氮含量进行测定。如图3-17所示，与活性污泥相似，试验期间根际污泥中总氮含量也保持在稳定的水平，范围为4.03%～5.13%，平均氮含量为4.81%。

对根际污泥中$\delta^{15}N$值进行测定。由图3-18可知，随着试验天数的增加，根际污泥的$\delta^{15}N$值同样呈现增加的趋势，与活性污泥相似。根际污泥中$\delta^{15}N$值从试验前的12.29‰增加到第10天的24859‰，说明根际污泥和活性污泥类似，都能利用污水中的营养物质来合成自身物质。通过对比两者的增长趋势可以发现，活性污泥的$\delta^{15}N$值的增长速率高于根际污泥，表明活性污泥能够同化更多的氮元素。

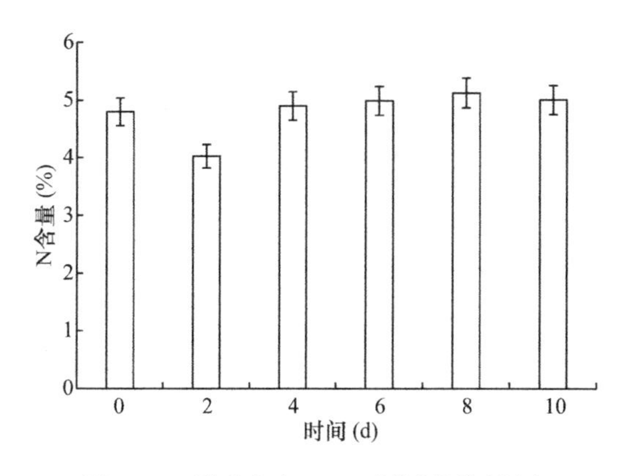

图3-17 景观生态-SBR系统根际污泥中总氮含量变化

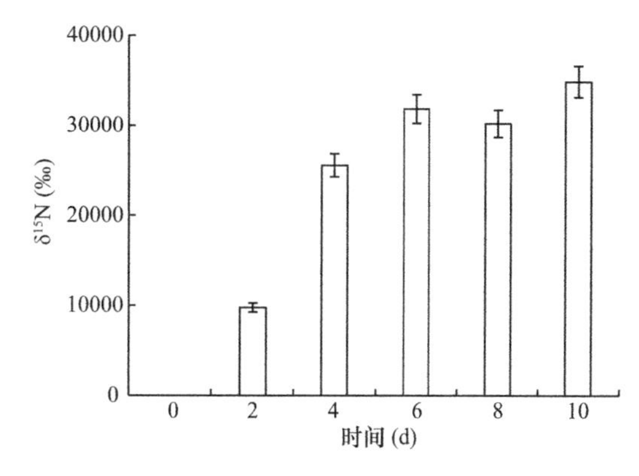

图3-18 景观生态-SBR系统根际污泥中$\delta^{15}N$值变化

对试验期间植物根、茎、叶中总氮的含量进行测定。植物根、茎、叶中总氮含量保持相对稳定，如图 3-19 所示。试验期间，根中总氮含量范围为 0.93%～2.27%、茎中总氮含量范围为 0.43%～0.75%、叶中总氮含量范围为 1.37%～2.01%，根、茎、叶中对应的总氮含量的平均值分别为 1.47%、0.57%和 1.68%。植物吸收氮后需要向上运输才能到达茎和叶，氮元素更趋向于积累在根部导致根部氮含量高，由于叶片的蒸发作用及质量较轻，叶中总氮含量高于茎。

试验期间，植物根、茎、叶中的 $\delta^{15}N$ 值如图 3-20 所示，美人蕉根、茎、叶中 $\delta^{15}N$ 背景值分别为 3.25‰、8.87‰和 2.23‰，第 2 天分别增加到 11676‰、4259‰和 96‰，随后三者均逐步增大。到第 10 天，美人蕉根、茎、叶 $\delta^{15}N$ 值分别为 45219‰、25378‰和 8540‰。试验结果说明，美人蕉根部可以直接从污水中吸收氮元素，吸收后的氮元素通过向上运输供给茎和叶的生长所需，其中根部增长幅度最大。

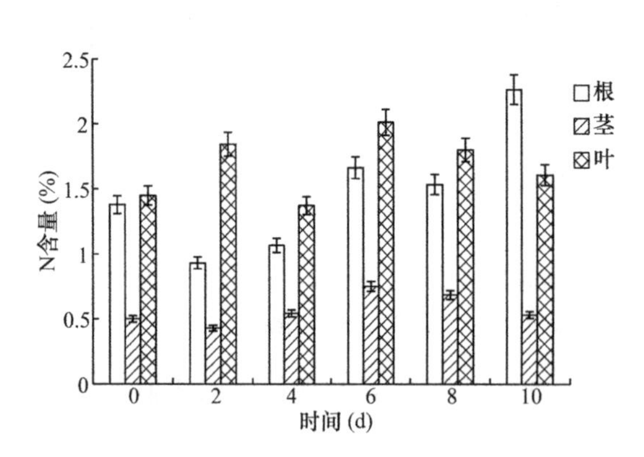

图 3-19　景观生态-SBR 系统植物根、茎、叶中总氮含量变化

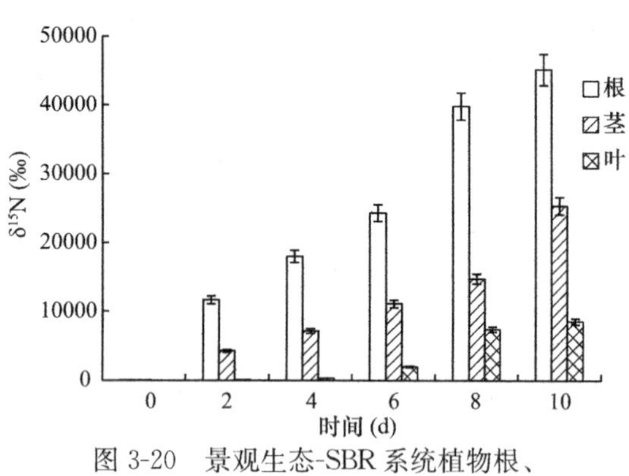

图 3-20　景观生态-SBR 系统植物根、茎、叶中 $\delta^{15}N$ 值变化

结合以上试验结果分析可知，景观生态-SBR 系统中氮的去除途径为：活性污泥的同化作用和异化作用、根际污泥的同化作用和异化作用，以及植物根、茎、叶的吸收作用。景观生态-SBR 系统中氮平衡为：进水总氮＝出水中的氮＋活性污泥同化作用的氮＋活性污泥异化作用的氮＋根际污泥同化作用的氮＋根际污泥异化作用的氮＋植物根部吸收的氮＋植物茎部吸收的氮＋植物叶部吸收的氮＋剩余污泥中的氮。在试验过程中装置未排出剩余泥，因此最后一项所占比例为零。采用同位素物料平衡计算，过程如下：

（1）进水总氮

试验期间，每天进水 2 次，每次 3L，进水氮同位素 ^{15}N 总量为 600mg。

（2）出水总氮

试验期间，每天排水 2 次，每次 3L，出水 ^{15}N 总量为 122.4mg。

（3）活性污泥同化作用的氮

根据同位素结果计算，每 1g 干污泥每天同化的 ^{15}N 的量为 0.609mg，反应器中干污泥的量为 18g，则试验期间被活性污泥同化作用去除的 ^{15}N 的量为 109.62mg。

（4）活性污泥异化作用的氮

一般情况下，微生物的异化速率与其同化速率成正比，相关比例约为 2∶1。可知，试验期间被活性污泥异化作用去除的 ^{15}N 的量为 219.24mg。

（5）根际污泥同化作用的氮

根据同位素示踪试验结果计算，每1g干污泥每天同化的^{15}N的量为0.738mg，根际干污泥的量为6g，则试验期间被根际污泥同化作用去除的^{15}N的量为44.28mg。

（6）根际污泥异化作用的氮

根据比例关系，试验期间被根际污泥异化作用去除的^{15}N的量为88.56mg。

（7）植物根部吸收的氮

根据同位素示踪试验结果，植物根部平均每天同化的^{15}N的量为3.1427mg，10天吸收量为31.427mg。

（8）植物茎部吸收的氮

根据同位素示踪试验结果，植物茎部平均每天同化的^{15}N的量为0.3649mg，10天吸收量为3.649mg。

（9）植物叶部吸收的氮

根据同位素试验结果，植物叶部平均每天同化的^{15}N的量为0.3438mg，10天吸收量为3.438mg。

根据计算，景观生态-SBR系统中氮的物料平衡率为103.77%。通过对进水、出水、植物、污泥等单元中氮去除的分析，可得出景观生态-SBR系统中各除污途径氮去除百分比，如图3-21所示。有约一半的氮在活性污泥和根际污泥的硝化反硝化作用下以N_2或N_2O的形式排入大气，活性污泥同化所占比例为18.27%，根际污泥同化所占比例为7.38%，植物根、茎、叶吸收所占比例分别为5.24%、0.61%、0.57%，约有20.4%的氮经出水途径离开景观生态-SBR系统。试验计算结果表明，植物的耦合对景观生态-SBR系统中总氮去除的综合作用可达约24.79%。

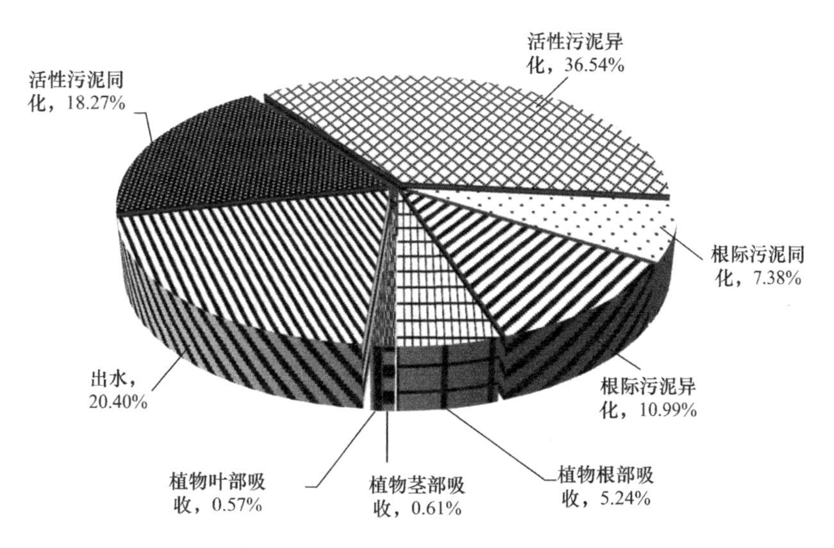

图3-21　景观生态-SBR系统中各除污途径氮去除百分比

3.2.3　磷的去除机制

水中的磷不同于碳和氮，不能形成氧化或还原的气态磷进入大气循环，只以固态和溶解态进行转化和循环。景观生态-SBR系统中去除磷的途径主要有两个：（1）污泥在厌氧环境和好氧环境交替运行状况下，释放磷与过量吸收磷交替运行而实现对污水中总磷的去除；（2）植物通过吸收的方式将磷去除。

活性污泥对污水中磷的吸收总量通过测定反应不同时期污泥中的磷含量，并结合污泥浓度及试验期间运行的周期数来计算。景观生态-SBR 系统中不同时期活性污泥中磷含量如图 3-22 所示。

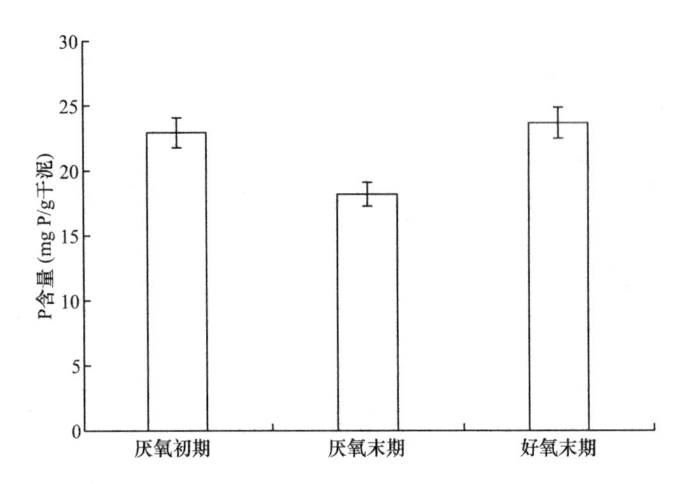

图 3-22 景观生态-SBR 系统中不同时期活性污泥中磷含量

由图 3-22 可知，活性污泥中磷含量厌氧初期为 22.93mg P/(g 干污泥)、厌氧末期为 18.20mg P/(g 干污泥)、好氧末期为 23.67mg P/(g 干污泥)。可知，整个试验期间景观生态-SBR 系统活性污泥共吸收磷 266.4mg。

根际污泥中磷去除量的计算与活性污泥类似，测定厌氧末期和好氧初期根际污泥中磷含量，分别为 23.08mg P/(g 干污泥）和 23.23mg P/(g 干污泥)。根际污泥在整个试验周期内磷的去除量为 18mg，根际污泥除磷量与活性污泥相比较少可能是由于厌氧好氧交替状态只存在于生物膜表面。

为计算植物除污单元对磷的吸收作用，分别取不同时期（天数：0、2、4、6、8 和 10 天）美人蕉根、茎、叶的样品烘干粉碎后，消解，测量出各部位的磷含量。结合各部分的重量增长，计算出美人蕉根、茎、叶对磷的吸收。经测定，美人蕉根中磷含量范围为 1.33～7.12mg P/(g 干重)，平均值为 4.76mg P/(g 干重)；茎中磷含量范围为 2.29～5.01mg P/(g 干重)，平均值为 3.73mg P/(g 干重)；叶中磷含量范围为 0.68～1.62mg P/(g 干重)，平均值为 1.62mg P/(g 干重)。由试验计算结果可知，美人蕉根、茎、叶中磷含量为根＞叶＞茎。根据称重和烘干试验可知，美人蕉根、茎、叶试验期间的干重增加量分别为 4.54g、2.67g 和 3.18g。因此，试验期间美人蕉根、茎、叶吸收污水中磷的量分别为 35.06mg、15.88mg 和 16.61mg。

根据测定结果可得景观生态-SBR 系统中各除污途径磷去除百分比。由图 3-23 可知，景观生态-SBR 系统中的磷约有 60％进入活性污泥中，植物根、茎、叶吸收所占比例分别为 7.74％、3.51％、3.67％，出水带走的磷所占比例为 22.06％。植物对磷的吸收作用远高于小试景观生态-SBR 系统中植物对磷的吸收作用，这被归因于两者植物种植密度不同，用来进行碳氮磷去除机制研究的景观生态-SBR 系统中美人蕉种植密度较大。

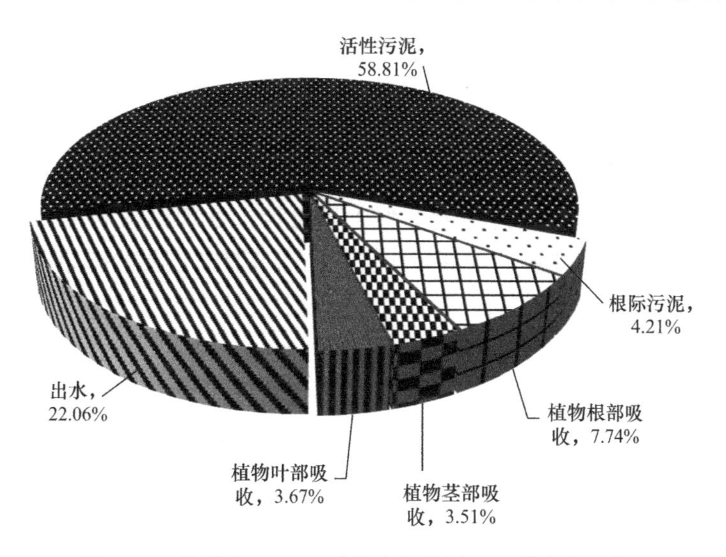

图 3-23　景观生态-SBR 系统中各除污途径磷去除百分比

3.3　复合系统中植物的运行特征

3.3.1　复合系统蒸散量变化规律

3.3.1.1　影响复合系统蒸发的因素

植物在生长过程中利用根系吸收的水分除散失掉一部分外，还有一小部分被植物自身所利用。影响复合系统蒸发的因素主要有气温、反应器表面积、水温、曝气量等众多因素。本试验中主要关注由于植物的加入而引起的复合系统的蒸发蒸腾散失水量与单独系统的蒸发水量之间的关系。

植物的蒸腾作用会引起植物大量丢失水分，常常会引起水分亏缺和脱水的伤害，但是它对植物来说是不可避免的。蒸腾作用可降低植物温度，避免植物被阳光灼伤，蒸腾作用还是植物运输水分和无机盐的主要动力。

3.3.1.2　蒸腾量与处理水量的关系

植物的蒸腾作用会散失大量的水分，而在复合系统中除复合系统表面蒸发水量外还包含蒸腾作用散失水量，称之为蒸散量。蒸散量＝蒸发量＋蒸腾量，通过定量检测试验装置每天进水出水量，可以测得蒸散量，即蒸散量＝进水量－出水量。通过对比试验在无植物的系统中检测得到的进出水量差则为蒸发量。蒸散量占处理水量的比例如图3-24所示。

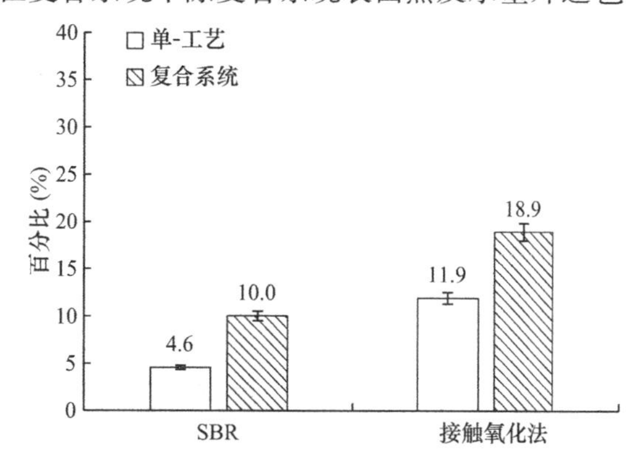

图 3-24　蒸散量占处理水量的比例

其中，接触氧化法的蒸散量最高可达处理水量的 18.9%。当然，蒸发量与处理装置的表面积有很大关系，而蒸腾作用也与植物种植密度及叶片大小息息相关。蒸散和蒸发是植物、水体、大气之间进行物理、化学和生物反应的过程。在水循环的过程中，水分子最为活跃，蒸发是水分平衡和热量平衡的重要组成部分。同时，蒸发过程又与植物的蒸腾作用等生理活动及生物产量有着紧密的联系。

从试验结果来看，蒸发与蒸腾散失的水量占污水处理总水量的比例并不低。因此，研究植物的蒸腾作用散失水量及系统蒸发散失水量对污水处理设施水量平衡有着重要的意义，对污水处理过程中污染物质的迁移转化规律的研究具有重要的指导作用。

3.3.2 植物蒸腾作用的影响因素

蒸腾作用是一种复杂的生理过程，是水分从活的植物体表面以水蒸气状态散失到大气中的过程。与物理学的蒸发过程不同，蒸腾作用不仅受外界环境条件的影响，还受植物本身的调节和控制。在植物的长期进化中，植物适应了外部环境的日变化，从而形成了植物自身的生物节律，可以认为植物自身的生物节律和环境条件的日变化在决定植物光合蒸腾特性日变化总体趋势时的作用是相同的。蒸腾作用作为植物最根本的生理特性，其影响因素比较复杂，且对复合体系的稳定运行有很重要的作用。不同的光合蒸腾特性对环境条件日变化的响应也不一样。本试验中，主要讨论光合有效辐射、空气温度、叶片温度以及空气湿度对植物蒸腾作用的影响规律。

通过植物去除污染物质的静态试验及动态试验，根据层次分析法，综合考察 TN 与 TP 去除率、生物量、耐污性、观赏性、生态性、侵占性、植物成本、管理性、生长周期、适应性、抗逆性、生长性、根系大小等指标，选择美人蕉、风车草、梭鱼草及富贵竹（图 3-25）作为构建复合系统的植物种类并研究这 4 种植物的蒸腾特性的规律。

(a) 美人蕉　(b) 风车草

(c) 梭鱼草　(d) 富贵竹

图 3-25　初步优选用于试验的 4 种植物

3.3.2.1　光合有效辐射的影响

光合有效辐射是植物生命活动、有机物质合成和产量形成的能量来源，是绿色植物进行光合作用过程中，吸收的太阳辐射中使叶绿素分子呈激发状态的那部分光谱能量，波长为380～710nm，以符号PAR代表。试验中，光合有效辐射采用植物蒸腾/导度测定仪测定，采用量子学计量系统，单位为μmol/(m^2・s)，即单位时间内植物单位面积叶片所接收的有效光子能量。

图3-26～图3-29分别为光合有效辐射对4种植物蒸腾速率的影响。由各图可知，富贵竹和美人蕉的光合有效辐射与蒸腾速率的变化基本一致，相关系数为0.924，梭鱼草和风车草的蒸腾速率对光合有效辐射的反应有所延后。蒸腾速率受光合有效辐射的影响较小，且光合有效辐射的峰值出现在上午11点。

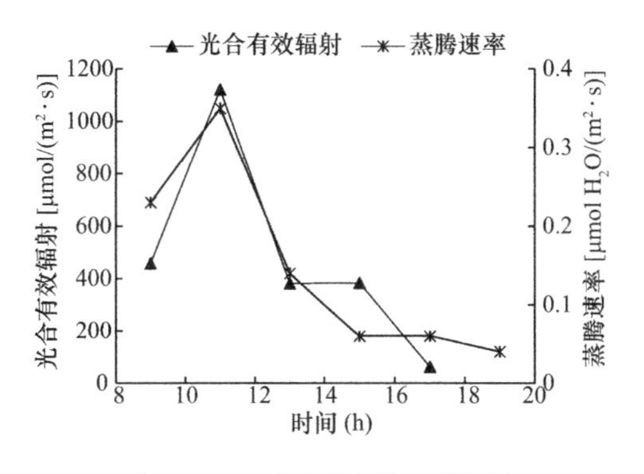

图3-26　光合有效辐射对富贵竹蒸腾速率的影响

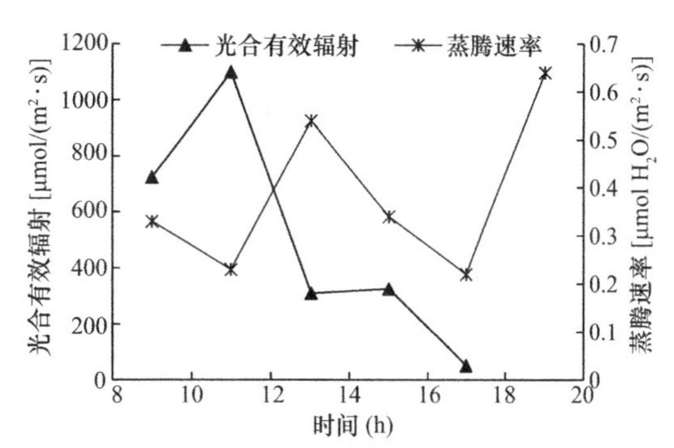

图3-27　光合有效辐射对梭鱼草蒸腾速率的影响

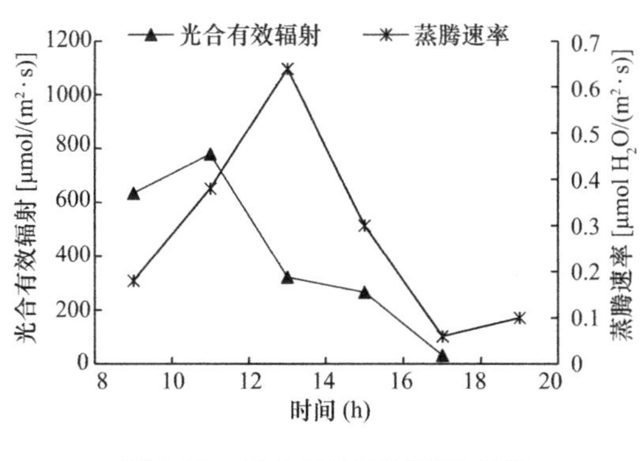

图3-28　光合有效辐射对风车草蒸腾速率的影响

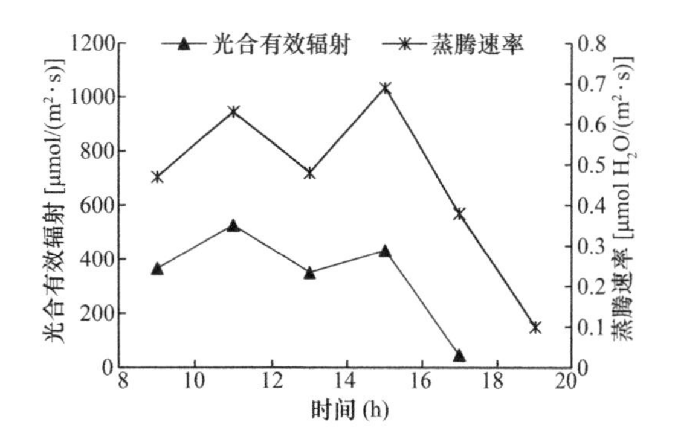

图3-29　光合有效辐射对美人蕉蒸腾速率的影响

3.3.2.2　空气温度和叶片温度的影响

空气温度和叶片温度是影响蒸腾速率的一个至关重要的因素，植物叶片温度和空气温度的差别会影响植物叶片内外的蒸汽压，从而影响植物的蒸腾速率。图3-30～图3-33分别为空气温度和叶片温度对4种植物蒸腾作用速率的影响。由各图可知，4种植物的叶片温度变化趋势和空气温度相同，但叶片温度略低于空气温度3～6℃。当平均气温为28.9℃时，美人蕉的最大蒸腾速率为0.69μmol H_2O/(m^2・s)，而风车草的最大蒸腾速率为

0.64μmol $H_2O/(m^2 \cdot s)$，梭鱼草的最大蒸腾速率为0.54μmol $H_2O/(m^2 \cdot s)$，富贵竹的最大蒸腾速率为0.30μmol $H_2O/(m^2 \cdot s)$。植物的蒸腾作用可使水分子通过植物表面而蒸发，从而降低植物表面的叶片温度，防止植物的叶片由于温度过高而被灼伤。

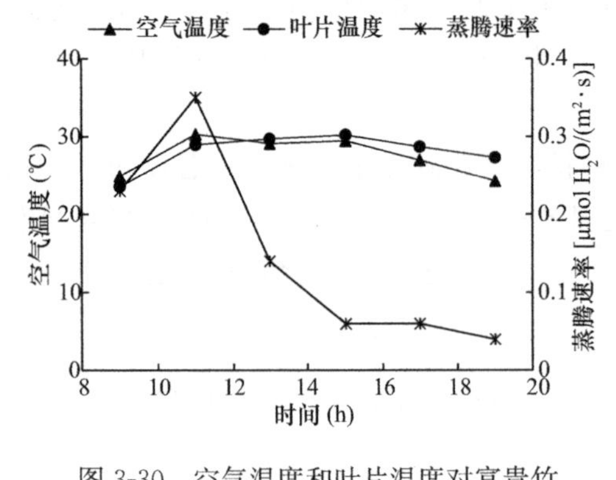

图 3-30　空气温度和叶片温度对富贵竹蒸腾速率的影响

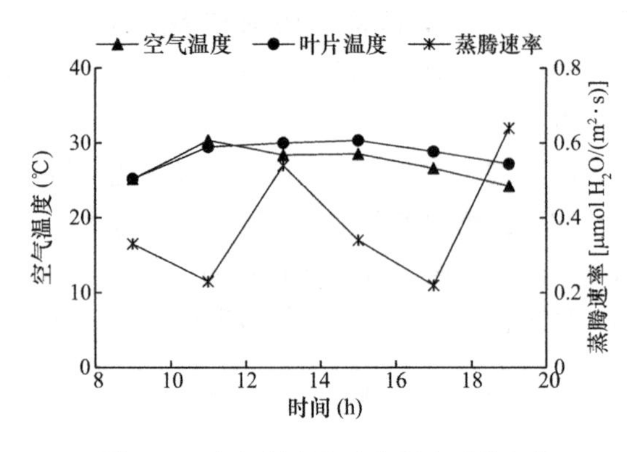

图 3-31　空气温度和叶片温度对梭鱼草蒸腾速率的影响

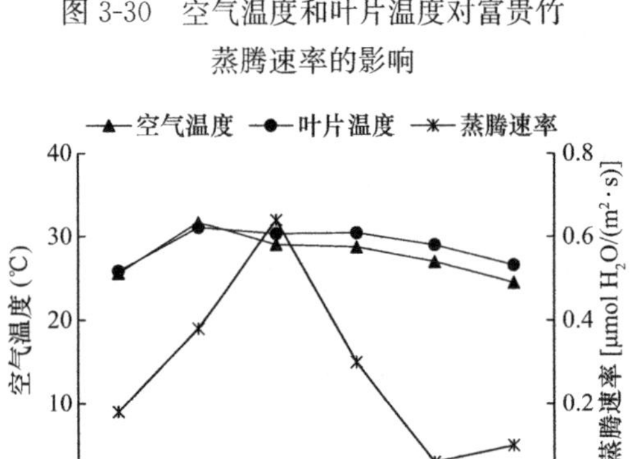

图 3-32　空气温度和叶片温度对风车草蒸腾速率的影响

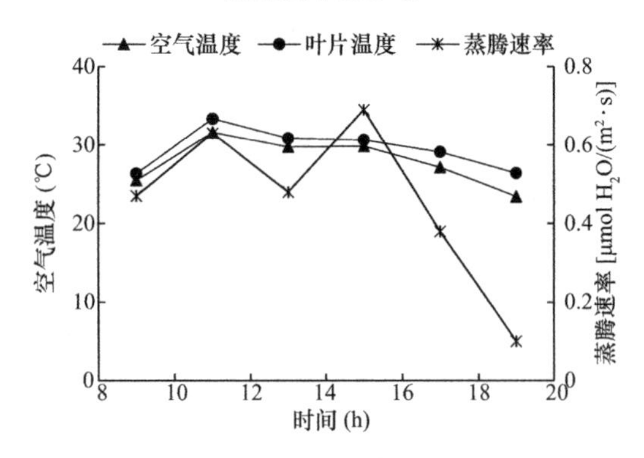

图 3-33　空气温度和叶片温度对美人蕉蒸腾速率的影响

3.3.2.3　空气湿度的影响

空气湿度对植物蒸腾速率也有一定的影响。图 3-34、图 3-35、图 3-36 和图 3-37 分别为空气湿度对富贵竹、梭鱼草、风车草和美人蕉蒸腾速率的影响。由各图可知，在温度相同时，空气湿度越大，其蒸汽压就越大，植物叶片内外蒸汽压差就变小，气孔下腔的水蒸气不易扩散出去，蒸腾作用就会减弱；反之，空气湿度较低，则蒸腾速率加快。试验中，由于当地气温变化较小，湿度的变化也比较小，而对蒸腾速率的影响较小，但温度与蒸腾速率之间也存在着一定的相关关系，由试验数据经过统计分析可得出二者的相关系数在0.5左右。

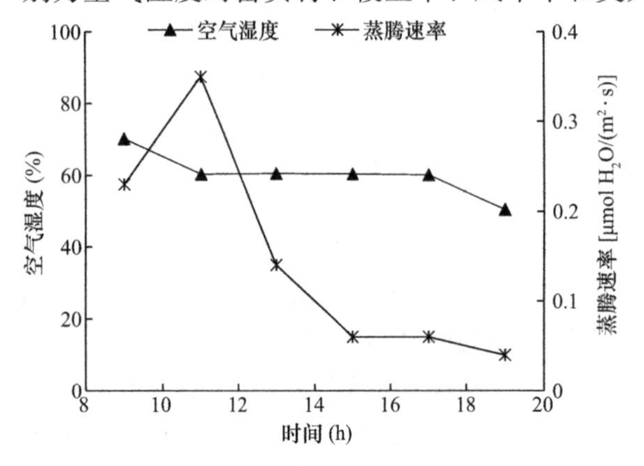

图 3-34　空气湿度对富贵竹蒸腾速率的影响

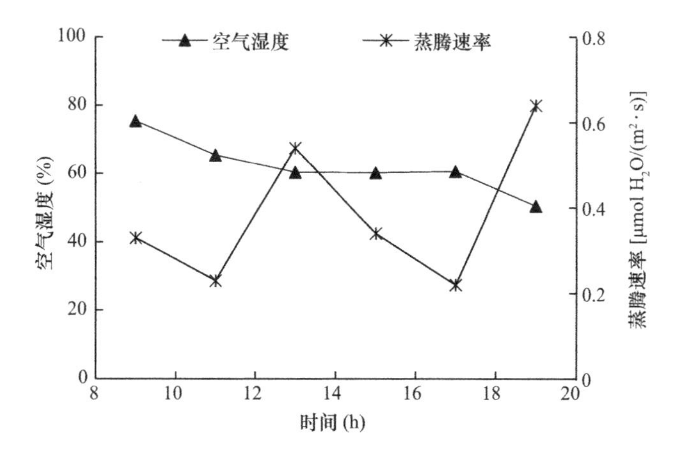

图 3-35　空气湿度对梭鱼草蒸腾速率的影响

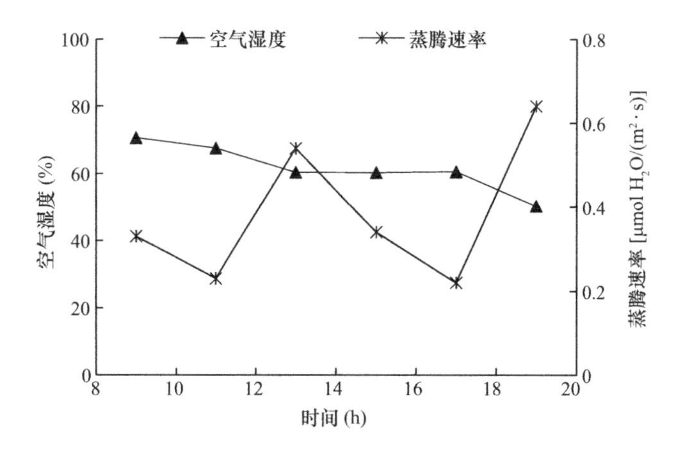

图 3-36　空气湿度对风车草蒸腾速率的影响

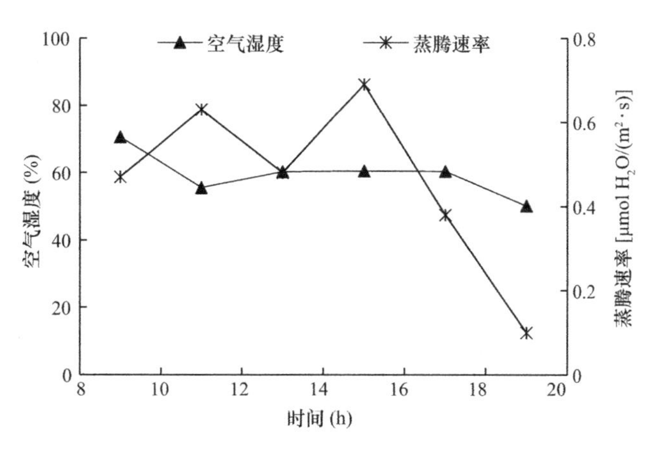

图 3-37　空气湿度对美人蕉蒸腾速率的影响

3.3.2.4　蒸腾速率与各影响因子的相关系数

为了明确各影响因子对植物蒸腾作用影响的相对大小，对各影响因子与蒸腾速率的相关系数进行了计算。各影响因子与 4 种植物蒸腾速率的相关系数见表 3-1。

各影响因子与4种植物蒸腾速率的相关系数 **表 3-1**

	富贵竹	梭鱼草	风车草	美人蕉
空气温度（TC）	0.366	−0.465	0.659	0.859
叶片温度（TL）	−0.245	−0.127	0.626	0.720
空气湿度（RH）	0.496	−0.596	0.196	0.424
光合有效辐射（PAR）	0.921	−0.504	0.400	0.889

由表 3-1 可知，各影响因子对富贵竹的蒸腾速率的影响大小顺序为光合有效辐射、空气湿度、空气温度、叶片温度，且只有叶片温度与蒸腾速率呈现负相关。各因子对梭鱼草的蒸腾速率的影响大小顺序为空气湿度、光合有效辐射、空气温度、叶片温度。各因子对风车草蒸腾速率的影响大小顺序为空气温度、叶片温度、光合有效辐射、空气湿度。各影响因子对美人蕉蒸腾速率的影响大小顺序为光合有效辐射、空气温度、叶片温度、空气湿度，且各因子的影响都比较大。

3.3.3 植物蒸腾作用与污水处理效果的关系

3.3.3.1 蒸腾速率与污水处理效果

植物的蒸腾特性是植物重要的生理特性，而植物吸收污染物质的速率必然与其蒸腾速率的密切相关。4 种植物的蒸腾速率与 COD 去除率的关系如图 3-38 与图 3-39 所示。

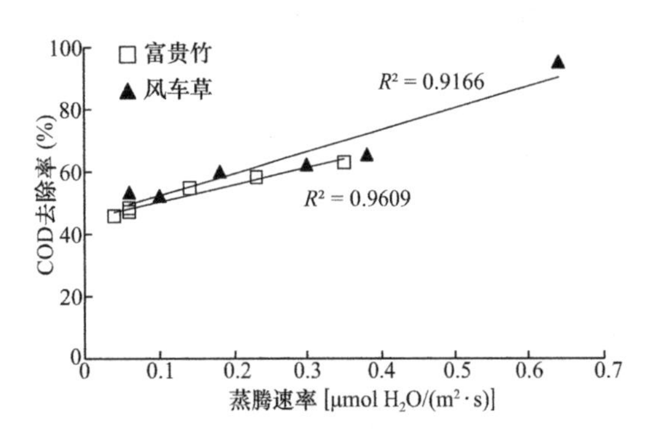

图 3-38 富贵竹与风车草的蒸腾速率与 COD 去除率的关系

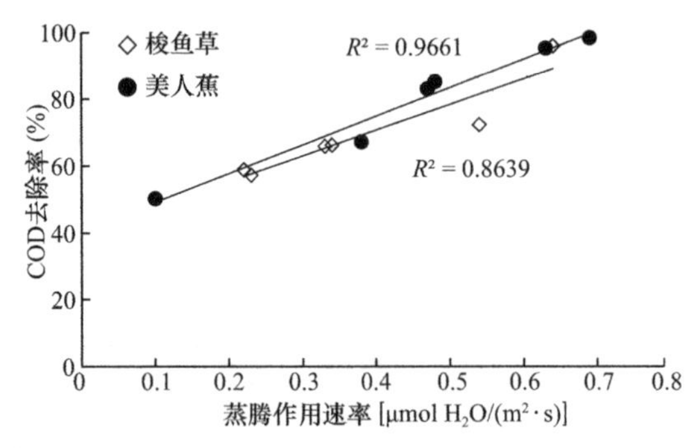

图 3-39 梭鱼草与美人蕉的蒸腾速率与 COD 去除率的关系

从早上 9 点至下午 7 点，每隔 2h 测定植物的蒸腾速率与对应的出水水质，连续测定一周进行研究。由图 3-38 和图 3-39 可知，植物的蒸腾速率与 COD 去除率呈现明显的正相关关系，说明植物的蒸腾速率高，有助于增强复合系统对污染物质的去除。同时，各植物的蒸腾速率与氨氮和总磷去除率之间的关系，具有和 COD 去除率相类似的结果。

3.3.3.2 温度与蒸腾速率的关系

污水处理效果的变化是由多种因素综合变化导致的。对于复合系统，植物的生理特性会影响系统的污水处理效果，而各气象因子可通过影响植物的生理特性进而影响复合系统的污水处理效果。温度与 4 种植物的蒸腾速率的关系如图 3-40 与图 3-41 所示。

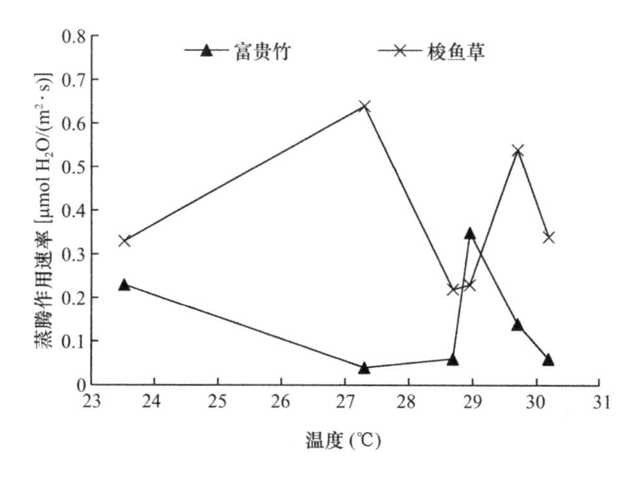

图 3-40　温度与富贵竹与梭鱼草的蒸腾速率的关系

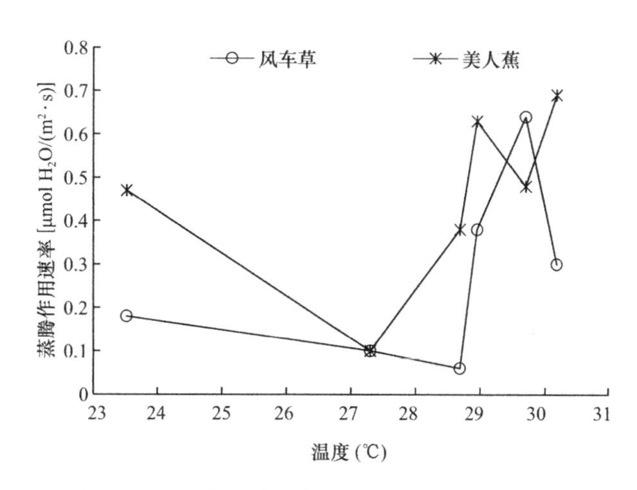

图 3-41　温度与风车草与美人蕉的蒸腾速率的关系

由图 3-40 与图 3-41 可知，温度对美人蕉、风车草、富贵竹的蒸腾速率的影响具有相类似的变化趋势，而温度与梭鱼草的蒸腾速率之间的关系恰好相反。试验结果可以说明，温度对蒸腾速率的影响具有规律性，蒸腾速率与系统污水处理效果具有明显的相关性。通常，温度对系统的影响途径多种多样，包括影响活性污泥形状、影响根系微生物活性、影响化学反应速率等途径。对于复合系统，温度对系统的影响亦可通过影响植物的生理特性的途径来进行。

除温度外，光照强度、湿度、气孔导度等因素均会通过影响植物的生理特性进而与复合系统的处理效果联系起来。本试验以温度为例探讨温度与复合系统的污水处理效果之间的内在联系，其余因素具有和温度相似的结果。

3.4　小结

本试验围绕景观生态-SBR 系统的运行效能和影响因素进行了相关研究，对复合系统中碳、氮、磷污染物的去除效果及去除机制进行了全面研究，并对植物的运行特征进行了考察，得到以下结论：

(1) 长期试验结果表明，景观生态-SBR系统对生活污水中碳、氮、磷的去除效果稳定，其对COD、NH_4^+-N、TN和TP的去除效果略优于SBR工艺。景观生态-SBR系统保持HRT在8h以上能具有较好的去污效果，其最佳C/N和污泥负荷范围也更宽。

(2) 进入景观生态-SBR系统的碳元素有54.6%以微生物代谢形式被去除，18.3%被活性污泥同化，3.67%被植物根部吸收去除；氮元素48.6%被微生物代谢去除，18.3%被活性污泥同化，7.38%被根际污泥同化，6.4%被植物根、茎、叶的吸收作用去除；约60%的磷元素存在于活性污泥中，14.9%被植物去除；活性污泥是景观生态-SBR系统去除污染物碳、氮、磷的主要途径。

(3) 景观生态-SBR系统单位面积的蒸散量略小于接触氧化工艺。植物的蒸散量占复合系统处理水量的一大部分，但这与植物的种植密度、植物叶片面积等因素相关。蒸腾速率与COD和氨氮的去除率呈正相关，温度可以通过影响植物的蒸腾速率影响复合系统对污染物质的去除效果。

第4章　景观生态-活性污泥系统污泥特性与微生物群落

景观生态-SBR系统在去除生活污水中碳、氮、磷等污染物方面相比SBR工艺具有一定的优势，功能微生物在景观生态-SBR系统的运行过程中起到了主导作用，为保证复合系统功能的正常发挥本试验对景观生态-活性污泥系统与传统活性污泥工艺中功能微生物进行了研究。

试验中通过污泥的浓度、沉降性、粒径、比阻等指标研究了耦合植物对景观生态-SBR系统中污泥性状的影响，并对景观生态-SBR系统与SBR工艺中的微生物和相关酶的活性进行了对比。对微生物的研究主要包括次级代谢产物（胞外聚合物和溶解性微生物产物）和活性的对比，酶活性的测定主要包括脲酶、磷酸酶、脱氢酶和过氧化氢酶。同时，采用PCR-DGGE技术和基于16S rRNA基因的高通量测序技术，将景观生态-SBR系统、SBR工艺、示范工程景观生态-SBR系统和人工湿地系统进行对比，系统地研究了景观生态-SBR系统的菌群结构，从功能微生物的角度解析了景观生态-SBR系统在运行效能中表现出优势的原因。

4.1　景观生态-SBR系统的污泥性状

4.1.1　污泥浓度变化

在景观生态-SBR系统中，除污植物的耦合不仅提高了系统对污染物的去除率，也会改变共存活性污泥的特征。植物根系作为微生物生长的活性载体，有利于微生物附着，形成较为完整的生物膜结构。在SBR工艺中，SRT为15d，污泥浓度稳定至5000mg/L，在景观生态-SBR系统中，污泥浓度变化如图4-1所示，MLVSS/MLSS变化如图4-2所示。由图4-1可知，景观生态-SBR系统的污泥浓度在初始阶段加入植物之后迅速下降，随着活性污泥量的增长，植物根系吸附的污泥达到最大值，污泥浓度开始回升并逐步稳定。植物的加入使根系吸附了大量的污泥，反应器中的污泥在随后生长至原水平，总体上增加了景观生态-SBR系统的污泥总量，降低了BOD污泥负荷。经计算，本反应器中根部共有污泥量为64g，而系统中悬浮污泥总量为960g，则植物的存在使得反应器内污泥总量较单-SBR工艺提高6.7%。

4.1.2　污泥沉降性变化

良好的沉降性是稳定的活性污泥应具有的特征之一，污泥的沉降性受多种因素的影响，与反应器结构、污泥负荷、曝气量等因素有关。景观生态-SBR系统由于植物的加入，影响了悬浮污泥浓度，提高了污泥负荷，导致污泥沉降性变差。活性污泥中无机物质减少，也造成了MLVSS/MLSS的升高。同时，污泥在沉降过程中由于菌胶团表面电子层分布的改变，提高了表面斥力与微生物分泌物的黏性，也造成沉降性的下降。尽管如此，由

图 4-3 可知，反应器内悬浮活性污泥的沉降性在初始阶段略有下降，随后可逐步恢复，与污泥浓度的变化趋势一致。

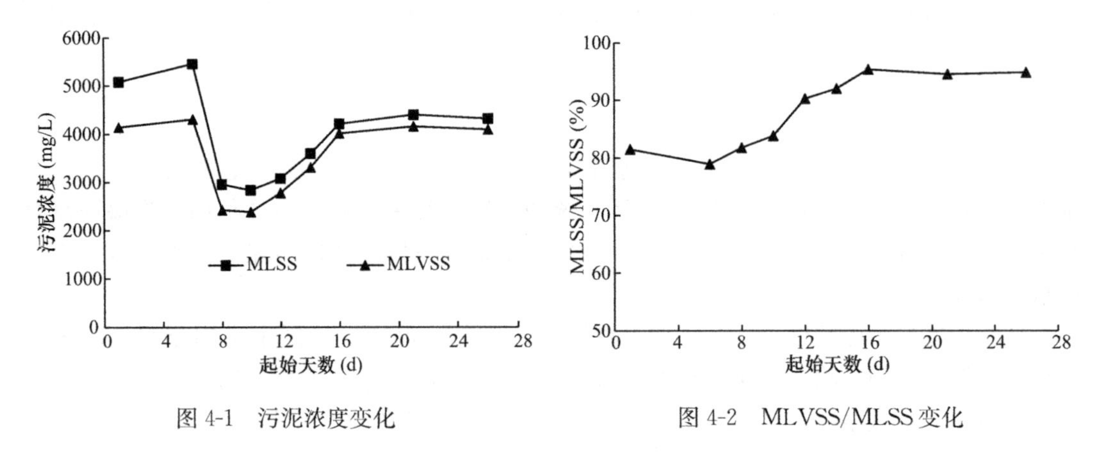

图 4-1 污泥浓度变化

图 4-2 MLVSS/MLSS 变化

通过时控开关使 SBR 系统在厌氧、缺氧、好氧的状态下交替运行，有利于活性污泥微生物的生长，可以选择性地培养各类菌胶团，并使其成为污泥中的优势菌属，有效地防止系统在运行过程中出现的污泥膨胀、污泥上浮等问题，提高系统的稳定性。但是，污泥的沉降性受运行过程中运行参数的影响，有时甚至会因为运行条件的改变而破坏系统的运行，SBR 系统的不同运行方式、水力停留时间、BOD 污泥负荷及生物固体停留时间等因素都会对污泥的沉降性产生影响。

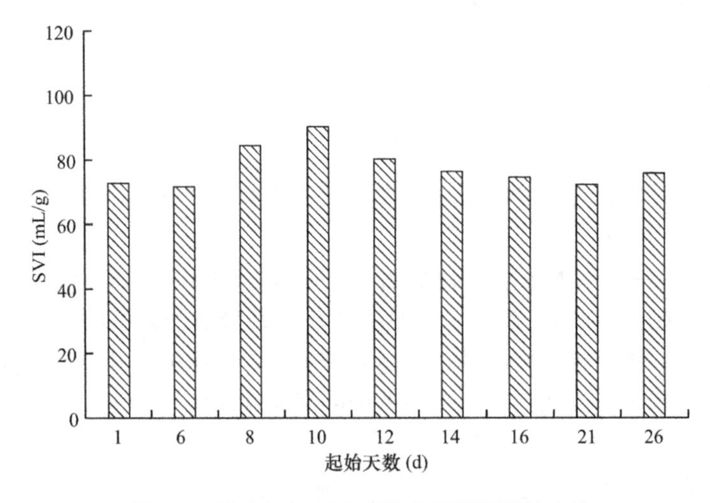

图 4-3 景观生态-SBR 系统中污泥沉降性变化

4.1.3 污泥粒径变化

污泥的粒径分布是表征活性污泥形态结构的重要参数，粒径分布会直接影响活性污泥沉降性、脱水性与基质运输利用效率等，与后续的污泥处理过程密切相关。研究表明，BOD 污泥负荷、SRT、溶解氧、污泥浓度、反应器内流体速度梯度等均对活性污泥絮体的粒径分布有较大影响。

污泥絮体的粒径分布具有统计规律性，在景观生态-SBR 系统中，除污植物的加入直接改变了反应器的水力条件，植物根系的存在抵消了部分曝气强度，减小了曝气对污泥的剪切力，降低了反应器内的速度梯度，导致污泥絮体逐步变大且粒度分布趋于集中。由图 4-4 可知，与 SBR 工艺相比，景观生态-SBR 系统中活性污泥絮体 d_{50} 由 79.4μm 逐步增大并稳定至 104.7μm。

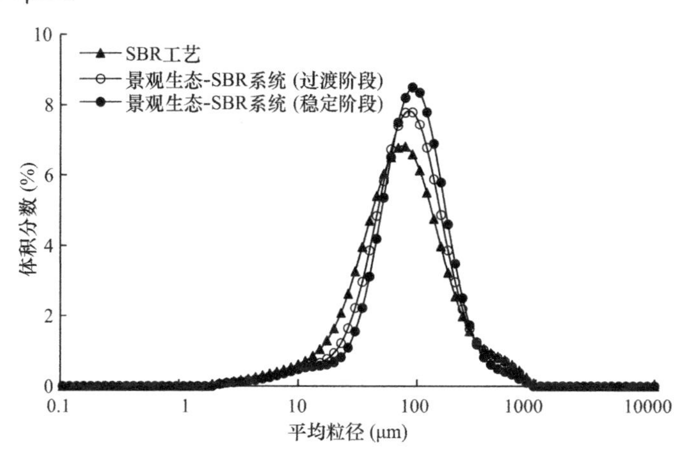

图 4-4　活性污泥絮体粒径分布

4.1.4　污泥比阻变化

污泥的比阻能准确反映污泥压滤脱水性能和真空过滤脱水性能，但不能准确地反映污泥的离心脱水性能。一般认为，污泥比阻和表面电荷、EPS 组分及其物理构型有关。污泥的表面电荷对污水处理过程中胶体的凝聚有重要的作用，表面电荷会受到污泥表面的离子化基团的影响，较多的离子化基团能够增加 EPS 与水分子之间的极性接触。污泥表面电荷越多，污泥的比阻越大。

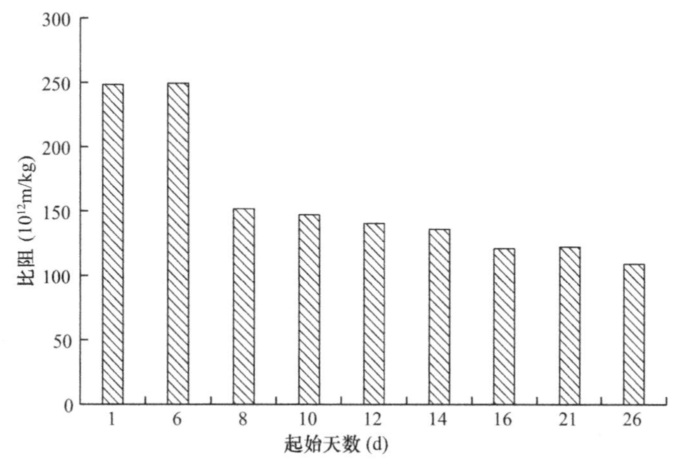

图 4-5　景观生态 SBR 系统中污泥比阻变化

表 4-1 为各类污泥的比阻范围。从图 4-5 可以看出，景观生态-SBR 系统中活性污泥比阻较低，可能与系统中多糖含量有关（图 4-8、图 4-10）。复合系统中多糖含量的降低有助于减少污泥的表面电荷，多糖含有的醛基、羧基、羟基等负电型亲水基团的减少改善了污泥的脱水性能。

各类污泥的比阻范围　　表 4-1

污泥种类	比阻值（10^{12}m/kg）
初沉污泥	46～61
活性污泥	165～283
硝化污泥	124～139

4.1.5 不同部位污泥特性

4.1.5.1 硝化反应速率

在景观生态-SBR 系统中，植物根系和活性污泥密切接触会吸附大量的活性污泥于植物根系上，而此部分污泥的性能与反应器中悬浮污泥的性能必然有所不同。为研究其硝化反应速率的不同，取此两种污泥于烧杯内，分别对其曝气并监测对应氨氮浓度的变化，监测数据如图 4-6 所示。

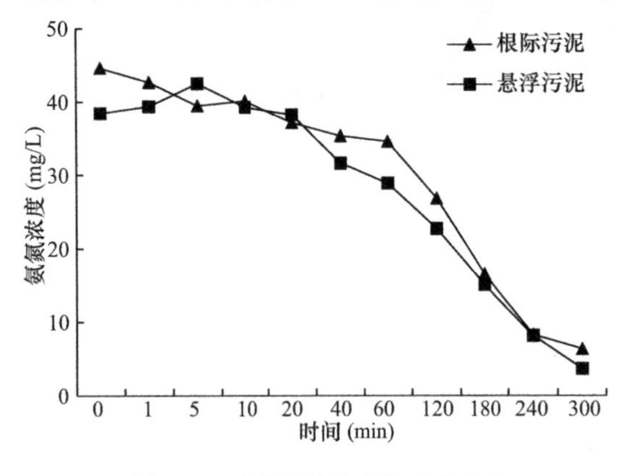

图 4-6　两种污泥的硝化反应速率

向烧杯内加入等量的氯化铵，使其达到相同的氨氮浓度。加入一定量的碱，对两个烧杯进行曝气，定时取样检测氨氮浓度的变化。从图 4-6 中可以看出，刚开始根际污泥所在的烧杯氨氮浓度下降较快，而在一个小时之后，二者的硝化反应速率基本没有差别，在对氨氮的降解方面，两种污泥无明显区别。硝化反应速率在一定程度上反映了活性污泥中硝化细菌的丰度与活性，可以表征污泥对氨氮的降解能力。植物可以利用自身复杂的根系吸收水中的污染物，经过一系列的生化反应转化为植物的营养物质，或者转变成对周围环境无害的物质储存起来，从而使水体得到净化。同时，植物还会利用根系的分泌物与污染物质直接结合达到将污染物去除的效果，植物的分泌物还可以改变水中微生物的生长环境，从而间接地去除水体中的污染物。

4.1.5.2 污泥产率系数

植物的加入使其根际吸附大量的污泥，而植物根际污泥的硝化反应速率与反应器中悬浮污泥没有差别。对有机底物的降解能力可通过 OUR 来表示，根际污泥及悬浮污泥加入底物后的 OUR 曲线如图 4-7 所示。由图 4-7 可知，根际污泥对污染物的降解能力更强，根际污泥的 OUR 明显高于悬浮污泥。植物可从改变根系周围氧的浓度、分泌微生物生长所需的营养物质等方面影响根系微生物的密度和分布，从而促进微生物对污染物的降解。

在加入底物之前，需要对活性污泥进行曝气冲洗，洗去污泥中的营养物质。认为污泥在冲洗过后溶解性 COD 为零，试验前测定所加入的生活污水的 COD 浓度，并记录所加的生活污水体积。当反应器内的污泥重新回到内源呼吸阶段后，底物被完全消耗，这段时间内 COD 的下降值即为总 COD。由总 COD 减去用于细胞内源代谢的 COD，即得到被合成为新微生物细胞体的 COD 量，即可计算出污泥的产率。污泥的产率可由下式计算：

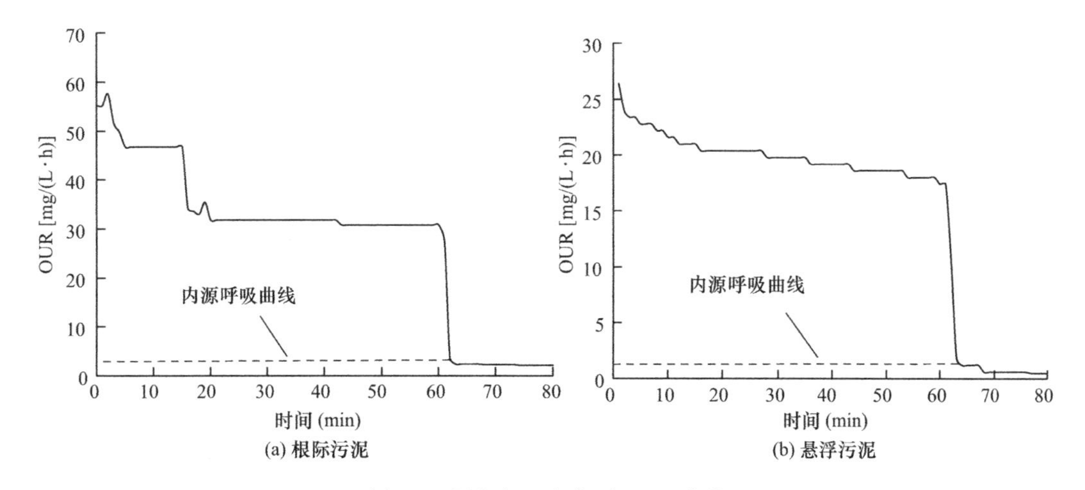

图 4-7　污泥加入底物后 OUR 曲线

$$Y_H = \frac{COD_{TOT} - \int \Delta OUR}{COD_{TOT}} \tag{4-1}$$

式中　Y_H——异养菌产率系数；

COD_{TOT}——反应过程中降解的底物浓度，mg/L；

$\int \Delta OUR$——呼吸耗氧量，mg/L。

由以上公式计算得出植物根部污泥的产率系数为 $Y_{H1}=0.76$，反应器悬浮污泥的产率系数为 $Y_{H2}=0.82$。由此可见，植物的存在可以减小污泥产率，起到污泥减量的作用，可降低该复合系统的污泥产量，有助于后续的污泥处理。

4.2　植物对微生物和酶的影响

4.2.1　对微生物次级代谢产物的影响

胞外聚合物（EPS）和溶解性微生物产物（SMP）是微生物在细胞合成和代谢的过程中产生的有机物，是主要的微生物次级代谢产物。两者的区别是前者大部分是不可溶解且附着在固体上的，后者则是溶解性的，它们的存在会对污泥的活性、沉降性、絮凝效果等产生影响。EPS 和 SMP 的组成成分都十分复杂，多糖和蛋白质是两者的主要成分之一。本试验对景观生态-SBR 系统的 EPS 和 SMP 中蛋白质和多糖的含量进行了测定，如图 4-8～图 4-11 所示。

由图 4-8 可知，景观生态-SBR 系统中活性污泥的 EPS 中蛋白质和多糖的含量均有所下降，且对多糖含量的影响更大，28d 后多糖含量仅为系统耦合前的约五分之一。存在于植物根系上的世代时间较长的微生物也可以去除部分的多糖。由于 EPS 的可降解性较差，多糖含量的下降将对景观生态-SBR 系统出水的深度处理和回用产生有利的影响。由图 4-9 可知，EPS 和单位质量污泥 EPS 略有下降，但变化不大。

图 4-10 所示的结果显示，植物的复合使得 SMP 中多糖的含量在 5～10d 出现了骤降，随后保持在较低的水平，变化趋势与 EPS 相似，试验结果表明植物的耦合对反应器内多

糖含量的影响最大。

结合图 4-11 可知，植物的加入对 SMP 和 SMP 中蛋白质含量的影响均为先下降后恢复到加入前的水平且有所上升，同时对单位质量污泥 SMP 基本没有影响。

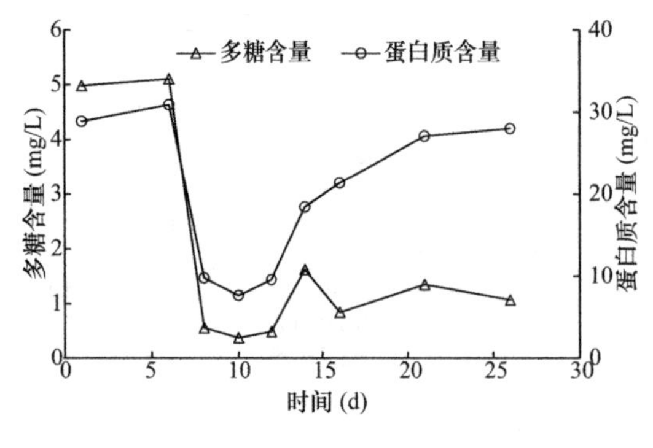

图 4-8　EPS 中多糖与蛋白质含量变化

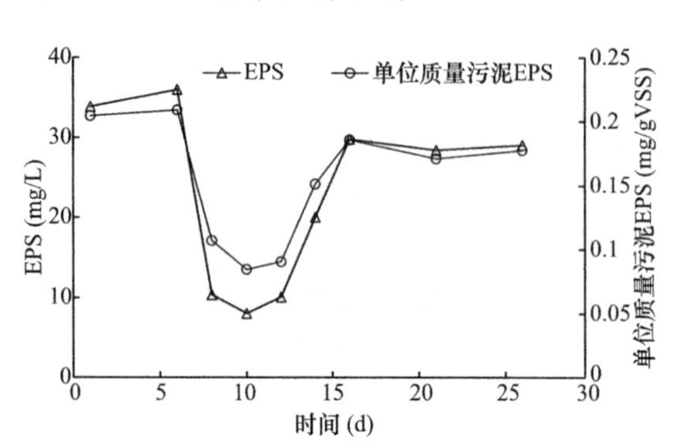

图 4-9　EPS 与单位质量污泥 EPS 变化

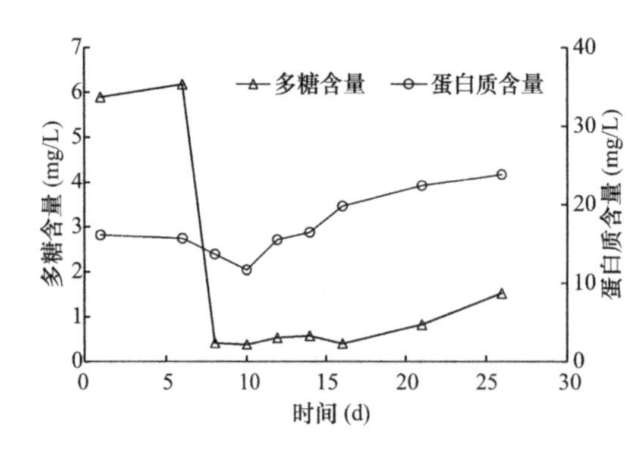

图 4-10　SMP 中多糖与蛋白质含量变化

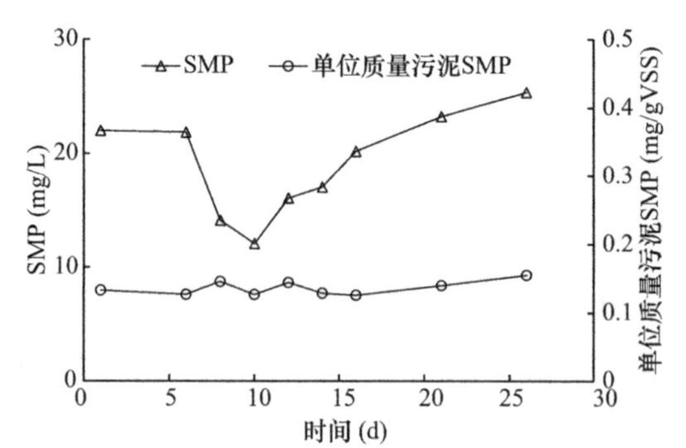

图 4-11　SMP 与单位质量污泥 SMP 变化

4.2.2　对微生物活性的影响

试验中用 SOUR 来表征活性污泥和根际污泥中微生物的活性，SBR 工艺中活性污泥、景观生态-SBR 系统中活性污泥、美人蕉和风车草根际污泥的 SOUR 在数值上分别为 16.52mg O_2/(gVSS · h)、18.07mg O_2/(gVSS · h)、13.46mg O_2/(gVSS · h) 和 12.86mg O_2/(gVSS · h)，如图 4-12 所示。试验结果表明，植物的耦合对景观生态-SBR 系统活性污泥中微生物的活性有一定的提高作用。此外，植物根际微生物比两个系统中活性污泥中微生物的活性更低，可能是由于根际污泥虽然大部分是由活性污泥附着后形成的，但根际污泥还受到根系分泌物等多方面的影响，形成的生物膜活性低于活性污泥。尽管在景观生态-SBR 系统中，根际污泥中微生物活性较活性污泥中微生物低，但根际污泥能够与活性

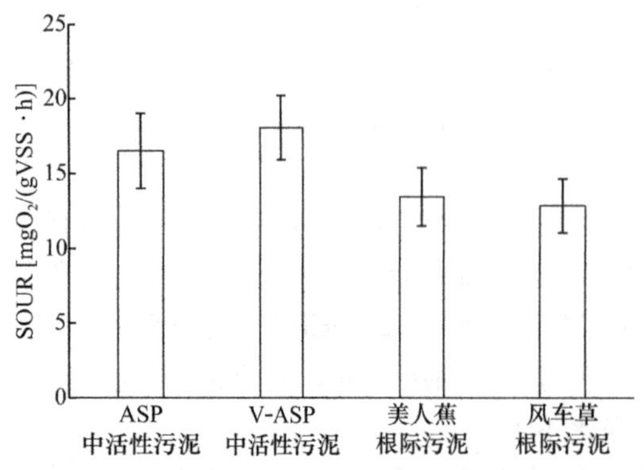

图 4-12　SBR 工艺和景观生态-SBR 系统中的活性污泥与美人蕉和风车草根际污泥的 SOUR

污泥起到协同作用，使景观生态-SBR系统能够获得更好的污染物去除效果。

4.2.3 对酶活性的影响

酶在生物反应中起到催化的作用，其活性的大小与复合系统对污染物的去除效果息息相关。对4种除污过程中的关键酶，包括脲酶、磷酸酶、脱氢酶和过氧化氢酶活性的测定结果见表4-2。脲酶和磷酸酶的活性直接反映污泥对COD、TN和TP的去除能力。脲酶催化尿素水解产生氨氮和CO_2，磷酸酶促进磷酸酯和有机磷酸化合物水解释放出磷酸盐，脱氢酶能通过催化转移氢到电子受体上来提高微生物的氧化能力，过氧化氢酶通过双电子转移机制催化过氧化氢分解为氧气和水。

SBR工艺和景观生态-SBR系统中活性污泥与美人蕉和风车草根际污泥酶活性的测定结果 表4-2

样品	脲酶 (μg ammonia/g，24h)	磷酸酶 (μg P-nitrophenol/g，2h)	脱氢酶 (μL TTC/g，24h)	过氧化氢酶 (mg H_2O_2/g)
ASP中活性污泥	3.67±2.42	87044.29±365.40	479.16±126.06	0.98±0.30
V-ASP中活性污泥	10.67±1.26	89064.06±286.68	1813.55±68.16	0.93±0.26
美人蕉根际污泥	3.25±0.68	98.62±5.32	299.61±13.24	0.95±0.21
风车草根际污泥	3.24±0.74	112.26±6.58	303.78±16.78	1.02±0.30

由表4-2可知，景观生态-SBR系统的活性污泥中脲酶活性是SBR工艺的2.8倍，对于脱氢酶约为3.8倍，这可能是景观生态-SBR系统除污能力更强的原因之一。植物根系会分泌这两种酶，加入植物后污泥中脲酶和脱氢酶有所增加。除过氧化氢酶，植物根际污泥中其他三种酶的活性都低于活性污泥，这可能是受到了根系分泌物的影响。两个系统中磷酸酶和过氧化氢酶的活性基本相同，这说明磷酸酶和过氧化氢酶不是造成两个系统污水处理效果出现不同的原因。

4.3 景观生态-SBR系统的菌群结构解析

本试验采用分子生物学技术PCR-DGGE和第二代测序技术Illumina公司的Solexa测序平台，分析不同样品的生物多样性、相似性、差异性和菌群结构，为景观生态-SBR系统的高效除污效能提供微生物方面的基础理论支持。

景观生态-活性污泥系统是将除污景观植物与传统活性污泥工艺耦合而形成的，植物根系作为活的填料能够吸附根际污泥形成生物膜，植物根系也可能会对反应器内悬浮状态的活性污泥造成影响，但这些由植物根系引起的与活性污泥工艺的微生物菌群结构的差别尚未被解析。本试验对景观生态-SBR系统和SBR工艺中的活性污泥、美人蕉和风车草根际污泥进行对比研究，分析两个系统中菌群结构的相似性和差异性，以及优势菌群之间的差别，从而确定植物对活性污泥的影响以及植物根际污泥与活性污泥的关系。

景观生态-SBR系统可以根据需要选择不同的活性污泥工艺，不同工艺中微生物种群结构也可以存在差异。基于研究的需要，在郑州中原艺术学院构建并稳定运行了示范工程景观生态-接触氧化A/O系统，大小为686m^3（好氧池，长×宽×高=7.0m×4.3m×5.7m；缺氧池，长×宽×高=7.0m×12.9m×5.7m），HRT为15h。耦合的植物种类包括美人蕉、风车草、富贵竹和万年青，参考景观生态-SBR 系统，植物种植以美人蕉为主，种植密度约为 56 株/m^2，植物根系与污水完全接触。为了解相同植物（美人蕉和风车草）与不同工艺复合时，根际污泥中微生物的差别，以及不同工艺反应器中微生物的差别，将试验室景观生态-SBR 系统和示范工程景观生态-接触氧化 A/O 系统中的活性污泥与根际污泥用分子生物学技术进行对比研究，从而揭示植物与活性污泥工艺之间的关系。

作为一种新兴的生态型分散式污水处理工艺，对景观生态-SBR 系统与传统的人工湿地系统在微生物菌群结构方面也有必要进行相关的比较研究。在深圳选取了三个人工湿地，即聚龙山人工湿地（记为 CW_1）、甘坑人工湿地（记为 CW_2）和丁山河人工湿地（记为 CW_3），分别选取土壤基质、美人蕉和风车草的根际土壤与景观生态-SBR 系统中的活性污泥、美人蕉和风车草的根际污泥进行对比研究。CW_1 的流量为 50000m^3/d，HRT 为 6d，进水为工业污水处理站尾水；CW_2 的流量为 16000m^3/d，HRT 为 7d，进水为甘坑污水处理厂尾水；CW_3 的流量为 25000m^3/d，HRT 为 7d，进水为丁山河微污染河水。

4.3.1 根系微生物

对于景观生态-活性污泥系统来说，其与传统活性污泥法的最大区别在于在系统中加入了植物。植物除具有景观作用外，其根系可为微生物生长提供好氧的环境。如图 4-13 所示为植物根系微生物在加入复合系统前后的微生物分布情况变化。

图 4-13(a) 所示是基于 3%cutoff 条件的 OTUs 聚类分析。可以看出，9 个样品主要聚为 2 大簇，第一簇属于活性污泥中的微生物，第二簇属于植物根系上的微生物。结果表明，植物加入复合系统后，会引起菌群结构的变化，植物根系微生物是与活性污泥微生物有所区别的微生物群体。

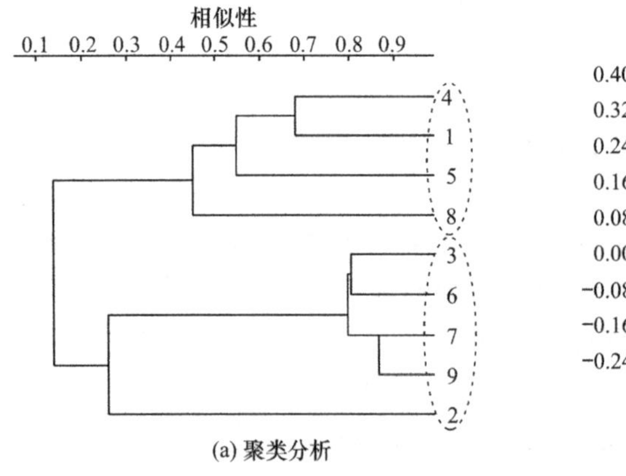

(a) 聚类分析

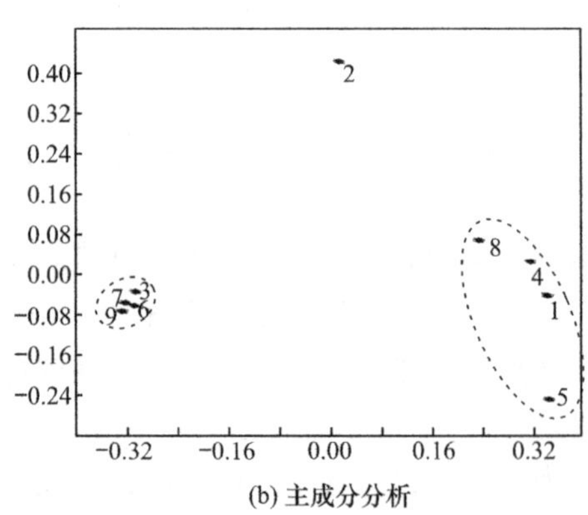

(b) 主成分分析

图 4-13 基于 3%cutoff 条件的 OTUs 聚类分析

1—耦合前植物根际污泥；2—耦合前活性污泥；3—耦合后第 1 天活性污泥；4—耦合后第 1 天植物根际污泥；5—耦合后第 3 天植物根际污泥；6—耦合后第 3 天活性污泥；7. 耦合后第 6 天活性污泥；8—耦合后第 6 天植物根际污泥；9—耦合后第 7 天活性污泥

图 4-13(b) 所示为基于 3% cutoff 条件的 OTUs 主成分分析，其结果与聚类分析相似。由图 4-13(b) 可知，活性污泥微生物聚为一簇，植物根系微生物聚为一簇。2 号样品为植物加入之前的植物根系微生物，可以看出将植物加入复合系统前后，根系微生物的组成和分布发生了较大的变化。这些微生物可能因世代时间长、生活环境与悬浮微生物不同

等原因而具有某些特殊功能，能够对常规的污水处理起到促进作用，成为景观生态-活性污泥系统的重要组成部分。

4.3.2 菌群多样性

试验中，分别取稳定运行条件下的 SBR 工艺、景观生态-SBR 系统中活性污泥、美人蕉和风车草的根际污泥，示范工程景观生态-接触氧化 A/O 系统中 O 池半软性填料上的生物膜、美人蕉和风车草的根际污泥，以及 CW_1、CW_2 和 CW_3 中的土壤基质、美人蕉和风车草的根际土壤进行 PCR-DGGE 成像，研究样品中微生物菌群的分布情况，如图 4-14 所示。

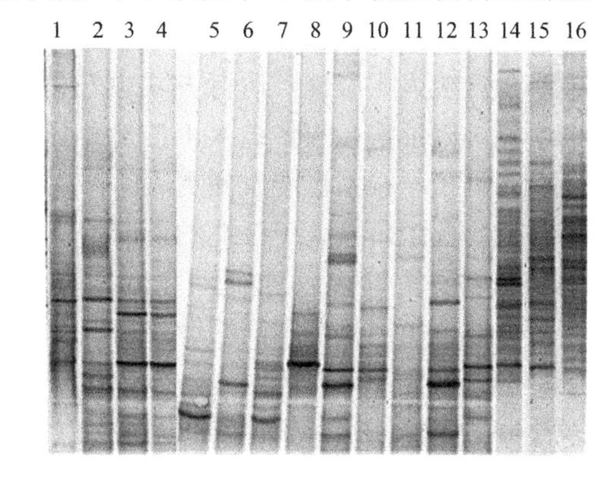

图 4-14　SBR 工艺、景观生态-活性污泥系统和传统人工湿地中样品 DGGE 成像

1—SBR 工艺活性污泥；2—景观生态-SBR 系统活性污泥；3—景观生态-SBR 系统美人蕉根际污泥；4—景观生态-SBR 系统风车草根际污泥；5—示范工程景观生态-A/O 系统填料生物膜；6—示范工程景观生态-A/O 系统美人蕉根际污泥；7—示范工程景观生态-A/O 系统风车草根际污泥；8—CW_1 土壤基质；9—CW_1 美人蕉根际土壤；10—CW_1 风车草根际土壤；11—CW_2 土壤基质；12—CW_2 美人蕉根际土壤；13—CW_2 风车草根际土壤；14—CW_3 土基质；15—CW_3 美人蕉根际土壤；16—CW_3 风车草根际土壤

由图 4-14 可知，SBR 工艺与景观生态-SBR 系统中活性污泥相似程度很高，只有较少的条带出现差别。景观生态-SBR 系统中，活性污泥和根际污泥也有一定的相似性，出现了新条带的同时也有一些条带消失。美人蕉和风车草的条带虽然相似程度很高，但部分条带也存在不一致。上述试验结果表明，植物根系作为填料与活性污泥耦合时，能够对活性污泥和根际污泥都产生一定的影响，且对根际污泥的影响更大，同时不同植物对根际污泥的影响也存在差异，从而形成了不同的根际微生物。植物通常通过产生根系分泌物和发生根际泌氧作用来对根际的微生物甚至是活性污泥造成影响。

对比景观生态-SBR 系统和示范工程景观生态-接触氧化 A/O 系统，活性污泥工艺、进水水质水量和地域的差异均会对微生物的分布造成影响。由图 4-14 可知，两个景观生态-活性污泥系统的活性污泥条带存在明显差别，这说明活性污泥工艺对微生物的菌群结构会造成很大的影响。将美人蕉和风车草在景观生态-SBR 系统和示范工程景观生态-接触氧化 A/O 系统中的条带分布进行对比可以看出，两种植物在两个系统中的条带完全不同。条带的不同可以用根际污泥的形成机制来解释，根际污泥的形成最初是通过景观生态-活性污泥系统中悬浮态的活性污泥发生附着作用而形成的，随后在水力条件和根系的共同作用下，附着的污泥发生脱落、更新等作用，最后形成稳定的生物膜。根际微生物的形成受到多方面作用的影响。很多学者的研究都证实植物根系分泌物会对其根系微生物的生长和累积造成一定影响甚至起到特别重要的作用。由两个景观生态-活性污泥系统中植物根际污泥的 DGGE 条带可知，它们主要是受反应器内活性污泥的影响。虽然根系作用会对根际污泥的微生物菌群造成一定影响，但不会使其发生明显变化，故同一景观生态-活性污泥系统内根际污泥和活性污泥中的微生物相似性较高。同时，由于植物之间的差异性，不同的根系分泌物会对根际污泥造成不同的影响，导致了不同植物 DGGE 条带之间的差别。

通过对比景观生态-活性污泥系统和传统人工湿地的微生物结构可以发现，景观生态-活性污泥系统和不同传统人工湿地的样品中条带的位置和强度存在明显的不同。景观生态-活性污泥系统中，无论是活性污泥还是根际污泥，条带数量均明显多于传统人工湿地中土壤基质和根际土壤，亮度强的条带也明显多于传统人工湿地中的样品。对比结果表明，景观生态-活性污泥系统的生物多样性明显大于传统人工湿地，这与景观生态-活性污泥系统的进水方式和运行方式等密切相关，进水、设计、运行条件和植物的种类都会影响微生物的多样性，进而影响出水水质。试验中，景观生态-活性污泥系统的进水污染物浓度明显高于传统人工湿地，运行方式也与传统人工湿地明显不同。通过对微生物 DGGE 图谱的研究可以证实，与传统人工湿地相比，景观生态-活性污泥系统能够承担更高的污染物负荷，且植物根系也能发挥更大的作用。

对比 3 个传统人工湿地的条带可以发现，即使种植了同种类型的植物（美人蕉和风车草，见样品 8、9、11、12、14 和 15），它们的根系微生物也显示出不同的细菌群落和条带多样性，这可能是由不同的设计、运行、进水水质等多方面因素造成的，即使差别仅在系统前端曝气和不曝气，对应的微生物功能菌群也会存在明显差别。表 4-3 为 SBR 工艺、景观生态-活性污泥系统和传统人工湿地中不同样品对应的 Shannon-wiener 指数。

SBR 工艺、景观生态-活性污泥系统和传统人工湿地中不同样品对应的 Shannon-wiener 指数 表 4-3

样品	Shannon-wiener 指数	样品	Shannon-wiener 指数
SBR 工艺活性污泥	2.08	CW_1 土壤基质	1.37
景观生态-SBR 系统活性污泥	2.11	CW_1 美人蕉根际土壤	1.56
景观生态-SBR 系统美人蕉根际污泥	2.00	CW_1 风车草根际土壤	1.70
景观生态-SBR 系统风车草根际污泥	1.82	CW_2 土壤基质	0.70
示范工程景观生态-A/O 系统填料生物膜	2.15	CW_2 美人蕉根际土壤	1.44
示范工程景观生态-A/O 系统美人蕉根际污泥	2.12	CW_2 风车草根际土壤	1.75
示范工程景观生态-A/O 系统风车草根际污泥	1.91	CW_3 土壤基质	1.15
		CW_3 美人蕉根际土壤	1.33
		CW_3 风车草根际土壤	1.55

4.3.3 菌群相似性和差异性

试验采用聚类分析比较了不同样品菌群结构的相似性与差异性，如图 4-15 所示。

由图 4-15 可以发现 SBR 工艺、景观生态-活性污泥系统和传统人工湿地中的样品存在明显差别。来自景观生态-活性污泥系统和 SBR 工艺中的活性污泥样品聚在同一簇上，说明两者差别不大，这与图谱条带分析结果一致。景观生态-SBR 系统和示范工程景观生态-接触氧化 A/O 系统分为两簇，说明两者存在明显差别。虽然种植了相同的植物，景观生态-活性污泥系统和传统人工湿地法中污泥、基质和植物都有其独特的聚类，证明了不同样本之间差异的起源。试验结果表明，存在聚类的差异主要是由于运行条件的不同，包括进水、植物、基质等。

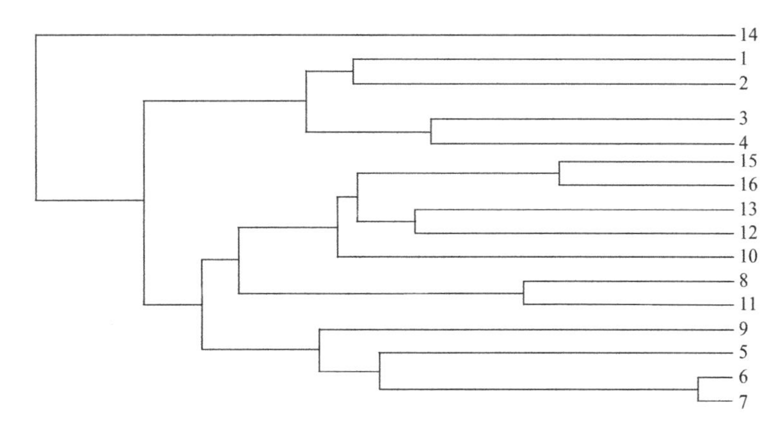

图4-15 SBR工艺、景观生态-活性污泥系统和传统人工湿地中样品聚类分析

1—SBR工艺活性污泥；2—景观生态-SBR系统活性污泥；3—景观生态-SBR系统美人蕉根际污泥；4—景观生态-SBR系统风车草根际污泥；5—示范工程景观生态-A/O系统填料生物膜；6—示范工程景观生态-A/O系统美人蕉根际污泥；7—示范工程景观生态-A/O系统风车草根际污泥；8—CW_1 土壤基质；9—CW_1 美人蕉根际土壤；10—CW_1 风车草根际土壤；11—CW_2 土壤基质；12—CW_2 美人蕉根际土壤；13—CW_2 风车草根际土壤；14—CW_3 土壤基质；15—CW_3 美人蕉根际土壤；16—CW_3 风车草根际土壤

4.3.4 优势菌群

尽管通过PCR-DGGE能够对景观生态-活性污泥系统中微生物的多样性、相似性和差异性做较为全面的了解，其中的优势菌群仍然需要通过高通量测序来进行比较。试验通过GAST（Global Alignment for Sequence Taxonaomy）处理得到不同样品的有效序列在门和属分类水平上的丰度结果，如图4-16和图4-17所示。

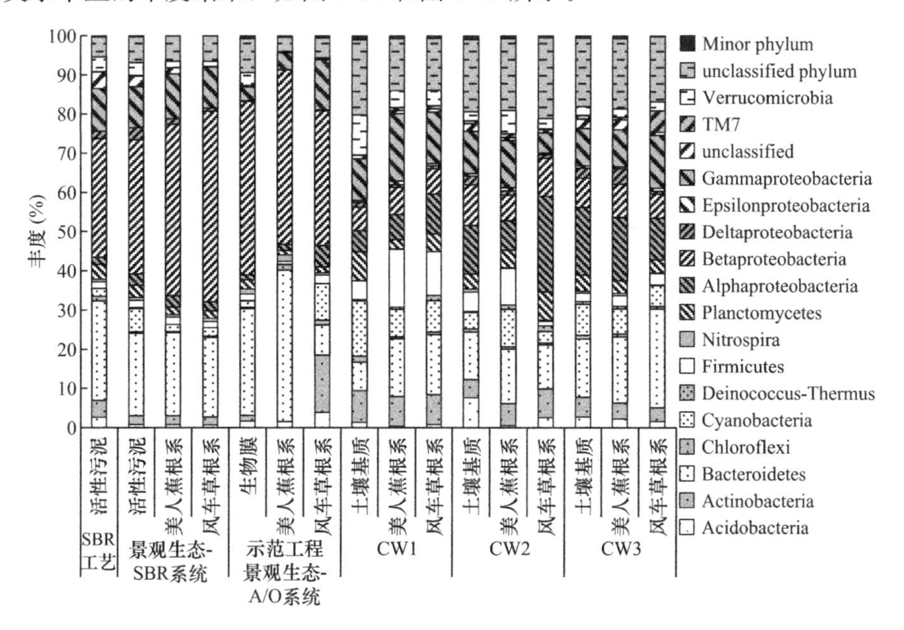

图4-16 SBR工艺、景观生态-活性污泥系统和传统人工湿地中样品不同门的丰度

通过测序被鉴定出来的菌种包括Proteobacteria、Bacteroidetes、Cyanobacteria、Nitrospira、Chloroflexi、Firmicutes、Actinobacteria、Acidobacteria、Deinococcus-Thermus、Gemmatimonadetes、Planctomycetes、TM7 和 Verrucomicrobia 等，可以发现活性污泥、基质和植物根系的微生物存在明显的不同，这与 PCR-DGGE 的结果一致。在门级别上，景观生态-活性污泥系统和 SBR 工艺的样品均以 Proteobacteria 为主导，与全世界大部分污水处理厂中微生物菌群结构相同。Proteobacteria 与碳、氮、硫的去除有关，这在人工湿地、自然湿地、污泥的研究中都有报道。景观生态-活性污泥系统活性污泥中 Proteobacteria 所占比例与 SBR 工艺中差别不大，分别为 50.67%和 44.91%，在美人蕉和风车草根际活泥中所占比例高于前两者，为 59.43%和 62.23%。同时，景观生态-活性污泥系统样品中 Proteobacteria 的比例（49.53%～62.37%）远高于传统人工湿地（24.58%～41.40%）。

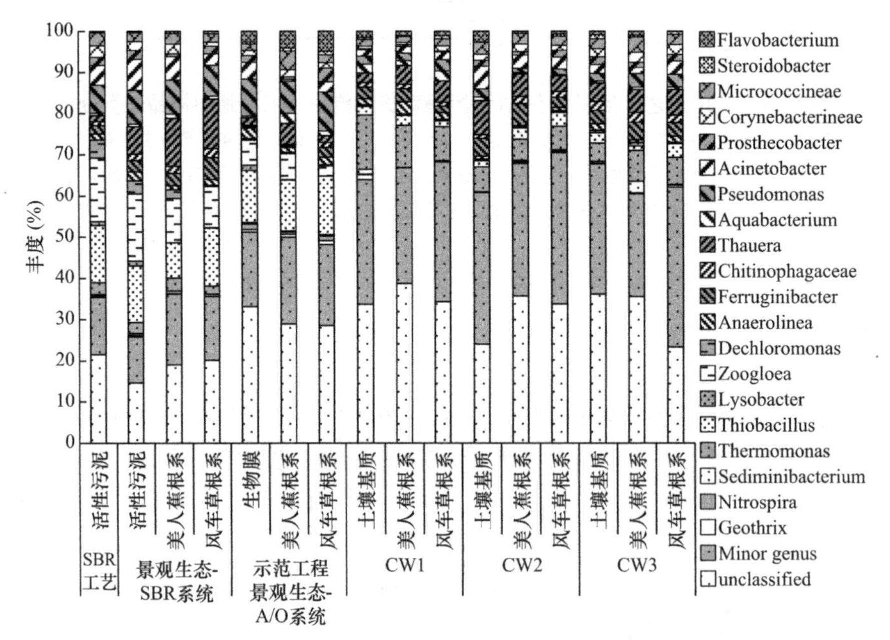

图 4-17　SBR 工艺、景观生态-活性污泥系统和传统人工湿地中样品不同属的丰度

由于 Proteobacteria 门的丰度较高，因而对其下属的 α-Proteobacteria，β-Proteobacteria，γ-Proteobacteria，δ-Proteobacteria 和 ε-Proteobacteria 的丰度进行了分析。分析结果表明，景观生态-活性污泥系统和 SBR 工艺的活性污泥中五种 Proteobacteria 的丰度相差不大，分别为 1.80%和 2.80%，30.25%和 34.20%，10.94%和 10.50%，1.94%和 3.17%，0.00%和 0.00%，表明植物的耦合没有对 Proteobacteria 的组成和丰度造成影响。比较两个景观生态-活性污泥系统中活性污泥和植物根际污泥的样品可以发现，其中 β-Proteobacteria 的丰度是最高的。在生物膜和根际污泥上，β-Proteobacteria 的丰度比悬浮状态的活性污泥中更高，表明其在生物膜中能够更好地生长繁殖。景观生态-SBR 系统 γ-Proteobacteria 的丰度更高说明了其反硝化效率更高，示范工程景观生态-接触氧化 A/O 系统生物膜中 γ-Proteobacteria 丰度相对较低的原因与进水中氮浓度（约为 20～30mg/L）较低有关。ε-Proteobacteria 在两个景观生态-活性污泥系统样品中都未发现，曝气会造成 ε-Proteobacteria 的丰度较低，说明 ε-Proteobacteria 可能是严格厌氧菌。在传统人工湿地中，Proteobacteria 的丰度也完全不一致，CW_1 中 γ-Proteobacteria 的丰度最高，CW_2 和 CW_3 中 α-Proteobacteria 的丰度最高，在三个传统人工湿地中 ε-Proteobacteria 的丰度都较低。

作为一种典型的 NOB，Nitrospira 在景观生态-SBR 系统活性污泥中的比例高于

SBR工艺，分别为0.70%和0.61%，并且植物根系微生物中Nitrospira比例较高（景观生态-SBR系统中美人蕉和风车草分别为0.63%和0.87%），这与根际泌氧作用有关。景观生态-活性污泥系统中Nitrospira的浓度（0.63%～1.60%）远高于传统人工湿地（0.08%～0.87%），证明景观生态-活性污泥系统有较高的硝化活性，可能与景观生态-活性污泥系统中氧浓度高和氮浓度高，能够促进NOB的生长有关。

Bacteroidetes是另一种主导门，在景观生态-活性污泥系统和传统人工湿地中占的OTUs比例分别为7.67%～38.57%（平均22.69%）和7.32%～25.27%（平均14.68%），证明景观生态-活性污泥系统具有更好的有机物去除能力。相反，作为一种在有机物去除过程中重要的化能厌氧菌，Firmicutes在景观生态-活性污泥系统中的丰度明显低于传统人工湿地，分别为1.10%～3.20%和2.37%～7.32%，这与传统人工湿地中的厌氧环境和更长的厌氧停留时间有关。Actinobacteria在景观生态-活性污泥系统中占的比例更大，为0.10%～2.27%，这与氢自养反硝化有关。与传统人工湿地相比，景观生态-活性污泥系统承担了更多的硝态氮和亚硝态氮的去除任务，这会使得与脱氮有关的微生物丰度增大，例如Cyanobacteria和Chloroflexi在脱氮过程中起着重要的作用。

在属的水平上，景观生态-活性污泥系统和SBR工艺中活性污泥的菌群结构差别依然不明显，但根际污泥之间以及不同景观生态-活性污泥系统之间，包括与传统人工湿地之间菌群结构的差别却较为明显（图4-17为丰度前20的属，至少有一个样品丰度大于1%）。来自Proteobacteria的属包括*Zoogloea*，*Dechloromonas*，*Anaerolinea*，*Nitrospira*，*Lysobacter*，它们都在有无机物和氮的去除上起到重要作用。*Nitrospira*和*Dechloromonas*与氮的去除相关，在景观生态-活性污泥系统中丰度（0.43%～1.03%和0.27～3.20%）也明显高于传统人工湿地（0.06%～0.43%和0～0.19%）。*Zoogloea*是活性污泥和生物膜的重要组成部分，它在景观生态-活性污泥系统中的丰度为2.47%～16.30%，同样高于传统人工湿地中的0～0.27%。作为β-Proteobacteria的一个属，*Thiobacillus*在景观生态-活性污泥系统中的含量高于传统人工湿地，这与门级别上的分类结果一致。

*Flavobacterium*和*Pseudomonas*也与有机物和脱氮有关，它们在景观生态-活性污泥系统中的丰度也较传统人工湿地高，主要是因为DO浓度高。*Thauera*是一种与短程反硝化有关的菌属，与在SBR工艺中的活性污泥中的比例（1.36%）相比，其在景观生态-活性污泥系统中的活性污泥和植物根际污泥中存在较高的比例，分别为6.63%、11.57%和12.03%。*Thauera*在景观生态-活性污泥系统的活性污泥中比例较高的原因与植物根系生物膜的更新有关，该菌种比例的增加也是植物脱氮效果更稳定的原因之一。尽管*Geothrix*，*Aquabacterium*，*Steroidobacter*，*Prosthecobacter*，*Micrococcineae*，*Corynebacterineae*在污染物的去除上也起到了重要的作用，但它们在SBR工艺、景观生态-活性污泥系统的活性污泥和根系微生物中的丰度都相差不大。

4.4　小结

对景观生态-SBR系统的污泥性状和微生物菌群结构进行了研究，首先分析了植物耦合前后景观生态-SBR系统活性污泥性状的变化，随后对比了景观生态-SBR系统和SBR工艺中微生物活性和酶活性。同时，基于PCR-DGGE和高通量测序技术，通过将

SBR 工艺、景观生态-SBR 系统、示范工程景观生态-A/O 系统和传统人工湿地进行对比，解析了景观生态-活性污泥系统的菌群结构。主要结论如下。

(1) 景观生态-SBR 系统中污泥性状的变化主要表现为污泥浓度和沉降性先下降后回升至初始水平、粒径增大和比阻下降。植物加入后，景观生态-SBR 系统中的活性污泥浓度呈现初期下降后逐步升高并趋于稳定的趋势，污泥浓度最终稳定在 3500mg/L 左右。沉降性的变化趋势与污泥浓度相似，污泥粒径 d_{50} 由 79μm 逐步增大至 105μm。景观生态-SBR 系统中活性污泥比阻呈现下降的趋势，稳定状态下比阻小于 SBR 工艺。

(2) 景观生态-SBR 系统中微生物和酶的变化主要是微生物活性、脲酶活性和脱氢酶活性升高。景观生态-SBR 系统中微生物次级代谢产物 EPS 及 SMP 的变化趋势均为先下降后升高，最后稳定在低值。与 SBR 工艺对比发现，三者的 SOUR 在数值上的大小为：景观生态-SBR 系统活性污泥＞SBR 工艺活性污泥＞景观生态-SBR 系统根际污泥。对酶活性的研究表明，景观生态-SBR 系统活性污泥中脲酶活性是 SBR 工艺的 2.8 倍，对脱氢酶约为 3.8 倍，二者磷酸酶和过氧化氢酶的活性基本相同。

(3) 植物的耦合对景观生态-活性污泥系统中活性污泥的影响不大，但活性污泥会对植物根系微生物造成一定影响，功能微生物菌群丰度高是景观生态-活性污泥系统除污效果更优的原因之一。基于 DGGE 的研究发现，植物的耦合未改变景观生态-活性污泥系统中活性污泥的多样性。景观生态-SBR 系统和示范工程景观生态-接触氧化 A/O 系统活性污泥中的微生物存在较大不同，植物根系微生物的差异也较大，但它们与各自反应器中的污泥相似性程度较高。景观生态-活性污泥系统的生物多样性明显大于人工湿地。高通量测序的结果表明，所有样品都以 Proteobacteria 占主导；植物的耦合对活性污泥中的微生物在门和属上的分类未产生明显影响。Proteobacteria 在属上的分类存在很大差别，景观生态-活性污泥系统中活性污泥和植物根系中 β-Proteobacteria 的丰度最高，CW1 中 γ-Proteobacteria 的丰度最高，CW2 和 CW3 中 α-Proteobacteria 的丰度最高，景观生态-活性污泥系统中 Nitrospira 的丰度较高。

第 5 章　景观生态-活性污泥系统温室气体减排与工艺稳定性评价

在污水处理的研究中，污染物的去除机制一直受到许多学者的关注。对于景观生态-活性污泥系统，植物对污染物去除机制和温室气体减排的影响尚未被全面解析。对污染物去除以及温室气体减排机制的研究可以指导景观生态-活性污泥系统的设计和优化。

试验结果表明景观生态-SBR 系统能够对温室气体 CH_4 和 N_2O 起到一定的减排作用。对 CH_4 和 N_2O 的减排机制需要进一步分析研究。本章通过对景观生态-SBR 系统和 SBR 工艺中产甲烷菌和甲烷单加氧酶含量的测定，从 CH_4 产生的角度解析了景观生态-SBR 系统的减排机制；通过对产生过程中重要的氨氧化菌、亚硝酸盐氧化菌、氨单氧合酶、羟胺氧化还原酶和氧化亚氮还原酶进行比较来解析 N_2O 的减排机制。

5.1　复合系统的温室气体排放特征

5.1.1　二氧化碳的排放行为

对景观生态-SBR 系统和 SBR 工艺的 CO_2 排放通量与 COD 浓度在一个运行周期内的变化进行测定。由图 5-1 可知，两个系统在搅拌段和曝气段的 CO_2 排放通量没有明显差别。在整个曝气阶段 CO_2 都保持在较高的排放水平，排放通量范围为 24.57～61.25g/(m^2・d)。试验结果表明，好氧阶段是产生 CO_2 最主要的阶段，CO_2 主要来源是污泥的异化作用，植物的呼吸作用会放出部分 CO_2。由测定结果来看，虽然植物会通过光合作用将部分 CO_2 合成为自身物质，但并不能明显减少景观生态-SBR 系统 CO_2 的排放通量。除了反硝化阶段所需的碳源，大部分有机物的降解仍然在好氧阶段进行，在厌氧阶段，污水中的 COD 呈现骤降的趋势，是由于污泥的吸附作用。与 SBR 工艺相比，植物的耦合并不能显著减少景观生态-SBR 系统 CO_2 的排放。

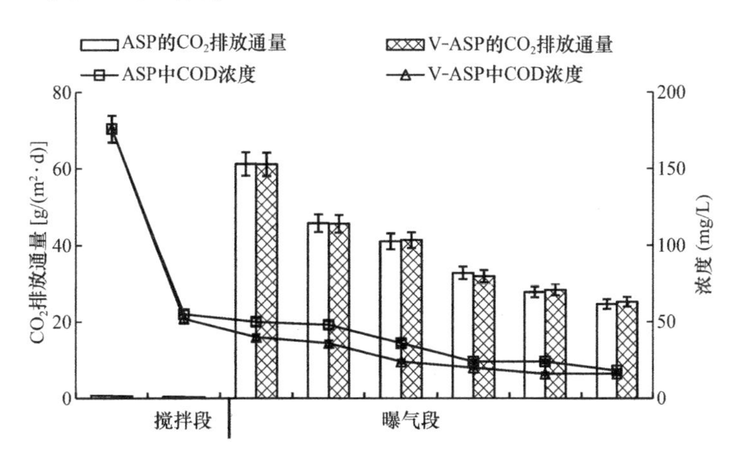

图 5-1　景观生态-SBR 系统和 SBR 工艺的 CO_2 排放通量与 COD 浓度周期变化规律

5.1.2 甲烷的排放行为

试验对景观生态-SBR系统和SBR工艺的CH_4排放通量进行了长期的监测。如图5-2所示，景观生态-SBR系统和SBR工艺的CH_4排放通量都存在一定的波动，排放通量范围分别为1.05～15.68g/(m^2·d)和2.93～21.96g/(m^2·d)，对应平均值分别为7.17g/(m^2·d)和10.14g/(m^2·d)。通过比较两个系统的CH_4排放通量范围和平均值可知，景观生态-SBR系统的CH_4排放通量低于SBR工艺，植物的耦合表现出一定的CH_4减排能力。

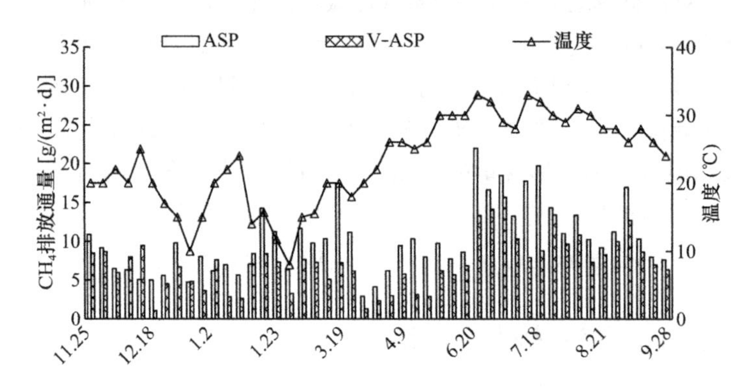

图5-2 景观生态-SBR系统和SBR工艺的CH_4排放通量长期监测数据

对景观生态-SBR系统和SBR工艺一个周期内甲烷排放通量与COD浓度进行测定。如图5-3所示，景观生态-SBR系统和SBR工艺中COD浓度呈下降趋势，搅拌段能够去除约70%以上的COD，曝气段COD浓度持续小幅度下降，出水COD浓度分别为18mg/L和16mg/L，达到国家一级A排放标准。两个系统中CH_4的排放规律均为先增加后减少，前3个小时为搅拌段，CH_4的排放通量都很小。第4小时刚开始曝气时，CH_4排放通量出现上升，景观生态-SBR系统和SBR工艺对应的CH_4排放通量分别为14.12g/(m^2·d)和16.62g/(m^2·d)，前者的CH_4排放通量低于后者，与长期监测结果一致。曝气前半个小时CH_4的排放通量占整个周期的90%以上，这被归因于搅拌阶段产生的CH_4被曝气大量吹脱出来导致曝气初期CH_4排放通量显著升高。

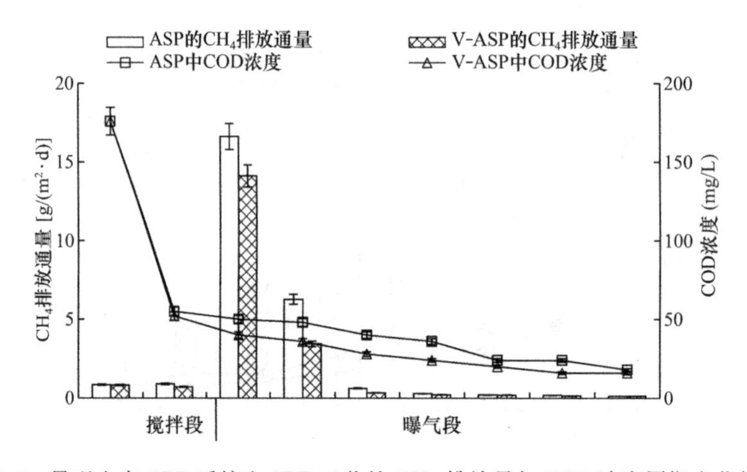

图5-3 景观生态-SBR系统和SBR工艺的CH_4排放量与COD浓度周期变化规律

表5-1为两个系统在搅拌段和曝气段CH_4排放通量的变化范围及平均值。由表5-1可知，景观生态-SBR系统和SBR工艺中CH_4的排放通量为曝气段远高于搅拌段，在搅拌段CH_4的平均排放通量都在0.5g/(m^2·d)以下，而在曝气段CH_4的平均排放通量分别为7.17g/(m^2·d)和10.14g/(m^2·d)。在相同进水条件下，景观生态-SBR系统较SBR系统不仅能够提高COD的去除率，还能够一定程度上减少温室气体CH_4的排放量。

景观生态-SBR系统和SBR工艺各阶段CH_4排放通量的变化范围及平均值　　表5-1

处理阶段	ASP		V-ASP	
	变化范围[g/(m^2·d)]	平均值[g/(m^2·d)]	变化范围[g/(m^2·d)]	平均值[g/(m^2·d)]
搅拌段	0.03～0.82	0.46	0.101～0.73	0.45
曝气段	3.88～21.96	10.14	0.402～15.68	7.17

图5-4为景观生态-SBR系统和SBR工艺的CH_4吨水排放量。由图5-4可知，景观生态-SBR系统和SBR工艺在曝气段即好氧阶段的CH_4吨水排放量差值最大，为0.87g/m^{3}污水。

图5-5为景观生态-SBR系统和SBR工艺每降解1kg COD所产生的CH_4排放量，它能更直观地反映出CH_4排放与COD去除的关系。由图5-5可以计算出一个周期内降解1kg COD所产生的CH_4排放量，每降解1kg COD景观生态-SBR系统和SBR工艺的CH_4的产生量分别为13.30g和17.43g，即每降解1kg COD时景观生态-SBR系统比SBR工艺的CH_4产生量减少23.70%。

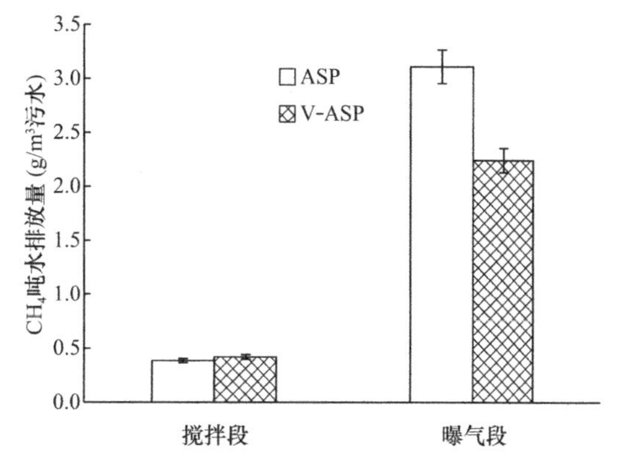

图5-4　景观生态-SBR系统和SBR工艺的CH_4吨水排放量

图5-6为景观生态-SBR系统和SBR工艺CH_4排放通量季节性变化。由图5-6可知，景观生态-SBR系统和SBR工艺中CH_4在4个季节平均排放通量范围分别为5.64～9.24g/(m^2·d)和7.26～12.94g/(m^2·d)。两个系统季节变化规律均表现为夏季＞秋季＞春季＞冬季，与不同季节的温度变化有一定的相关性，夏季温度最高，因而排放量最高；由于秋季温度高于春季，因此CH_4排放通量也高于春季。每个季节景观生态-SBR系统的CH_4排放通量都低于SBR工艺。

CH_4的排放量是污水量与产生甲烷的排放特征因子的函数，根据IPCC（Intergovernmental Panel on Climate Change，联合国政府间气候变化专门委员会）的规定，计算污水处理中CH_4排放量的简化公式为：

$$CH_4\text{排放量}=\text{有机物总量}\times\text{排放因子}-CH_4\text{回收量} \tag{5-1}$$

式中　CH_4排放量——污水处理过程中CH_4的排放总量，kg CH_4/y；

有机物总量——污水中有机物的含量，kg COD/y；

排放因子——CH_4产生能力，kg CH_4/kg COD；

CH_4回收量——被回收或放空燃烧的CH_4量，kg CH_4/y。

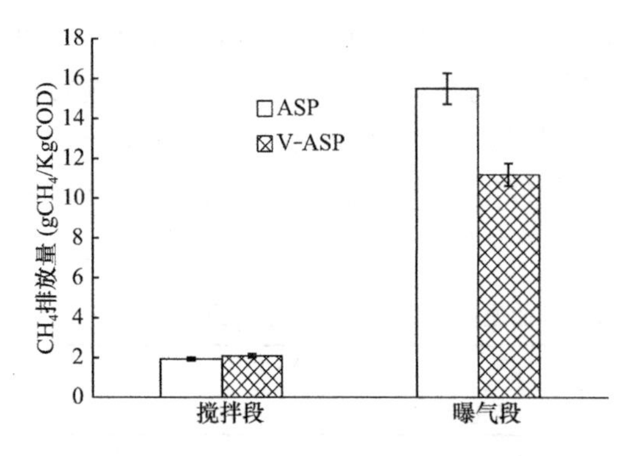

图 5-5 景观生态-SBR 系统和 SBR 工艺中每降解 1kgCOD 所产生的 CH_4 排放量

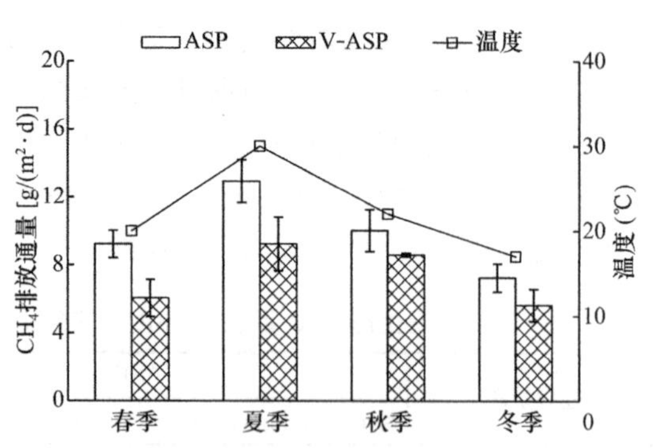

图 5-6 景观生态-SBR 系统和 SBR 工艺 CH_4 排放通量季节性变化

在景观生态-SBR 系统和 SBR 工艺中，CH_4 回收量不予考虑，即最后一项不计入计算。由于一年中不同季节污水的水质存在差异，所以需要分别统计分析春、夏、秋、冬污水中的有机物含量。CH_4 排放因子是由 CH_4 排放量和进水中 TC 量来确定的，按季节分别计算。两个系统年 CH_4 排放量为 4 个季节排放量的累加值。

由表 5-2 可知，景观生态-SBR 系统和 SBR 工艺的 CH_4 年排放量分别为 0.85kg/y 和 1.14kg/y，相当于 CO_2 当量分别为 19.57kg/y 和 26.13kg/y，景观生态-SBR 系统对 CH_4 减排比例 25.11%。结果表明，在相同进水条件下，与 SBR 工艺相比，景观生态-SBR 系统具有减少 CH_4 排放量的能力，年 CH_4 减排量为 0.29kg，相当于 8.55kgCO_2。

景观生态-SBR 系统和 SBR 工艺的年 CH_4 排放量核算 **表 5-2**

季节	进水 TC [g COD/(m^2·d)]	CH_4 排放 [g/(m^2·d)]		排放因子 (kg CH_4/kg COD)		CH_4 排放量 (kg CH_4)	
		V-ASP	ASP	V-ASP	ASP	V-ASP	ASP
春季	375±50	6.06	9.23	0.0162	0.0246	0.175	0.266
夏季	352.5±35	9.24	12.94	0.0262	0.0367	0.265	0.373
秋季	425.6±45	8.61	10.03	0.0202	0.0314	0.248	0.289
冬季	234.4±35	5.64	7.26	0.0241	0.0310	0.162	0.209
总计						0.85	1.14

5.1.3 一氧化二氮的排放行为

试验对景观生态-SBR 系统和 SBR 工艺进行了 N_2O 排放通量的长期监测。由图 5-7 可知，景观生态-SBR 系统和 SBR 工艺 N_2O 的排放通量均存在一定的波动，波动范围分别为 0.01～2.28g/(m^2·d) 和 0.05～2.65g/(m^2·d)，平均值分别为 0.45g/(m^2·d) 和 0.53g/(m^2·d)。通过比较两个系统的 N_2O 排放通量范围和平均值，可发现景观生态-SBR 系统 N_2O 排放通量低于 SBR 工艺，两者均表现出了对 N_2O 的减排能力。

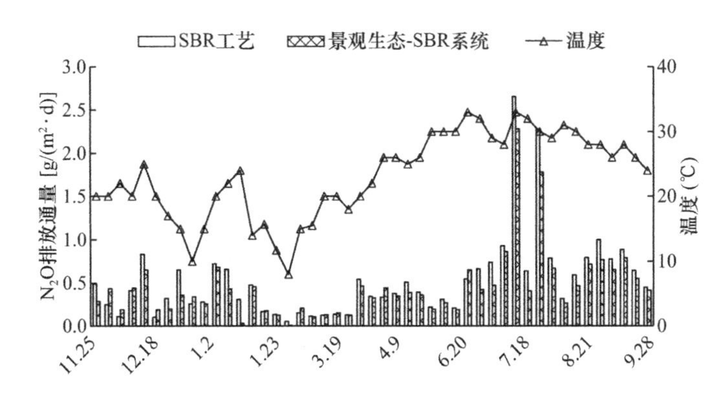

图 5-7 景观生态-SBR 系统和 SBR 工艺的 N_2O 排放通量长期监测数据

图 5-8 为两个系统 N_2O 排放通量与氨氮、硝态氮和亚硝态氮浓度周期变化规律。试验进入好氧阶段后，NH_4^+-N 开始降解，景观生态-SBR 系统和 SBR 工艺最终出水 NH_4^+-N 浓度分别为 1.6mg/L 和 2.0mg/L，两个系统中 NO_2^--N 一直保持很低的水平。在曝气初始阶段，这是由于微生物将 NH_4^+-N 转化为 NO_2^--N 所致，氧气量充足条件下 NO_2^--N 很快被氧化为 NO_3^--N，NO_3^--N 的浓度开始累积，景观生态-SBR 系统和 SBR 工艺中 NO_3^--N 浓度出水较进水高约 5 倍，分别为 7.7mg/L 和 9.0mg/L。N_2O 排放通量在两个系统中均表现为先增加后降低的趋势，景观生态-SBR 系统的 N_2O 排放通量低于 SBR 系统。硝化过程中也会产生 N_2O 并随着曝气排放到大气中，氨氮浓度降低幅度最大及硝态氮浓度上升最快的时段对应 N_2O 排放最大的时段。

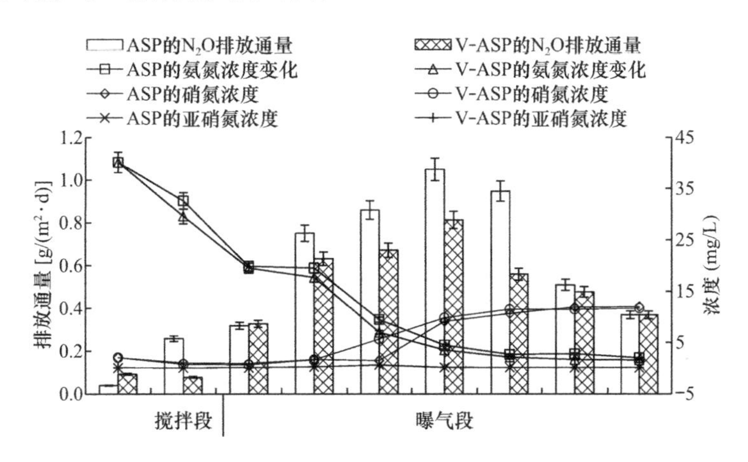

图 5-8 景观生态-SBR 系统和 SBR 工艺的 N_2O 排放通量与氨氮、硝态氮和亚硝态氮浓度周期变化规律

由周期性试验结果可以看出，与 SBR 工艺相比，景观生态-SBR 系统既能提高水质净化效果，又能减少 N_2O 的排放，这主要被归因于植物对污水中的氮的吸收，植物根际微生物去除污染物的同时还能对 N_2O 减排起作用。

由表 5-3 可知，景观生态-SBR 系统和 SBR 工艺中 N_2O 的排放通量特征为曝气段>搅拌段，对应的平均值分别为 1.78g/(m^2·d) 和 1.92g/(m^2·d)，0.16g/(m^2·d) 和 0.27g/(m^2·d)。在搅拌阶段的反硝化作用会产生一定量的 N_2O，N_2O 在水中有一定的溶解度，溶解态的 N_2O 能够通过曝气的作用被吹脱出来，在曝气阶段 N_2O 会大量释放。在景观生态-SBR 系统和 SBR 工艺中，好氧硝化阶段 N_2O 的产生量较多的原因也是曝气吹脱了部分由反硝化过程产生的溶解性的 N_2O，加上硝化过程也会产生一定量的 N_2O，导致好氧阶段 N_2O 的排放量最大。

景观生态-SBR 系统和 SBR 工艺各阶段 N_2O 的排放通量　　表 5-3

处理阶段	ASP		V-ASP	
	变化范围 [g/(m²·d)]	平均值 [g/(m²·d)]	变化范围 [g/(m²·d)]	平均值 [g/(m²·d)]
搅拌阶段	0.008～0.638	0.268	0.037～0.752	0.158
曝气阶段	0.673～2.65	1.92	1.09～2.28	1.78

图 5-9 为景观生态-SBR 系统和 SBR 工艺的 N_2O 吨水排放量。由图 5-9 可知，景观生态-SBR 系统在搅拌段和曝气段的 NO_2 吨水排放量均低于 SBR 工艺，且曝气段差值更大。

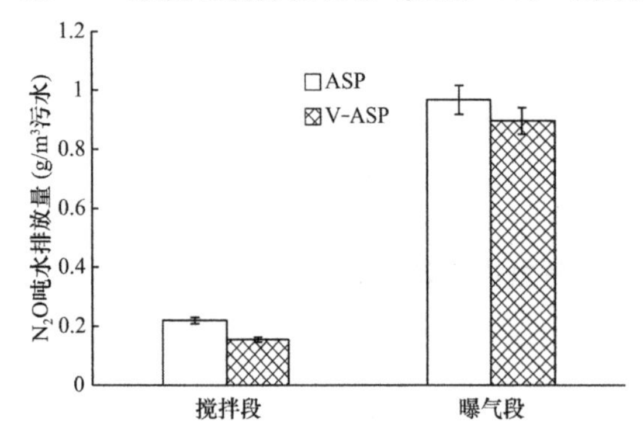

图 5-9　景观生态-SBR 系统和 SBR 工艺的 N_2O 吨水排放量

图 5-10 为景观生态-SBR 系统和 SBR 工艺每降解 1kgTN 所产生的 N_2O 排放量，它能更直观地反映出 N_2O 排放与 TN 去除的关系。由图 5-10 可知，一个周期内每降解 1kgTN 景观生态-SBR 系统和 SBR 工艺的 N_2O 产生量分别为 26.29g 和 29.68g，即每降解 1kgTN 景观生态-SBR 系统的 N_2O 产生量比 SBR 工艺减少 11.4%，这为核算两个系统 N_2O 年排放量提供了基础数据。

图 5-11 为景观生态-SBR 系统和 SBR 工艺的 N_2O 排放通量季节性变化。景观生态-SBR 系统和 SBR 工艺中 N_2O 在 4 个季节平均排放通量范围分别为 0.31～0.39g/(m²·d) 和 0.32～0.39g/(m²·d)。两个系统 N_2O 排放通量的季节变化规律均表现为夏季＞秋季＞春季＞冬季，且每个季节 SBR 工艺的 N_2O 排放通量都高于景观生态-SBR 系统。

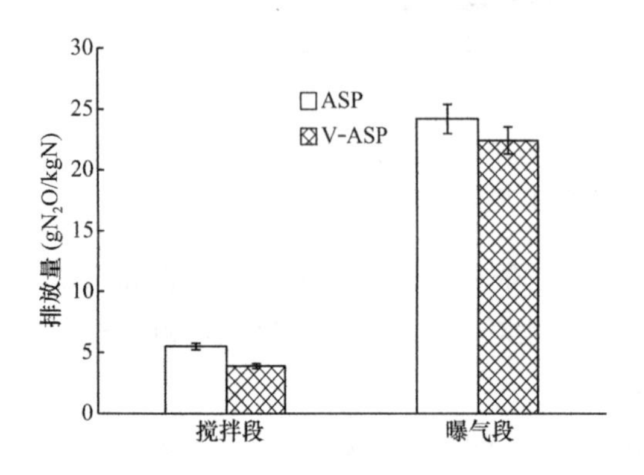

图 5-10　景观生态-SBR 系统和 SBR 工艺中每降解 1kgTN 所产生的 N_2O 排放量

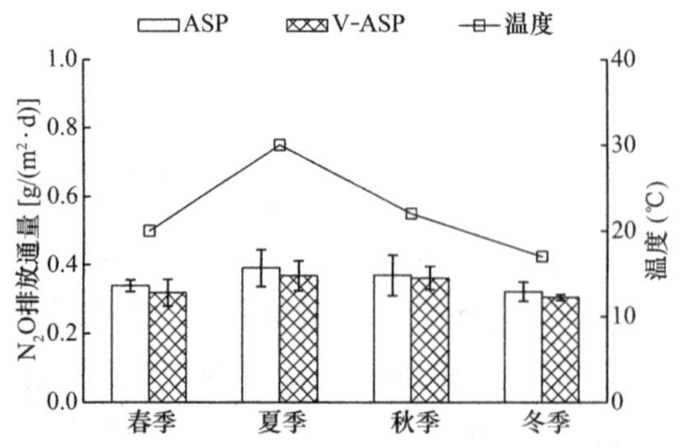

图 5-11　景观生态-SBR 系统和 SBR 工艺的 N_2O 排放通量季节性变化

与 CH_4 的排放量计算方法类似，N_2O 的排放量是氮总量与 N_2O 的排放因子的函数，根据 IPCC，计算污水处理中 N_2O 排放量的简化公式为：

$$N_2O\text{ 排放量}=\text{氮总量}\times\text{排放因子}-N_2O\text{ 回收量} \tag{5-2}$$

式中　N_2O 排放量——污水处理过程中 N_2O 的排放总量，kg N_2O/y；

氮总量——污水中总氮的含量，kg TN/y；

排放因子——N_2O 产生能力，kg N_2O/kg TN；

N_2O 回收量——被回收的 N_2O 量，kg N_2O/y。

在景观生态-SBR 系统和 SBR 工艺中，N_2O 回收量不予考虑，N_2O 排放量即为氮总量与排放因子的乘积。一年中不同季节污水的水质存在差异，因此对 4 个季节的污水中总氮含量分别进行了统计。N_2O 排放因子是由 N_2O 的排放量和进水中 TN 量确定的，按季节分别计算。两个系统年 N_2O 的排放量为 4 个季节排放量的累加值。

由表 5-4 可知，景观生态-SBR 系统和 SBR 工艺的 N_2O 年排放量分别为 0.039kg/y 和 0.0411kg/y，相当于 CO_2 排放当量分别为 11.71kg/y 和 12.28kg/y，景观生态-SBR 系统对 N_2O 减排比例为 4.71%。试验结果表明，景观生态-SBR 系统和 SBR 工艺相比具有减少 N_2O 排放量的效果，年 N_2O 减排量为 0.0021kg，相当于 0.57kgCO_2。

景观生态-SBR 系统和 SBR 工艺年 N_2O 排放量核算　　表 5-4

季节	进水 TN [gTN/(m^2·d)]	N_2O 排放 [g/(m^2·d)]		排放因子 [kg N_2O /kg TN]		N_2O 排放量 (kg N_2O)	
		V-ASP	ASP	V-ASP	ASP	V-ASP	ASP
春季	45.01±5	0.319	0.339	0.0071	0.0075	0.0092	0.0098
夏季	40.23±8	0.368	0.391	0.0091	0.0097	0.0106	0.0113
秋季	56.23±6	0.362	0.370	0.0064	0.0066	0.0104	0.0107
冬季	32.35±5	0.306	0.322	0.0095	0.0010	0.0088	0.0093
总计						0.0390	0.0411

5.1.4　温室气体排放的影响因素

景观生态-SBR 系统中温室气体的产生与排放受到诸多因素的影响，各因素相互影响、共同作用决定温室气体的产生和排放。本试验研究进水碳氮比、污泥负荷、曝气量、水力停留时间和温度对景观生态-SBR 系统和 SBR 工艺的 CH_4 和 N_2O 排放量的影响。

5.1.4.1　进水碳氮比（C/N）

进水碳氮比是污水处理中的一个重要指标，前面的试验结果表明低 C/N 会影响景观生态-SBR 系统的去污效果，因此 C/N 对景观生态-SBR 系统的 CH_4 和 N_2O 排放通量的影响需要进一步研究。通常认为，低碳氮比会使 N_2O 的产生量和释放量增加，相对较高的碳氮比有利于减少 N_2O 的生成和排放。图 5-12 和图 5-13 是 C/N 对景观生态-SBR 系统和 SBR 工艺的 CH_4 和 N_2O 排放通量的影响，C/N 选取范围为 3～9。

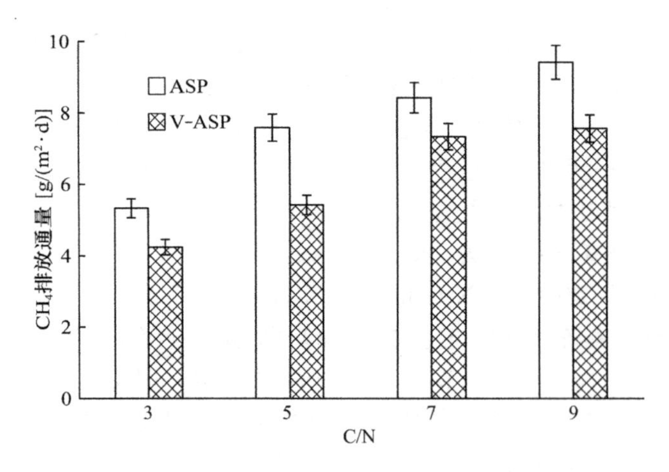

图 5-12　C/N 对景观生态-SBR 系统和 SBR 工艺的 CH_4 排放通量的影响

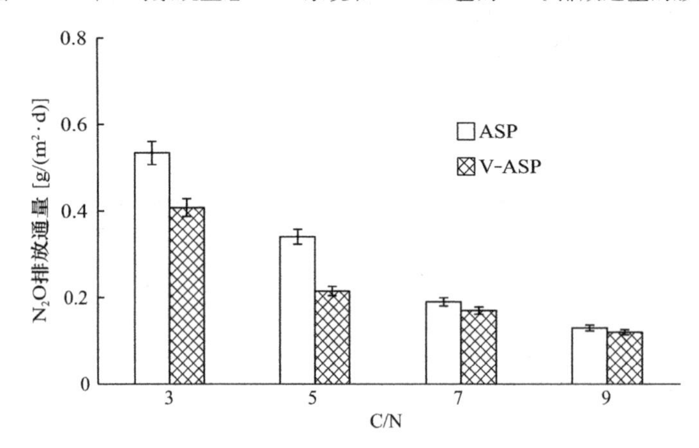

图 5-13　C/N 对景观生态-SBR 系统和 SBR 工艺的 N_2O 排放通量的影响

由图 5-12 和图 5-13 可知，两个系统中较高的 C/N 会造成较高的 CH_4 排放通量，而 N_2O 的排放通量随着 C/N 的升高而降低。CH_4 主要由产甲烷菌利用碳源作为底物而生成，碳源越充足产生的 CH_4 越多。C/N 对 N_2O 产生的影响主要发生在反硝化阶段，在外部碳源供应不足的情况下，反硝化菌会利用自身的内碳源来发生反硝化作用。与反硝化过程的其他还原酶相比，氧化亚氮还原酶对有机电子供体的亲和力更弱，低 C/N 会抑制 N_2OR 的活性，由于得不到充足的电子，导致反硝化作用不彻底，故 N_2O 的产生量在低 C/N 时会增加，从而使得污水处理过程中 N_2O 的排放通量增多。

5.1.4.2　污泥负荷

污泥负荷是进水负荷与反应器中生物量的比值。试验中，选取污泥负荷范围为 0.25～0.40gCOD/(gSS·d) 和 0.02～0.035gTN/(gSS·d)，在进水条件一致的情况下，研究两个系统 CH_4 和 N_2O 排放通量对两者的响应

由图 5-14 和图 5-15 可知，两个系统中污泥负荷的大小对 CH_4 和 N_2O 的排放通量有一定的影响，变化的趋势均为随着污泥负荷的增加而增大。厌氧条件下，微生物会将有机物转化为 CH_4，有机物浓度的变化会影响 CH_4 的产生。N_2O 是硝化过程的副产物，也是反硝化过程的中间产物，因此总氮负荷的影响不可忽略。由试验结果可知，当污泥负荷由 0.020gTN/(gSS·d) 增加至 0.035gTN/(gSS·d)，景观生态-SBR 系统和 SBR 工艺的

N_2O 排放通量分别增加了 2.46 倍和 3.35 倍。

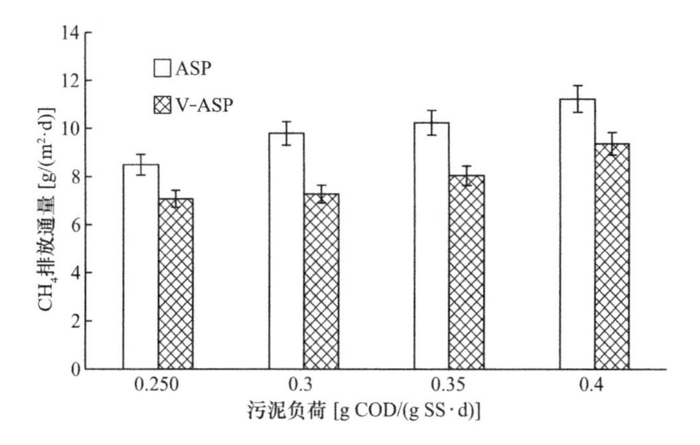

图 5-14　污泥负荷对景观生态-SBR 系统和 SBR 工艺的 CH_4 排放通量的影响

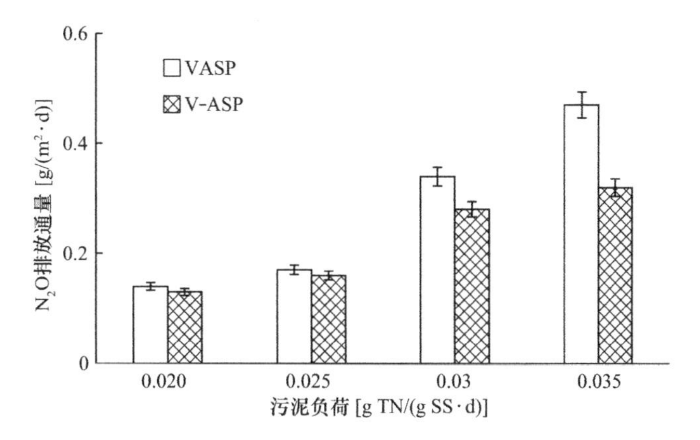

图 5-15　污泥负荷对景观生态-SBR 系统和 SBR 工艺的 N_2O 排放通量的影响

5.1.4.3　曝气量

由前面的试验结果可知，好氧阶段是 CH_4 和 N_2O 排放通量最大的阶段，有必要研究曝气量对 CH_4 和 N_2O 排放通量的影响。试验选取了 0.10m³/h、0.15m³/h、0.20m³/h 共 3 种不同曝气强度对 CH_4 和 N_2O 的排放进行研究，试验结果如图 5-16 和图 5-17 所示。

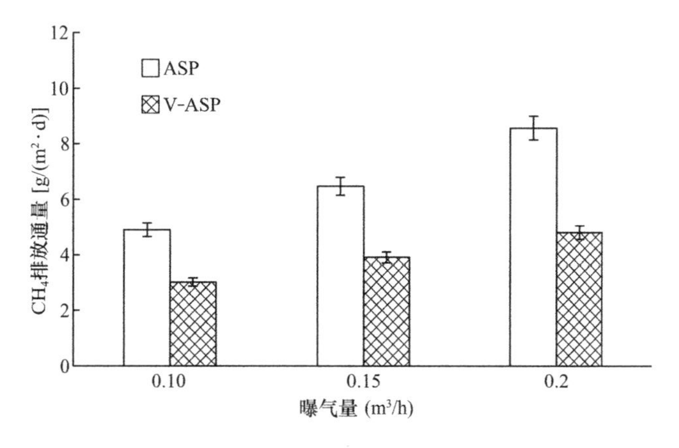

图 5-16　曝气量对景观生态-SBR 系统和 SBR 工艺的 CH_4 排放通量的影响

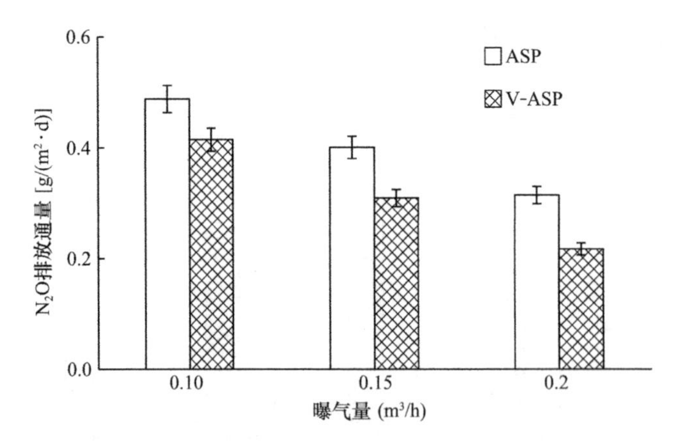

图 5-17　曝气量对景观生态-SBR 系统和 SBR 工艺的 N_2O 排放通量的影响

由图 5-16 可知，随着曝气量的增大，景观生态-SBR 系统和 SBR 工艺的 CH_4 排放通量呈现增加的趋势。CH_4 的产生主要在厌氧阶段，而曝气量的大小对水的扰动程度不同，曝气量越大扰动越大，厌氧阶段产生的 CH_4 就能够更多地被释放出来。在景观生态-SBR 系统中，由于植物的存在，植物和植物根系在水面形成了覆盖层，会对 CH_4 的排放造成一定影响。由图 5-17 可知，两个系统中 N_2O 的排放通量均随曝气量的增加而减少。由于硝化和反硝化过程中都会产生 N_2O，曝气量的大小不单会影响 N_2O 的释放，还会对 N_2O 的产生造成影响。在硝化阶段，N_2O 产生量的峰值出现在亚硝态氮浓度最大值时，也就是说 N_2O 产生量与亚硝态氮浓度呈显著正相关关系，曝气量较大时，硝化过程进行得比较彻底，亚硝态氮的积累较少，相应的 N_2O 产生量就会减少。

5.1.4.4　水力停留时间

污水处理系统运行时，HRT 的长短会直接影响到污水脱氮除磷效果，对景观生态-SBR 系统中 CH_4 和 N_2O 的排放通量随 HRT 的变化需进行研究。依次选取 4 个不同 HRT 值对两个系统进行 CH_4 和 N_2O 排放通量的测定，试验结果如图 5-18 和图 5-19 所示。

由图 5-18 可知，随着 HRT 的增加，CH_4 的排放通量变化较小。HRT 为 6h 时，景观生态-SBR 系统对污染物的处理效果不佳，厌氧阶段进行不彻底，从而导致 CH_4 的排放通量较低。当 HRT 大于 8h 时，景观生态-SBR 系统的 CH_4 排放通量几乎没有变化。

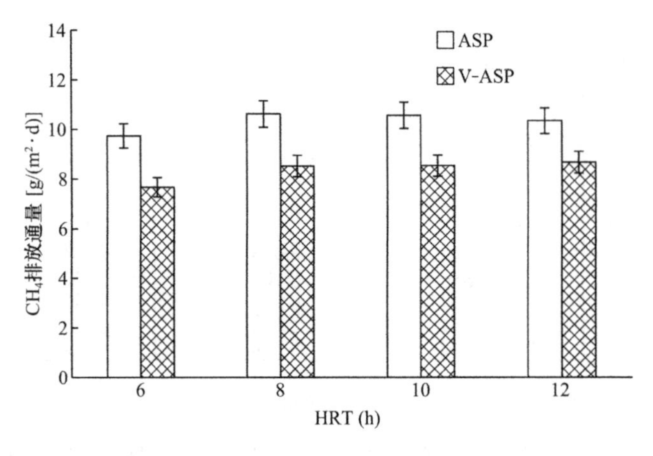

图 5-18　水力停留时间对景观生态-SBR 系统和 SBR 工艺的 CH_4 排放通量的影响

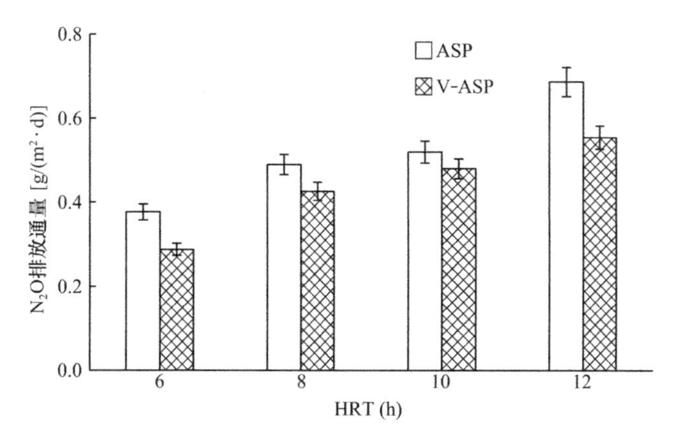

图5-19　水力停留时间对景观生态-SBR系统和SBR工艺的 N_2O 排放通量的影响

由图5-19可知，两个系统中 N_2O 排放通量随着HRT的增加而增大。N_2O 的产生发生在硝化和反硝化两个阶段，延长HRT会使得反硝化过程更彻底而使 N_2O 的产生量减少，HRT延长导致 N_2O 排放通量增大的原因可能是硝化过程产生的 N_2O 比反硝化过程减少的 N_2O 多。

5.1.4.5　温度

温度是微生物活性和生化反应最重要的影响因素之一。本试验选取的温度研究范围为12～30℃，对景观生态-SBR系统和SBR工艺的 CH_4 和 N_2O 排放通量的影响如图5-20和图5-21所示。

由图5-20和图5-21可知，景观生态-SBR系统和SBR工艺的温室气体的排放均受温度变化的影响，温度升高，CH_4 和 N_2O 的排放通量均随之增加。温度主要对微生物和蛋白质的活性产生影响，随着温度的升高，与产甲烷有关的微生物活性和酶活性也在增加，在污染物去除效率提升的同时也增加了 CH_4 的排放通量。水温和气温能够直接影响人工湿地中 CH_4 的排放通量，并且其与水温的相关性大于与气温的相关性。在 N_2O 的产生过程中，温度升高会使氨氧化过程、硝化过程和反硝化过程的速率加快，同时也会使相关酶活性提高，从而增加 N_2O 的排放量。

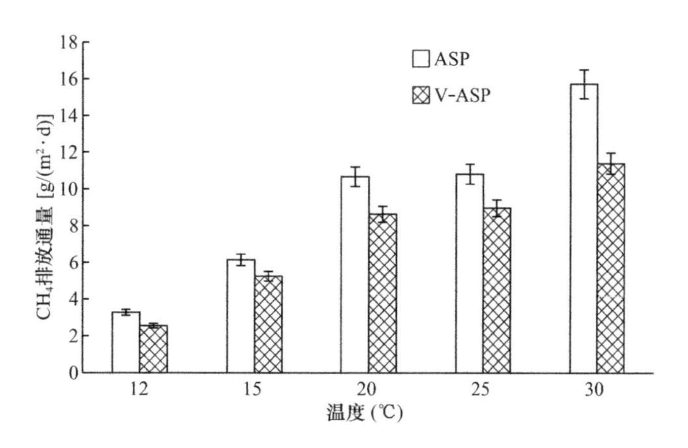

图5-20　温度对景观生态-SBR系统和SBR工艺的 CH_4 排放通量的影响

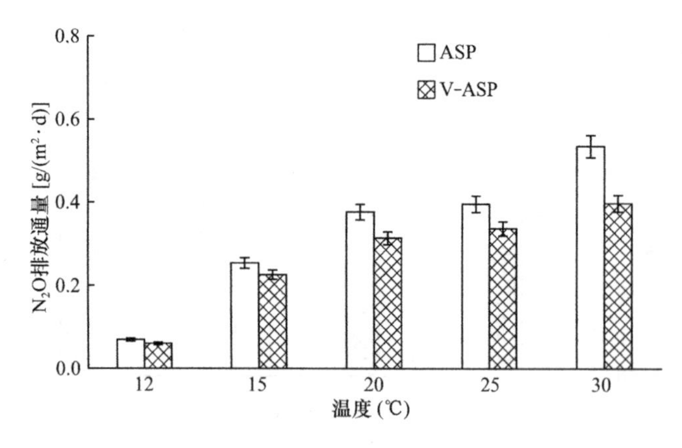

图 5-21 温度对景观生态-SBR 系统和 SBR 工艺的 N_2O 排放通量的影响

5.1.4.6 植物种植密度

植物是景观生态-SBR 系统的重要部分，本试验对植物种植密度对景观生态-SBR 系统的 CH_4 和 N_2O 排放通量的影响进行了研究。

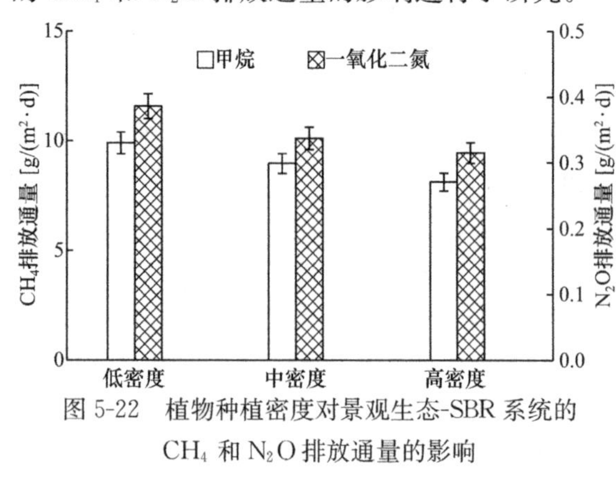

图 5-22 植物种植密度对景观生态-SBR 系统的 CH_4 和 N_2O 排放通量的影响

在景观生态-SBR 系统中，低密度、中密度和高密度对应的种植密度分别为 20 株/m²、56 株/m² 和 125 株/m²。由图 5-22 可知，植物种植密度越大，CH_4 和 N_2O 排放通量越小。植物种植密度越大，对碳氮的吸收作用会越大，同时也可能会更明显地阻挡温室气体的释放。N_2O 的释放也会受植物的生长状况的影响，N_2O 的释放量在植物生长期会升高，在枯萎期间会减少。

5.2 复合系统温室气体减排机制

GWP（global warming potential，全球变暖潜能值）是物质产生温室效应的一个指数，表示在 100 年的时间框架内，各种温室气体的温室效应所对应的具有相同效应的 CO_2 质量。前文研究结果表明，景观生态-SBR 系统的 CH_4 和 N_2O 的排放通量低于 SBR 工艺，两个系统的温室气体排放的 GWP 分别为 31.28 倍和 38.42 倍 CO_2，说明景观生态-SBR 系统对温室气体减排起到了一定的作用。本试验主要从温室气体的产生途径来解析景观生态-SBR 系统对 CH_4 和 N_2O 的减排机制。

5.2.1 甲烷的减排机制

甲烷的产生和排放主要由两个步骤决定：(1) 在产甲烷菌的作用下，简单有机物（有机酸醇、简单糖类等）生成 CH_4 或 CO_2 被还原生成 CH_4；(2) 生成的 CH_4 在甲烷单加氧酶的作用下被甲烷氧化菌氧化为甲醇。

CH_4 是在厌氧条件下由产甲烷菌生成的，其产生量与产甲烷菌的数量和活性密切相关。产甲烷菌是严格厌氧菌，属于广古菌门（Euryarchaeota）。它广泛存在于湿地、沼泽、湖泊、冰川和海洋等自然环境中，同时在人为的厌氧环境中也能够被发现，如污水处理工艺的厌氧段、污泥消化等。对两个系统搅拌段活性污泥和根际污泥中产甲烷菌进行荧光定量 PCR 测定，结果如图 5-23 所示。

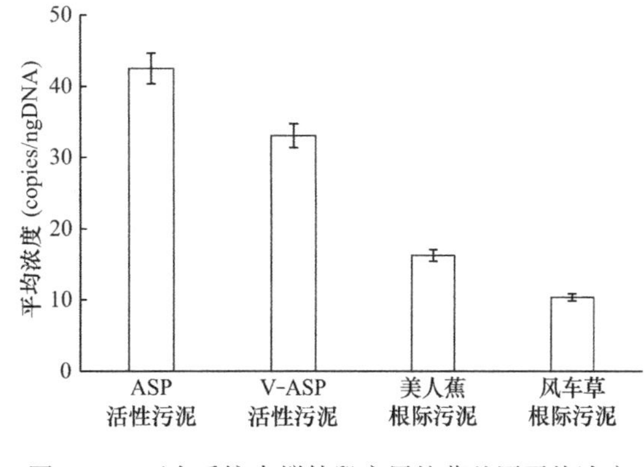

图 5-23 两个系统中搅拌段产甲烷菌基因平均浓度

由图 5-23 可知，两个系统活性污泥搅拌阶段的产甲烷菌数量为 SBR 工艺大于景观生态-SBR 系统。因此，SBR 工艺的甲烷排放通量大于景观生态-SBR 系统，可能与搅拌段 SBR 工艺活性污泥中产甲烷菌基因平均浓度较高有关。景观生态-SBR 系统搅拌段产甲烷菌基因平均浓度低的原因与植物根系泌氧作用有关，由于产甲烷菌是专性严格厌氧菌，厌氧阶段植物根系的泌氧作用可能会导致产甲烷菌的数量减少。同时，景观生态-SBR 系统中植物根际污泥在搅拌阶段的产甲烷菌基因平均浓度比两个系统的活性污泥都低，这可能也与根系分泌物有关。因此，景观生态-SBR 系统中活性污泥中产甲烷菌含量相对较低是其 CH_4 产生量较低的原因之一。

在 CH_4 的氧化过程中，最关键的酶是甲烷单加氧酶（methane monooxygenase，MMO），它在产甲烷菌中存在于周质空间和细胞膜上，有两种：一种是可溶性甲烷单加氧酶（soluble methane monooxygenase，sMMO），它仅存在于部分产甲烷菌中；另一种是与细胞膜结合的颗粒性甲烷单加氧酶（particulate methane monooxygenase，pMMO），它在除Ⅱ型 *Methylocella* 外的所有甲烷氧化菌中都能被发现。对两个系统中曝气阶段活性污泥和根际污泥中的甲烷单加氧酶进行测定，结果如图 5-24 所示。

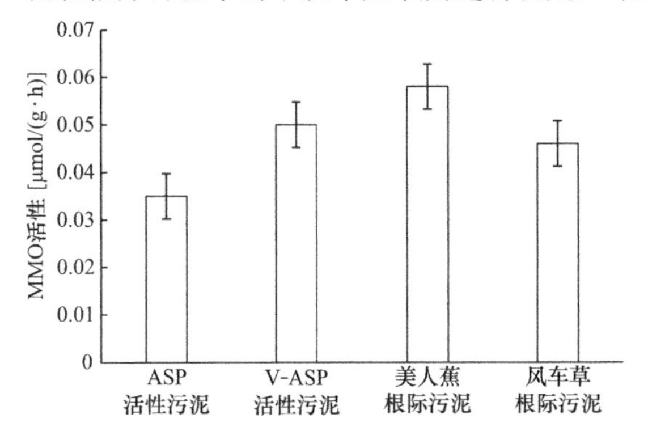

图 5-24 两个系统中 MMO 的活性

由图 5-24 可知，景观生态-SBR 系统活性污泥中 MMO 的活性高于 SBR 工艺，分别为 0.050μmol/(g・h) 和 0.035μmol/(g・h)。在 MMO 活性高的景观生态-SBR 系统中，CH_4 生成后可以很快被氧化为甲醇，甲醇在其他酶的作用下转化为 CO_2 和 H_2O。同时，在景观生态-SBR 系统中植物根际污泥中也含有一定量的 MMO，CH_4 通过植物根部被释放的过程中，也可能会被氧化为甲醇。因此，活性污泥中甲烷单加氧酶含量相对较高是景观生态-SBR 系统的 CH_4 排放通量低的原因之一。此外，植物在景观生态-SBR 系统处理污水过程中对碳的直接吸收作用已经通过同位素示踪试验被证实。植物的吸收作用在一定程度上减少了产生甲烷的底物即有机物的含量，从而降低了景观生态-SBR 系统中 CH_4 的产生量。

与 SBR 工艺相比，景观生态-SBR 系统中 CH_4 减排比例为 25.11%的主要原因是产甲烷菌含量相对较低、甲烷单加氧酶含量相对较高以及植物对碳的直接吸收作用。

5.2.2 一氧化二氮的减排机制

N_2O 的产生途径比 CH_4 多，N_2O 主要产自以下几个过程：氨氧化菌的亚硝化作用、氨氧化菌的反硝化作用、异养反硝化菌的反硝化作用以及其他途径。为解析景观生态-SBR 系统中 N_2O 的减排机制，对景观生态-SBR 系统和 SBR 工艺硝化反应中的氨氧化细菌（ammonia-oxidizing bacteria，AOB）、亚硝酸盐氧化菌（NOB）、氨单氧合酶（AMO）和羟胺氧化还原酶（HAO）和反硝化反应中的反硝化菌 nirS 基因、氧化亚氮还原酶（N_2OR）进行了对比研究，结果如图 5-25～图 5-28 所示。

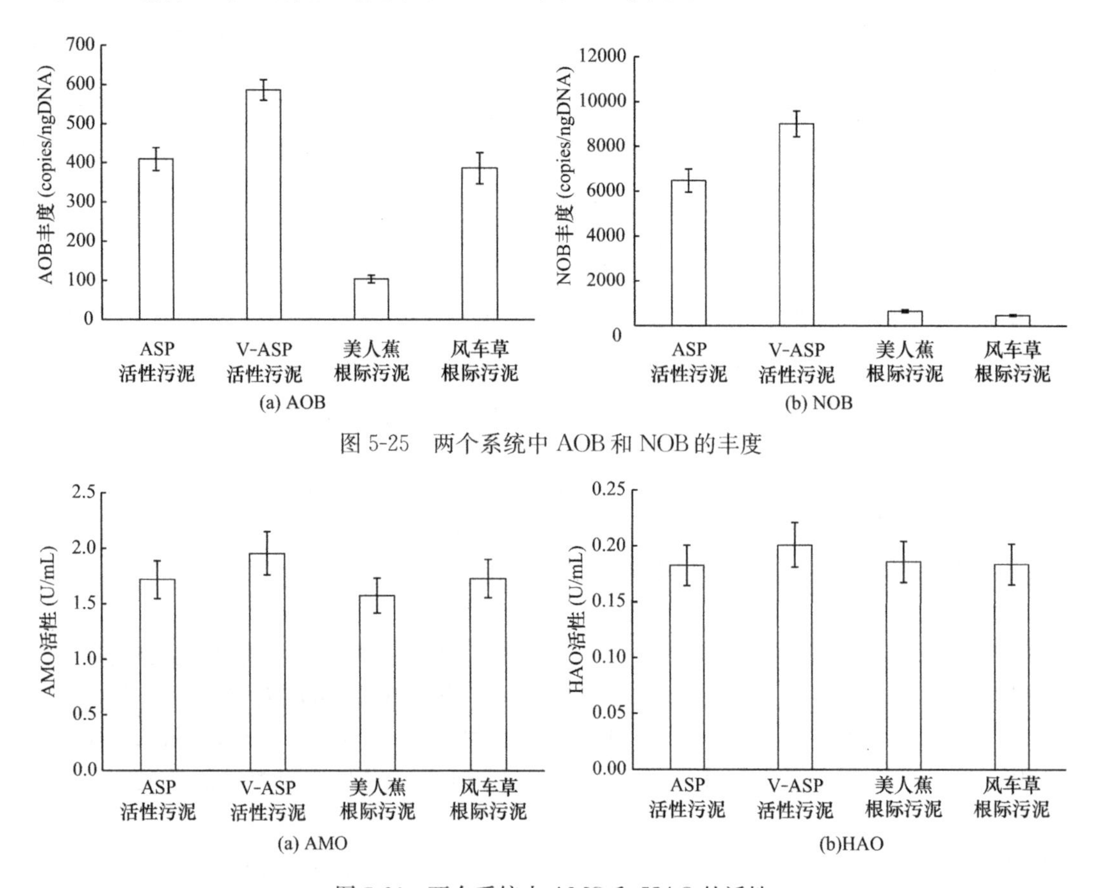

图 5-25 两个系统中 AOB 和 NOB 的丰度

图 5-26 两个系统中 AMO 和 HAO 的活性

硝化过程一般由两类菌完成：在好氧条件下，AOB 先把氨氧化为亚硝酸盐，即亚硝化作用，再由 NOB 将亚硝酸盐氧化为硝酸盐。在亚硝化过程中，AOB 的直接电子供体是 NH_3 而不是 NH_4^+，NH_3 先在跨膜蛋白 AMO 的作用下在胞内生成羟氨（NH_2OH），羟氨由细胞膜内转移到膜外，并在位于细胞周质的 HAO 作用下生成亚硝酸盐。羟氨在 HAO 的作用下被氧化为 NO_2^- 的过程分为两步：NH_2OH 先被氧化为不稳定的亚硝酰基团（NOH），然后 NOH 再被氧化为 NO_2^-。在 NH_2OH 被氧化的过程中，若出现 NOH 的积累，不稳定的 NOH 会分解产生 N_2O。NOH 分解产生 N_2O 的过程是化学反应而非生物反应，所以不需要酶。

由图5-25可知，景观生态-SBR系统活性污泥中AOB和NOB的丰度均高于SBR工艺活性污泥，不同植物根际污泥中的AOB和NOB丰度存在差异，AOB丰度在风车草根际污泥中较高，在美人蕉根际污泥中较低，NOB丰度则在美人蕉根际污泥中较高。景观生态-SBR系统活性污泥中AOB和NOB丰度较高，可能是植物根系的水力作用使反应器中泥水混合更均匀，同时还会通过根系泌氧作用来向反应体系中输送氧。

在氧浓度和酶活性高的情况下，AOB和NOB丰度高，能使硝化反应更多地向着生成N_2的方向进行，从而减少副产物N_2O的产生。植物根际污泥作为景观生态-SBR系统的一部分，也能够参与到硝化过程中。悬浮生长与附着生长的微生物种群结构不同，可能导致附着生长的微生物比悬浮生长的微生物更容易控制N_2O的释放量。目前普遍认为AOB的反硝化作用是好氧硝化过程中产生N_2O的主要途径，NH_3的氧化过程中仅产生少量的N_2O且大部分N_2O都来源于AOB内NO_2^-的还原。在溶解氧浓度低的条件下，DO受限制时，亚硝酸盐的氧化受到抑制而发生积累，AOB的反硝化作用更为显著，随着硝化反应的进行，污水中亚硝酸盐浓度上升，从而导致AOB的反硝化作用贡献的N_2O比例逐渐上升。N_2O的产生并不等于N_2O的释放，普遍认为其与系统内的传质系数有关。在景观生态-SBR系统中，AOB含量高，N_2O的释放量反而低，这主要被归因于植物根系的存在使得反应器内供氧更均匀，使能够发生AOB反硝化作用的死角更少，并且植物能够一定程度上阻挡N_2O的释放，使产生的N_2O更多地溶解在水体中。

由图5-26可知，两个系统中AMO和HAO的活性也存在一定差异，景观生态-SBR系统活性污泥中两种酶的活性均高于SBR工艺活性污泥。景观生态-SBR系统的活性污泥中AMO和HAO的活性分别为1.95U/mL和0.20U/mL，而在SBR工艺中分别为1.72U/mL和0.18U/mL。两种植物根际污泥中AMO和HAO的活性与景观生态-SBR系统活性污泥中相差不大。在氧供应和硝化菌充足的情况下，由于景观生态-SBR系统活性污泥中AMO和HAO的活性较高以及根际污泥中存在的酶，氨氮在景观生态-SBR系统中能够更快地被催化氧化。同时，在硝化反应过程中，AMO是限速步骤的酶，比HAO对环境因子更为敏感。

反硝化菌在缺氧条件下利用一系列反硝化酶将NO_3^-或NO_2^-经NO和N_2O还原为N_2，N_2O是反硝化过程中不可逾越的中间产物。对搅拌段的反硝化菌中的nirS基因进行定量测定，结果如图5-27所示。可以发现两个系统活性污泥中搅拌段nirS基因丰度基本一致，均在480 copies/ngDNA左右。但景观生态-SBR系统根际污泥中nirS基因丰度为两个系统活性污泥中的2倍以上，原因是根际污泥为生物膜形式，存在一定厌氧缺氧区域，在这个区域可能存在较高丰度的反硝化菌。根际污泥增加了景观生态-SBR系统中反硝化菌的量，这是导致其N_2O排放量较少的原因之一。

N_2O在N_2OR的作用下会很快地被还原为N_2，N_2OR的活性对N_2O的产生量起到关键作用。对搅拌段两个系统污泥中N_2OR的活性进行测定，由图5-28可知，景观生态-SBR系统的活性污泥N_2OR活性高于SBR工艺，使得反硝化阶段累积的N_2O能够快速被还原，从而使N_2O释放量减少。两个系统N_2OR活性出现差异，可能是因为植物复合在景观生态-SBR系统的表面，一定程度上能够在搅拌段减少水面对大气的接触，降低O_2的溶解量，更好地维持景观生态-SBR系统的厌氧环境。美人蕉和风车草根际污泥中N_2OR

的活性均低于景观生态-SBR系统和SBR工艺活性污泥，可能是因为N_2OR对氧气极为敏感，植物根系泌氧作用会降低它的活性。

此外，植物在景观生态-SBR系统处理污水过程中对氮的直接吸收作用，已经在前文试验中通过同位素示踪技术证实。植物的吸收作用在一定程度上减少了硝化反应的底物即氨氮的浓度，从而降低了N_2O的产生量。同时，植物也能吸收以硝态氮和亚硝态氮形式存在的氮，通过减少反硝化反应的底物而减少N_2O产生量。

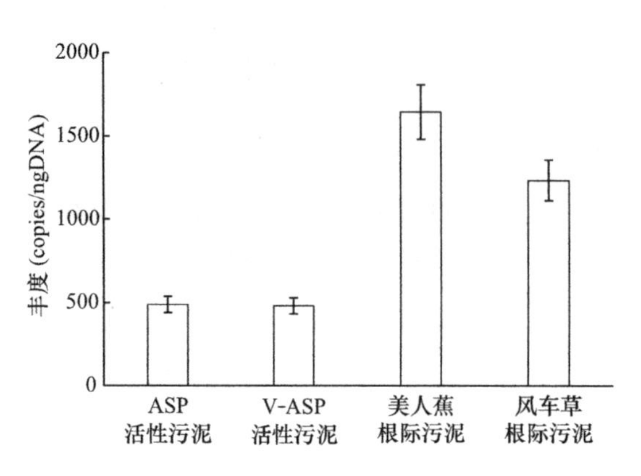

图 5-27　两个系统中反硝化菌 *nirS* 基因的丰度

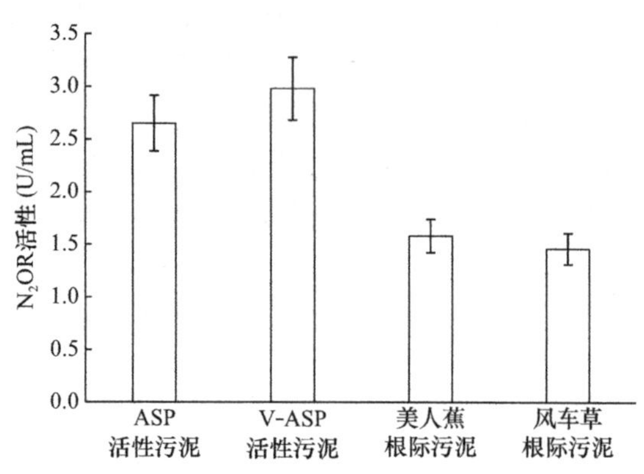

图 5-28　两个系统中氧化亚氮还原酶的活性

与SBR工艺相比，景观生态-SBR系统N_2O年减排比例为4.71%，这主要被归因于景观生态-SBR系统中硝化菌AOB和NOB丰度相对较高，酶AMO、HAO和N_2OR活性相对较高，以及植物对氮的直接吸收作用。

5.3　复合系统的工艺健康评价

出水水质指标通常反映污水处理厂污水处理工艺的运行状态，可据其调整运行工况，但是根据上述指标进行调控存在相当的滞后性，同时也具备不确定性。活性污泥是污水处理的生物主体，其特性及变化与处理效果密切相关。如果运行工况和环境因素对活性污泥的性状产生负面影响，水质指标在短期内并不会发生显著变化，并不能及时提醒人们采取应对措施。植物作为复合系统的重要部分，其景观功能、除臭功能和对污染物质的去除能力是否正常发挥，都是评价污水处理工艺是否健康运行的重要指标。由于植物的存在，在复合系统中存在根系微生物，根系微生物的状态也是衡量复合系统健康与否的关键因素。因此，有必要建立合适的评价体系，基于植物的生理特性、根系微生物的生长变化、活性污泥性状的变化以及出水水质情况等方面，构建与工艺稳定性直接相关联的评价指标和评价方法，为复合系统的连续运行、工艺调控和风险预警提供理论指导和技术支持。

5.3.1　评价原则

目前，污水处理工艺的评价多集中于工艺的技术经济评价，关于污水处理工艺的健康评价并不多见。进行污水处理工艺的健康评价应当遵循以下三个原则。

1. 功能性原则

污水处理工艺必须具备使污染物质达标排放的功能，复合系统同时要保证植物的景观性及除臭功能的正常发挥。

2. 整体性原则

复合系统工艺健康评价体系是多个评价指标相互联系的整体，既要看各因素的外部关系，也要考察各因素的内部关系。

3. 稳定性原则

复合系统的健康需要以稳定性为基础，同时各指标要能稳定反映工艺的运行状况。

常用的评价方法主要有单因子评价法和层次分析法等。单因子评价法计算简单，评价方便，但难以建立客观的评价标准，并且对复合系统来说，不能实现综合评价。层次分析法是由美国运筹学家所提出来的一种综合性、多因素的评价方法，它是依靠排序的方法将各因素排出先后次序作为决策的依据。它将研究对象作为一个整体，并将其分解，应用综合性的思维方式进行决策，是目前较为常用的评价方法。与植物选择评价体系相似，本章选择用层次分析法建立复合系统工艺健康评价方法。

5.3.2　评价指标的选择及计算

评价指标是层次分析法的基础，指标确定对评价工作具有决定性的影响。基于上述评价原则选择具体的评价指标，指标释义与计算如下，定性指标中每个指标总分 100 分，对每个指标进行分析。

1. 总磷去除率

复合系统对污染物的去除是其最为重要的功能，污水处理的基本要求是污染物浓度达标，总磷的去除在工艺评价过程中至关重要。其计算方法是：评分＝去除率×100。

2. 氨氮去除率

N 元素是污水处理过程中控制的主要元素，在确定评价指标的时候，能否除氮是衡量系统是否健康的重要因素。其计算方法是：评分＝去除率×100。

3. COD 去除率

COD 是体现复合系统正常运行的关键因素之一，COD 的去除率与氨氮去除率和总磷去除率一样是必不可少的评价指标。其计算方法是：评分＝去除率×100。

4. 污泥浓度

活性污泥是复合系统中污染物降解的主要工作者，而活性污泥的浓度是维持活性污泥功能正常发挥的最主要条件。其计算方法是：当污泥浓度为 3000～5000mg/L 得 100 分，超出此区间，若在 100mg/L 以上 1000mg/L 以内每低 100mg/L 扣 5 分，扣完为止。

5. 沉降性

污泥的沉降性是影响泥水分离效果的重要指标，污泥的沉降性好坏一定程度表明了污泥功能能否正常发挥。其计算方法是：SVI 值为 80～120mL/g 记 100 分；50～80mL/g 记 60 分；120～160mL/g 记 60 分；其余记 20 分。

6. 脱水性

污泥的脱水性用比阻表示，脱水性是表征污泥处理过程中减量能力的重要指标。污泥脱水性可作为评价系统健康的指标之一。其计算需要通过定性分析。

7. 粒径分布

污泥的粒径分布与活性污泥的诸多理化性质密切相关，是活性污泥的重要特性之一，粒径分布在一定程度上可以反映污泥形状的好坏。其计算需要通过定性分析。

8. EPS 和 SMP

EPS 和 SMP 都是微生物分泌出来的物质，对微生物的性质有较大影响，也能指示微生物的变化情况，可作为评价系统健康的指标之一。其计算需要通过定性分析。

9. 蒸腾速率

植物的蒸腾速率是植物最为重要的生理特性，可以反映植物生长的健康状况。但其受多种因素的影响，变化较大，不容易定量衡量。其计算需要通过定性分析。

10. 光合速率

光合速率与蒸腾速率一样是植物的关键生理特性，光合速率也受多种因素的影响，变化范围较大且不稳定，但在评价系统健康时不能忽略该因素。其计算需要通过定性分析。

11. 气孔导度

气孔导度是指植物叶片上气孔的开合程度，在一定程度上气孔导度可以反映植物生理功能的发挥情况，光反应及暗反应的进行状态。其计算需要通过定性分析。

12. 根系微生物种类

根系微生物是复合系统的重要组成部分，根系微生物的种类与复合系统功能的正常发挥密切相关。其计算需要通过定性分析。

13. 根系微生物菌群分布

菌群的分布情况一方面可以反映根系微生物的丰富程度，另一方面也可以反映根系微生物所发挥的特殊作用，对复合系统来说是重要的一个指标。其计算需要通过定性分析。

5.3.3 评价方法建立

图 5-29 为基于层次分析法的评价体系结构图。

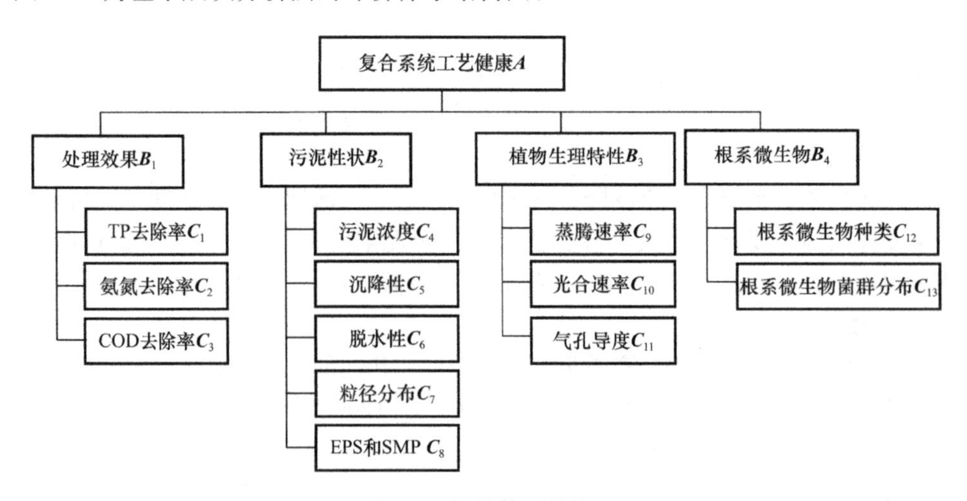

图 5-29　评价体系结构图

层次分析法采用定性与定量相结合的方法，将人的主观判断定量地用数据表示出来，充分利用了人的经验。复合系统的运行受多种因素的制约，在评价复合系统工艺健康的同时要考虑对工艺特殊功能的适应性，综合考虑各因素的内在联系及其相互影响，要将定性分析和定量分析相结合，完全考虑客观因素和主观感受。将目标层（A 层）分为 4 个准则层（B 层），指标层（C 层）下共有 14 个评价指标。

在比较指标的相对重要性时，可使用数量化的相对权重来描述。若共有 n 个元素参与比较，则可以构造矩阵：$\mathbf{A}=(a_{ij})_{n\times n}$，用矩阵元素 a_{ij} 来表示相对权重。为了比较各元素相对上一层次的重要性，引用数字 1～5 及其倒数作为标度，其具体含义见表 5-5。

判断矩阵的标度及其含义　　表 5-5

重要性标度	含义
$a_{ij}=1$	元素 i 与元素 j 同等重要
$a_{ij}=2$	元素 i 比元素 j 重要
$a_{ij}=3$	元素 i 比元素 j 明显重要
$a_{ij}=4$	元素 i 比元素 j 很重要
$a_{ij}=5$	元素 i 比元素 j 非常重要
倒数	元素 j 与元素 i 的得到的标度之值 $a_{ji}=1/a_{ij}$

5.3.4 构造判断矩阵

判断矩阵应该具备的特点是：$a_{ij}>0$，$a_{ij}=1$，$a_{ji}=1/a_{ij}$。

由于不同地区、不同气候条件对复合系统的影响不同，而且不同的人根据经验取得的权重也不相同，因此在具体应用中需要根据具体情况进行分析。在本试验条件下，根据上述规则构造判断矩阵，结果见表 5-6～表 5-10。

A 层与 B 层判断矩阵及其权重　　表 5-6

A	B_1	B_2	B_3	B_4	权重
B_1	1	2	4	4	0.5
B_2	1/2	1	3	4	0.25
B_3	1/4	1/3	1	1	0.125
B_4	1/4	1/4	1	1	0.125

准则层 B_1 与对应指标层判断矩阵及其权重　　表 5-7

B_1	C_1	C_2	C_3	权重
C_1	1	1	1	0.333
C_2	1	1	1	0.333
C_3	1	1	1	0.334

准则层 B_2 与对应指标层判断矩阵及其权重　　表 5-8

B_2	C_4	C_5	C_6	C_7	C_8	权重
C_4	1	2	2	4	4	0.4
C_5	1/2	1	1	2	2	0.2
C_6	1/2	1	1	2	2	0.2
C_7	1/4	1/4	1/2	1	1	0.1
C_8	1/4	1/2	2	1	1	0.1

准则层 B_3 与对应指标层判断矩阵及其权重　　表 5-9

B_3	C_9	C_{10}	C_{11}	权重
C_9	1	1	2	0.4
C_{10}	1	1	2	0.4
C_{11}	2	2	1	0.2

准则层 B_4 与对应指标层判断矩阵及其权重　　表 5-10

B_4	C_{12}	C_{13}	权重
C_{12}	1	1	0.5
C_{13}	1	1	0.5

取每一列的列向量作为权重向量，根据权重向量计算对应的最大特征值，则对各指标的层次排序可以转化成求解判断矩阵的最大特征值和其所对应的特征为向量，计算出对应的权重见各表。

5.3.5 得分与评价

通过判断矩阵中指标层对准则层的权重值以及准则层对目标层的权重值计算出指标层对目标层的直接权重值，以本试验中的景观生态-活性污泥系统为例，依据评价指标的计算方法和试验数据，对复合系统进行打分，所得结果见表 5-11。

复合系统得分表　　表 5-11

目标层	准则层	指标层	权重	打分	得分	总分
复合系统工艺健康 A	B_1	总磷去除率 C_1	0.1665	98.24	16.36	92.20
		氨氮去除率 C_2	0.1665	90.57	15.08	
		COD 去除率 C_3	0.167	83.98	14.02	
	B_2	污泥浓度 C_4	0.1	100	10.00	
		沉降性 C_5	0.05	100	5.00	
		脱水性 C_6	0.05	92	4.60	
		粒径分布 C_7	0.025	90	2.25	
		EPS 和 SMP C_8	0.025	85	2.13	
	B_3	蒸腾速率 C_9	0.05	92	4.60	
		光合速率 C_{10}	0.05	91	4.55	
		气孔导度 C_{11}	0.025	95	2.38	
	B_4	根系微生物种类 C_{12}	0.0625	89	5.56	
		根系微生物菌群分布 C_{13}	0.0625	88	5.50	

根据表 5-11 打分结果，复合系统最终得分 92.20 分，表明复合系统运行良好，各指标均较为健康。在实际应用中，可采取专家评分的方法，请有实际运营经验的专家对各定性指标进行打分，取平均值；对定量指标，则测定其数值，计算其得分。最后，综合考虑植物、微生物、活性污泥等各指标的具体情况，并根据实际情况评估复合系统的工艺健康。

5.3.6　评价标准与改进措施

对于景观生态-活性污泥系统，根据复合系统的得分情况可以评价其运行状况。复合系统评价标准见表 5-12。

复合系统评价标准　　表 5-12

得分	状态	应对
80～100	运行良好	连续稳定运行
60～80	运行一般	采取一定改进措施
40～60	运行较差	进行较大的调整
40 以下	运行很差	建议重启

对于复合系统运行不正常的具体调整措施：（1）若为污泥原因，通过调整系统曝气量、HRT、搅拌强度等改善污泥性状；（2）若为植物原因，改善光照条件、调整植物种植密度改善保温措施等；（3）若为根系微生物原因，改善微生物的生长环境，植物种植深度等；（4）若问题是处理效果下降，调整 SRT、HRT、改变进水浓度等。

5.4　小结

本试验对景观生态-SBR 系统中温室气体 CH_4 和 N_2O 的产生过程与减排机制进行了全面研究。同时，基于复合系统中活性污泥性状的表征、出水水质特征、植物生理特性的表征及根系微生物的生长变化情况，本章建立了针对复合系统的工艺健康评估体系。针对以上研究，本章的主要结论如下。

（1）景观生态-SBR 系统对 CH_4 和 N_2O 有一定的减排优势，但对 CO_2 的减排作用不明显。C/N 或曝气量的增加可提高 CH_4 排放通量，减小 N_2O 排放通量；CH_4 和 N_2O 排放通量均随污泥负荷的增加而增大；当 HRT≥8h 时，CH_4 的排放通量受影响不大，N_2O 的排放通量会随着 HRT 增大而增加；CH_4 和 N_2O 的排放通量都呈现与温度的正相关；植物种植密度的越大，对景观生态-SBR 系统中 CH_4 和 N_2O 排放通量的控制越显著。

（2）与 SBR 工艺相比，景观生态-SBR 系统的 CH_4 排放通量相对较小，其主要原因是景观生态-SBR 系统中相对较低的产甲烷菌含量、相对较高的甲烷单加氧酶活性和植物对碳的直接吸收作用。景观生态-SBR 系统中硝化菌相对较高的 AOB 和 NOB 丰度、相对较高的 AMO、HAO 和 N_2OR 酶活性和植物对氮的直接吸收作用导致复合系统具有一定的 N_2O 减排能力。

（3）利用层次分析法，选取共 13 个指标构建复合系统工艺健康评价体系，利用判断矩阵，对复合系统进行评价打分，为评价体系的应用提供参考，最终复合系统得分 92.20 分，工艺运行健康。

第 6 章　景观生态-活性污泥系统数学模拟

对进水水质特性和模型参数进行分析研究是污水处理工艺方案选择的关键环节，也是当前污水处理数学模型应用的重要任务之一。利用模型对景观生态-活性污泥复合系统中碳、氮、磷的去除过程进行模拟和预测，能够为景观生态-活性污泥系统的设计、运行、诊断提供理论依据。

本章以 SBR 工艺为载体，耦合美人蕉形成景观生态-SBR 系统，对出水的水质特性进行分析并对模型中相关重要参数进行测定，研究复合系统的动力学反应过程，确定其动力学参数，并对 ASM2D 模型进行部分简化、扩展。

生物脱氮除磷工艺的处理效率受许多因素的影响，主要包括水力停留时间、好氧段 DO 浓度和污泥龄等工艺参数。试验中，对影响景观生态-SBR 系统及 SBR 工艺生物脱氮除磷性能的因素进行模拟研究，得出本系统中处理效果对运行参数的响应特征。

6.1　景观生态-SBR 系统数学模型的建立

6.1.1　ASM2D 模型简介

ASM2D 模型是 IAWQ 于 1998 年推出的污水处理数学模型，它对 1995 年推出的 ASM2 做出了相应的补充。该模型描述了活性污泥中碳氧化、含氮物质的硝化—反硝化[包括聚磷菌（PAOS）进行的反硝化]，并同时包含了生物、化学除磷过程。

6.1.1.1　水质特性

ASM2D 模型将污水中污染物分成溶解性和颗粒性两种类别，19 种组分，见表 6-1。其中，发酵性、易生物降解有机物 S_F 和等同于醋酸盐的发酵产物 S_A 共同构成易生物降解有机物 S_S，分别占 60%和 40%。

ASM2D 模型水质特性　　**表 6-1**

组分	组分符号	定义	类别
1	S_{O_2}	溶解氧（负 COD）（M(COD)/L³）	
2	S_F	发酵性、易生物降解有机物（M(COD)/L³）	
3	S_A	发酵产物，等同于醋酸盐（M(COD)/L³）	
4	S_{NH_4}	NH_4^+-N 和 NH_3-N（M(N)/L³）	
5	S_{NO_3}	NO_3^--N 和 NO_2^--N（M(N)/L³）	溶解性组分
6	S_{PO_4}	无机可溶性磷酸盐，主要是正磷酸盐（M(P)/L³）	
7	S_I	溶解性不可生物降解有机物（M(COD)/L³）	
8	S_{ALK}	碱度（mol）	
9	S_{N_2}	反硝化产生物（M(N)/L³）	

续表

组分	组分符号	定义	类别
10	X_I	颗粒性不可生物降解有机物 [M(COD)/L^3]	颗粒性组分
11	X_S	慢速可生物降解有机物 [M(COD)/L^3]	
12	X_H	活性异养菌生物固体 [M(COD)/L^3]	
13	X_{PAO}	聚磷微生物固体 [M(COD)/L^3]	
14	X_{PP}	聚磷化合物 [M(COD)/L^3]	
15	X_{PHA}	PAO胞内有机贮存物 [M(COD)/L^3]	
16	X_{AUT}	硝化（好氧自养）微生物 [M(COD)/L^3]	
17	X_{TSS}	总悬浮固体 [M(TSS)/L^3]	
18	X_{MEOH}	金属氢氧化物 [M(TSS)/L^3]	
19	X_{MEP}	金属磷酸盐 [M(TSS)/L^3]	

6.1.1.2　反应过程

ASM2D模型描述了在活性污泥系统中发生的21个反应过程，见表6-2，包括3个水解反应、6个异养菌发生的反应、8个聚磷菌参与的反应、2个自养菌相关反应以及磷和氢氧化铁的协同沉淀及再溶解过程。

ASM2D模型反应过程　　**表6-2**

序号j	过程	序号j	过程
1	好氧水解	12	X_{PP}缺氧贮存
2	缺氧水解	13	X_{PHA}好氧生长
3	厌氧水解	14	X_{PHA}缺氧生长
4	异养菌基于可发酵基质S_F的生长	15	X_{PAO}溶解
5	异养菌基于发酵产物S_A的生长	16	X_{PP}分解
6	异养菌基于可发酵基质S_F的反硝化	17	X_{PHA}分解
7	异养菌基于发酵产物S_A的反硝化	18	硝化菌生长
8	异养菌发酵	19	硝化菌溶菌
9	异养菌溶菌	20	磷和氢氧化铁协同沉淀
10	X_{PHA}贮存	21	磷和氢氧化铁再溶解
11	X_{PP}好氧贮存		

6.1.2　景观生态-SBR系统的工艺构成

本阶段试验中采用景观生态-SBR系统为研究对象进行数学模型的建立，复合系统的主要构成：美人蕉、沸石、SBR工艺。

6.1.2.1　景观生态-SBR系统基本工序

SBR工艺是污水生物处理法的一种基本形式，其运行操作在空间和时间上是按序排列的、间歇的，具有结构简单、运行方式灵活、在空间上完全混合而时间上理想推流等特点。景观生态-SBR系统基于SBR工艺的这些优点与植物进行耦合。一个运行周期一般为5个阶段：进水、反应、沉淀、排水及闲置，本试验中不设闲置段，即周期时间为：

$$T_C = T_F + T_{R1} + T_{R2} + T_{R3} + T_S + T_D \quad (6-1)$$

式中 T_F——进水阶段时间（h）；

T_{R1}——厌氧反应阶段时间（h）；

T_{R2}——好氧反应阶段时间（h）；

T_{R3}——缺氧反应阶段时间（h）；

T_S——沉淀阶段时间（h）；

T_D——排水阶段时间（h）。

6.1.2.2 景观生态-SBR系统生物主体

SBR工艺中，C/N较低时，经厌氧段释磷和好氧段异养菌降解，到缺氧段可供脱氮用的COD较少，导致脱氮不充分，影响出水水质。耦合植物的目的是利用植物在厌氧段吸收NH_4^+-N和TP，在好氧段吸收TP和硝态氮并为其自身生长所用，即使在C/N比较低的情况下，也能得到很好的出水水质。为将植物固定于活性污泥系统中，加入3.5kg沸石作为介质。景观生态-SBR系统的构成及各要素的作用见表6-3。

景观生态-SBR系统的构成及各要素的作用 **表6-3**

构成要素	作用	作用主体
植物	吸收氮磷为自身生长所用	植物
沸石	固定植物，并为微生物附着生长提供载体	沸石的吸附
微生物	污染物处理主体	活性污泥中的微生物、植物根系附着生长的微生物及沸石上附着生长的微生物

6.1.3 景观生态-SBR系统模型建立

6.1.3.1 沸石在系统中的吸附作用

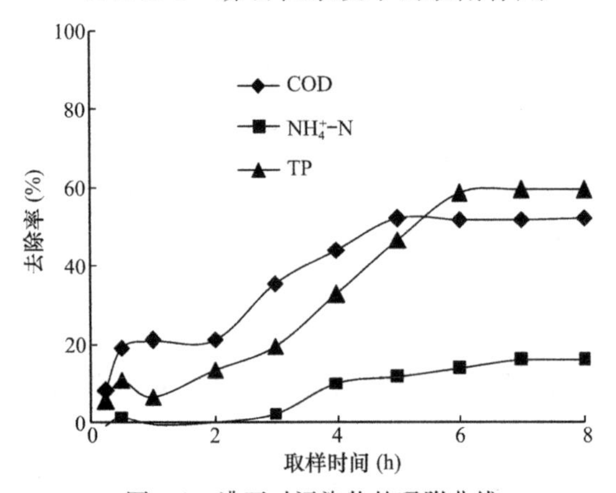

图6-1 沸石对污染物的吸附曲线

试验考察了沸石对典型污染物的吸附效果、规律和动力学，沸石对污染物的吸附曲线如图6-1所示。

试验结果表明，沸石对污染物的吸附过程在约6h时达到吸附平衡，对COD、NH_4^+-N及TP的吸附率分别达到60%、80%和25%以上。沸石在系统中很容易被微生物吸附生长，它所吸附的污染物对出水影响较小，可忽略其解吸附过程。沸石上吸附微生物的MLVSS为16mg/L，活性污泥中MLVSS为1800mg/L，那么沸石上吸附生长的微生物可以忽略，沸石微生物联合对氨氮的去除作用也可以忽略。在系统长期运行过程中，沸石对出水水质影响不显著，沸石对污染物的吸附作用不计入模型计算中。

6.1.3.2　对 ASM2D 的修正方式

1. 植物加入 ASM2D 的形式

限制性矿质养分和无机营养素（氮磷等元素）对植物生长动力学的作用规律大体表现为直角双曲线形式（单限制性底物酶促反应的典型规律），数学表达式是 Michaelis-Menten 方程。即对无机营养素及限制性矿质养分而言，随着其浓度的升高，植物生长速率在初始阶段呈线性提高，当其浓度提高到一定程度后，生长速率趋于饱和。细胞生长动力学中单限制性底物生长动力学规律通常可用 Monod 方程表示，具有多个限制性底物的细胞生长动力学用多个单底物比生长速率表达式相乘即多个 Monod 方程相乘来表示。而 Monod 方程和 Michaelis-Menten 方程表达形式是完全一致的，其各项参数的含义也是一一对应的。

当环境有多个限制性底物时，植物的生长速率可用多个 Monod 方程相乘来描述，如式(6-2) 所示，与 ASM2D 中微生物生长反应速率的形式相同。因此，将植物类比于活性污泥中的异养菌的形式加入到模型中。

$$\mu = \mu_{\max} \frac{S_1}{K_{S_1} + S_1} \cdot \frac{S_2}{K_{S_2} + S_2} \cdot \frac{S_3}{K_{S_3} + S_3} \cdots \tag{6-2}$$

假设植物根系生物膜、滤料上吸附生长的微生物与活性污泥中异养菌是同一种微生物，且此种微生物和植物对活性污泥的活性不产生影响。沉水植物进入衰亡期后，其植株的死亡分解是一个缓慢的过程，向环境中释放的氮磷也十分有限，大部分营养盐保留在植物残体中，短时间内不会对水体水质产生显著影响。美人蕉、风车草、黄菖蒲等植物水面上部的生物量占其总生物量的 85%以上，收割有利于植物补偿生长，且可有效避免水体二次污染。因此，模型中不计算植物衰亡对系统水质产生的影响。

2. 反应过程

ASM2D 中包括化学除磷过程，本系统中未加除磷化学药剂，因此，不发生磷和氢氧化铁协同沉淀（表 6-2 序号 20）以及磷和氢氧化铁再溶解（表 6-2 序号 21）两个反应过程，模型中不对这两个反应过程进行模拟。植物吸收污染物以供自身生长所用，模型中反应过程加入植物厌（缺）氧、好氧生长，仍然是 21 个反应过程，式（6-3）和式（6-4）是植物生长与氮磷消耗之间的关系。

$$a\ NH_4^+\text{-}N + b\ NO_3^-\text{-}N \xrightarrow{X_{ve}} i_{N,ve} \cdot Y_{ve} \cdot X_{ve} \tag{6-3}$$

$$c\ PO_4^{3-}\text{-}P \xrightarrow{X_{ve}} i_{P,ve} \cdot Y_{ve} \cdot X_{ve} \tag{6-4}$$

式中　X_{ve}——植物量，g；

Y_{ve}——植物产率系数，g 植物/g 植物；

$i_{N,ve}$——植物中 N 含量，gN/g 植物；

$i_{P,ve}$——植物中 P 含量，gP/g 植物。

3. 模型组分

模型水质特性组分中的金属氢氧化物 X_{MEOH}（表 6-1 序号 18）和金属磷酸盐 X_{MEP}（表 6-1 序号 19）是与磷和氢氧化铁协同沉淀和磷和氢氧化铁再溶解两个反应过程相对应的物质，模型中也不对其进行考察，加入类似于异养菌 X_H 的植物量 X_{ve}，则模型中组分共有 18 种。模型中守恒方程中的转化因子见表 6-4。

守恒方程中的转换因子　　　表 6-4

指标	守恒所对应组分	单位	$i_{COD,i}$/g(COD)	$i_{N,i}$/g(N)	$i_{P,i}$/g(P)	$i_{Charge,i}$/mol	$i_{TSS,i}$/g(TSS)
1	S_{O_2}	g(O_2)	−1	—	—	—	—
2	S_F	g(COD)	1	$i_{N,SF}$	$i_{P,SF}$	—	—
3	S_A	g(COD)	1	—	—	−1/64	—
4	S_{NH_4}	g(N)	—	1	—	1/14	—
5	S_{NO_3}	g(N)	−64/14	1	—	−1/14	—
6	S_{PO_4}	g(P)	—	—	1	−1.5/31	—
7	S_I	g(COD)	1	$i_{N,SI}$	$i_{P,SI}$	—	—
8	S_{ALK}	Mol (HCO_3^-)	—	—	—	−1	—
9	S_{N_2}	g(N)	−24/14	1	—	—	—
10	X_I	g(COD)	1	$i_{N,XI}$	$i_{P,XI}$	—	$i_{TSS,XI}$
11	X_S	g(COD)	1	$i_{N,XS}$	$i_{P,XS}$	—	$i_{TSS,XS}$
12	X_H	g(COD)	1	$i_{N,BM}$	$i_{P,BM}$	—	$i_{TSS,BM}$
13	X_{PAO}	g(COD)	1	$i_{N,BM}$	$i_{P,BM}$	—	$i_{TSS,BM}$
14	X_{PP}	g(P)	—	—	1	—	3.23
15	X_{PHA}	g(COD)	1	—	—	—	0.6
16	X_{AUT}	g(COD)	1	$i_{N,BM}$	$i_{P,BM}$	—	$i_{TSS,BM}$
17	X_{TSS}	g(TSS)	—	—	—	—	−1♣
18	X_{ve}	g	—	$i_{N,ve}$	$i_{P,ve}$	—	—

注：①表中空格处数值为 0；
②$i_{c,i}$的单位是 M_c/M_i，例如，$i_{N,2}=i_{N,SF}$，其单位为 g(N)/g (COD)；
③所有的绝对值依据组分的化学组成来确定，因子 $i_{c,i}$都是模型中用到的参数，从试验中估计；
④符号约定：负号表示消耗，正号表示产生，氧以负的 COD 表示；
⑤♣由于 TSS 被计入 2 次，因此这个因子为负值。

4. 化学计量数和动力学参数

（1）ASM2D 有 21 个与化学除磷无关的化学计量系数，因此加入与植物相关的化学计量系数植物产率系数 Y_{ve}、植物中含氮量 $i_{N,ve}$、植物中含磷量 $i_{P,ve}$，植物景观生态-SBR 系统模型共有 24 个化学计量系数，其定义及典型值见表 6-5。

化学计量系数定义及典型值　　　表 6-5

符号	意义	取值	单位	备注
$i_{N,SI}$	S_I 中 N 含量	0.01	gN/gCOD	溶解性物质
$i_{N,SF}$	S_F 中 N 含量	0.03	gN/gCOD	
$i_{N,XI}$	X_I 中 N 含量	0.02	gN/gCOD	颗粒性物质
$i_{N,XS}$	X_S 中 N 含量	0.04	gN/gCOD	
$i_{N,BM}$	X_H，X_{PAO}，X_{AUT}中 N 含量	0.07	gN/gCOD	
$i_{P,SI}$	S_I 中 P 含量	0.00	gP/gCOD	溶解性物质
$i_{P,SF}$	S_F 中 P 含量	0.01	gP/gCOD	

续表

符号	意义	取值	单位	备注
$i_{P,XI}$	X_I 中 P 含量	0.01	gP/gCOD	颗粒性物质
$i_{P,XS}$	X_S 中 P 含量	0.01	gP/gCOD	
$i_{P,BM}$	X_H，X_{PAO}，X_{AUT}中 P 含量	0.02	gP/gCOD	
$i_{TSS,XI}$	TSS 与 X_I 比值	0.75	gTSS/gCOD	
$i_{TSS,XS}$	TSS 与 X_S 比值	0.75	gP/gCOD	
$i_{TSS,BM}$	X_{PAO}，TSS 与 X_H，X_{AUT}比值	0.90	gP/gCOD	
f_{SI}	S_I 的水解产物	0	gCOD/gCOD	水解
Y_H	异养菌产率系数	0.625	gCOD/gCOD	异养微生物
f_{XI}	细胞衰减中惰性成分比例 COD	0.10	gCOD/gCOD	
Y_{PAO}	聚磷菌产率系数	0.625	gCOD/gCOD	积累磷的微生物 X_{PAO}
Y_{PO4}	贮存 PHA 所需的 PP 比例（S_{PO_4} 释放）	0.40	gP/gCOD	
Y_{PHA}	贮存 PP 所需的 PHA 比例	0.20	gCOD/gCOD	
f_{XI}	细胞衰减中惰性成分比例 COD	0.24	gCOD/gN	硝化微生物 X_{AUT}
Y_A	自养菌产率系数	0.10	gCOD/gCOD	
$i_{N,ve}$	植物中 N 含量	待测	gN/g 植物	植物
$i_{P,ve}$	植物中 P 含量	待测	gP/g 植物	
Y_{ve}	植物产率系数	待测	g 植物/g 植物	

（2）ASM2D 有 45 个动力学参数，其中磷沉淀的速率常数 k_{RED}、磷沉淀再溶解的速率常数 k_{PRE}、碱度的饱和系数 K_{ALK}与磷的化学沉淀有关，景观生态-SBR 系统模型中将去掉这三个动力学参数，增加与植物相关的动力学参数 NH_4^+-N 对植物的抑制系数 $K_{NH_4,ve}$、NO_3^--N 对植物的抑制系数 $K_{NO_3,ve}$、COD 对植物的抑制系数 $K_{COD,ve}$、PO_4^{3-}-P 对植物的抑制系数 $K_{P,ve}$及植物生长速率 μ_{ve}，共 47 个动力学参数，其定义及典型值见表 6-6。

动力学参数定义及其典型值　　**表 6-6**

动力学参数	符号	单位	θ	数值				
				10℃	15℃	20℃	25℃	30℃
颗粒性基质 X_S 的水解								
水解速率常数	K_h	d^{-1}	1.041	2.00	2.45	3.00	3.67	4.48
缺氧水解速率降低修正因子	η_{NO_3}	—	1	0.60	0.60	0.60	0.60	0.60
厌氧水解速率降低修正因子	η_{fe}	—	1	0.40	0.40	0.40	0.40	0.40
氧的饱和系数	K_{O_2}	$g(O_2)/m^3$	1	0.20	0.20	0.20	0.20	0.20
硝酸盐的饱和系数	K_{NO_3}	$g(N)/m^3$	1	0.50	0.50	0.50	0.50	0.50
颗粒性 COD 的饱和系数	K_X	$g(X_S)/g(X_H)$	1	0.10	0.10	0.10	0.10	0.10
最大比生长速率	μ_H	$g(X_S)/[g(X_H)\cdot d]$	1.094	3.00	3.82	6.00	9.40	14.73
发酵的最大速率	q_{fe}	$g(S_F)/[g\ (X_H)\cdot d]$	1.072	1.50	2.12	3.00	4.25	6.00
反硝化的速率降低修正因子	η_{NO_3}	—	1	0.80	0.80	0.80	0.80	0.80
异养菌 X_H								
溶菌和衰减的速率常数	b_H	d^{-1}	1.104	0.40	0.12	0.20	0.33	0.54
氧呼吸半饱和常数	K_{O_2}	gO_2/m^3	1	0.20	0.20	0.20	0.20	0.20
基于基质 S_F 的利用半饱和常数	K_F	$g(COD)/m^3$	1	4.00	4.00	4.00	4.00	4.00

续表

动力学参数	符号	单位	θ	数值				
				10℃	15℃	20℃	25℃	30℃
异养菌 X_H								
S_F 发酵的半饱和系数	K_{fe}	g(COD)/m^3	1	4.00	4.00	4.00	4.00	4.00
基于基质 S_A 的利用半饱和常数	K_A	g(COD)/m^3	1	4.00	4.00	4.00	4.00	4.00
硝酸盐的饱和抑制系数	K_{NO_3}	g(N)/m^3	1	0.50	0.50	0.50	0.50	0.50
氨氮的饱和系数	K_{NH_4}	g(N)/m^3	1	0.05	0.05	0.05	0.05	0.05
磷的饱和常数	K_P	g(P)/m^3	1	0.01	0.01	0.01	0.01	0.01
碱度的饱和常数	K_{ALK}	mol(HCO_3^-)/m^3	1	0.10	0.10	0.10	0.10	0.10
聚磷菌生长及溶菌								
PHA 贮存的速率常数（基于 X_{PP}）	q_{PHA}	g(X_{PHA})/[g(X_{PAO})·d]	1.041	2.00	2.45	3.00	3.67	4.48
PAO 的最大生长速率	μ_{PAO}	d^{-1}	1.041	0.67	0.82	1.00	1.22	1.49
缺氧活性降低的修正因子	η_{NO_3}	—	1	0.60	0.60	0.60	0.60	0.60
X_{PAO}的溶菌速率常数	b_{PAO}	d^{-1}	1.072	0.10	0.14	0.20	0.28	0.40
X_{PP}的分解速率常数	b_{PP}	d^{-1}	1.072	0.10	0.14	0.20	0.28	0.40
X_{PHA}的分解速率常数	b_{PHA}	d^{-1}	1.072	0.10	0.14	0.20	0.28	0.40
氧的饱和/抑制系数	K_{O_2}	g(O_2)/m^3	1	0.20	0.20	0.20	0.20	0.20
硝酸盐的饱和系数	K_{NO_3}	g(N)/m^3	1	0.50	0.50	0.50	0.50	0.50
S_A 的饱和系数	K_A	g(COD)/m^3	1	4.00	4.00	4.00	4.00	4.00
氨氮的饱和系数	K_{NH_4}	g(N)/m^3	1	0.05	0.05	0.05	0.05	0.05
PP 贮存磷的饱和系数	K_{PS}	g(P)/m^3	1	0.20	0.20	0.20	0.20	0.20
磷的饱和系数	K_P	g(P)/m^3	1	0.01	0.01	0.01	0.01	0.01
碱度的饱和系数	K_{ALK}	mol(HCO_3^-)/m^3	1	0.10	0.10	0.10	0.10	0.10
聚磷酸盐的饱和系数	K_{PP}	g(X_{PP})/[g(X_{PAO})·d]	1	0.01	0.01	0.01	0.01	0.01
X_{PP}/X_{PAO}的最大比率	K_{max}	g(X_{PP})/[g(X_{PAO})·d]	0.896	0.34	0.59	0.34	0.20	0.11
X_{PP}贮存的抑制系数	K_{IPP}	g(X_{PP})/[g(X_{PAO})·d]	1	0.02	0.02	0.02	0.02	0.02
PHA 的饱和系数	K_{PHA}	g(X_{PHA})/[g(X_{PAO})·d]	1	0.01	0.01	0.01	0.01	0.01
自养菌生长及衰亡								
X_{AUT}的最大生长速率	μ_{AUT}	d^{-1}	1.114	0.35	0.58	1.00	1.72	2.94
X_{AUT}的衰减速率	b_{AUT}	d^{-1}	1.116	0.05	0.09	0.15	0.26	0.45
氧的饱和系数	K_{O_2}	g(O_2)/m^3	1	0.50	0.50	0.50	0.50	0.50
氨氮的饱和系数	K_{NH_4}	g(N)/m^3	1	1.00	1.00	1.00	1.00	1.00
碱度的饱和系数	K_{ALK}	mol(HCO_3^-)/m^3	1	0.50	0.50	0.50	0.50	0.50
磷的饱和系数	K_P	g(P)/m^3	1	0.01	0.01	0.01	0.01	0.01
植物生长								
植物相对生长速率	μ_{ve}	10^{-4}·d^{-1}	1.066	待测	—	待测	—	—
COD 的饱和系数	$K_{COD,ve}$	g(COD)/m^3	1	待测	—	待测	—	—
氨氮的饱和系数	$K_{NH_4,ve}$	g(N)/m^3	1	待测	—	待测	—	—
盐酸盐的饱和系数	$K_{NO_3,ve}$	g(N)/m^3	1	待测	—	待测	—	—
磷的饱和系数	$K_{P,ve}$	g(P)/m^3	1	待测	—	待测	—	—

6.1.4　各阶段建模

6.1.4.1　进水段

1. 假设

假设进水阶段开始时系统中溶解氧浓度为零，进水阶段不进行搅拌、曝气等，即无反应发生，只有浓度的物理积累。

2. 物料平衡方程和体积变化方程：累积量＝进入量。

$$S_A = \varphi \cdot S_{A0} \tag{6-5}$$

$$S_F = \varphi \cdot S_{F0} \tag{6-6}$$

$$X_S = \varphi \cdot X_{S0} \tag{6-7}$$

$$S_{NH_4} = \varphi \cdot S_{NH40} \tag{6-8}$$

$$S_{ALK} = \varphi \cdot S_{ALK0} \tag{6-9}$$

$$S_{TSS} = \varphi \cdot S_{TSS0} \tag{6-10}$$

$$S_I = S_{I0} \tag{6-11}$$

$$X_I = X_{I0} \tag{6-12}$$

$$\frac{dV(t)}{dt} = Q_{进水}(t) \tag{6-13}$$

式中　φ——充水比。

3. 边界条件

（1）反应器体积初始值为 V_0，指一个阶段开始时刻反应器中水的体积（m^3）；

（2）反应初始时间 $t(0)=m(i)\cdot T_C$，其中 $m(i)$ 代表第 i 个循环（i=0，1，2，…）；

（3）反应器中污染物的浓度：SBR工艺序批式运行，所以反应器中污染物的浓度随时间变化。在一个循环开始的时刻，气态溶解性组分（溶解氮、DO等）的浓度可认为等于零，其他溶解性组分的浓度等于上一个循环反应结束时刻的浓度，颗粒性组分的浓度和污泥龄有关。

$$X_{H[t_0]} = \frac{X_{H[T_R]} \cdot V_T \cdot (\theta_{X_H} - T_C)}{V_0 \cdot \theta_{X_H}} \tag{6-14}$$

$$X_{PAO[t_0]} = \frac{X_{PAO[T_R]} \cdot V_T \cdot (\theta_{X_{PAO}} - T_C)}{V_0 \cdot \theta_{X_{PAO}}} \tag{6-15}$$

$$X_{AUT[t_0]} = \frac{X_{AUT[T_R]} \cdot V_T \cdot (\theta_{X_{AUT}} - T_C)}{V_0 \cdot \theta_{X_{AUT}}} \tag{6-16}$$

$$\theta_X = \frac{X_{T_R} \cdot V_T}{m \cdot X_W \cdot V_W} = \frac{1}{m \cdot \lambda_W \cdot \gamma} \tag{6-17}$$

式中　θ_X——污泥龄，d；

V_T——反应器的有效总体积，m^3；

V_0——一个周期开始时刻反应器中水的体积，m^3；

X_W——排放污泥的浓度，mg/L；

V_W——一个周期内反应器的排泥体积，m^3；

X_{T_R}——反应刚结束时，反应器中的污泥浓度，本系统中是指缺氧反应阶段刚结束时的污泥浓度，mg/L；

λ_W——污泥排泥比；

γ——污泥浓缩比，其值为排放污泥的浓度与系统运行时污泥浓度的比值；

m——反应器每天的循环次数。

6.1.4.2　厌氧段

1. 假设

忽略微生物在厌氧释磷段内的增殖过程，有机物的降解仅用来让微生物维持其基本的生命活动。

2. 发生的反应过程、速率方程及组分速率折算系数

厌氧段所发生的反应有：溶解性磷 S_{PO_4} 的有效释放及给释磷提供充分条件的可快速生物降解基质 S_A 的消耗过程，即和聚磷菌有效释磷相关的各种组分的转化与生成过程；为释磷菌有效地完成磷释放提供可快速生物降解基质的反应过程，主要包括水解、酸化过程中各组分的转化反应；植物在厌氧条件下的生长过程。各反应过程及其速率方程见表 6-7。

厌氧段所发生的反应过程及其速率方程　　表 6-7

序数 j	过程	过程速率 ρ_j(velocity j) 的表达式 [$\rho_j \geqslant 0$]
3	厌氧水解	$K_h \cdot \eta_{fe} \cdot \frac{K_{O_2}}{K_{O_2}+S_{O_2}} \cdot \frac{S_{NO_3}}{S_{NO_3}+K_{NO_3}} \cdot \frac{X_S/X_H}{X_S/X_H+K_X} \cdot X_H$
8	异养菌发酵	$q_{fe} \cdot \frac{K_{O_2}}{K_{O_2}+S_{O_2}} \cdot \frac{S_{NO_3}}{S_{NO_3}+K_{NO_3}} \cdot \frac{S_F}{S_F+K_{fe}} \cdot \frac{S_{ALK}}{S_{ALK}+K_{ALK}} \cdot X_H$
10	释磷	$q_{PHA} \cdot \frac{S_A}{S_A+K_A} \cdot \frac{S_{ALK}}{S_{ALK}+K_{ALK}} \cdot \frac{X_{PP}/X_{PAO}}{X_{PP}/X_{PAO}+K_{PP}} \cdot X_{PAO}$
21	植物厌氧生长	$\mu_{ve} \cdot \frac{S_S}{K_{ve}+S_S} \cdot \frac{S_{NH_4}}{K_{NH_4,ve}+S_{NH_4}} \cdot \frac{S_{PO_4}}{K_{PO_4,ve}+S_{PO_4}} \cdot \frac{S_{NO_3}}{K_{NO_3,ve}+S_{NO_3}} \cdot X_{ve}$

上述反应过程中各组分速率折算系数见表 6-8。

厌氧段所发生的反应过程中各组分速率折算系数　　表 6-8

序数 j	3	8	10	21
过程	厌氧水解	异养菌发酵	释磷	植物厌氧生长
S_{O_2}	—	—	—	—
S_F	$1-f_{SI}$	-1	—	$-1/Y_{ve}$
S_A	—	1	-1	$-1/Y_{ve}$
S_{NH_4}	V_{3,NH_4}	—	—	V_{20,NH_4}
S_{NO_3}	—	—	—	$-(1-Y_{ve})/(2.86Y_{ve})$
S_{PO_4}	V_{2,PO_4}	—	Y_{PO_4}	V_{20,PO_4}
S_I	f_{SI}	—	—	—
S_{ALK}	$V_{2,ALK}$	—	—	—
S_{N_2}	—	—	—	—
X_I	—	—	—	—
X_S	-1	—	—	—

续表

序数 j	3	8	10	21
过程	厌氧水解	异养菌发酵	释磷	植物厌氧生长
X_H	—	—	—	—
X_{PAO}	—	—	—	—
X_{PP}	—	—	$-Y_{PO_4}$	—
X_{PHA}	—	—	1	—
X_{AUT}	—	—	—	—
X_{TSS}	$V_{3,TSS}$	—	—	—
X_{ve}	—	—	—	—

注：①S_{NH_4}，S_{PO_4}和 X_{TSS}的折算系数借助于表 6-4，用连续性方程计算求得；
②折算系数的典型值是利用化学计量系数的典型值计算得出的。

3. 物料平衡方程

$$\frac{dS_A}{dt}=-V\cdot\left(\rho_{X_{PHA}贮存}-\rho_{发酵}+\frac{1}{Y_{ve}}\cdot\rho_{植物厌氧生长}\right)\tag{6-18}$$

$$\frac{dS_F}{dt}=-V\cdot\left(\rho_{发酵}-(1-f_{S_I})\rho_{厌氧水解}+\frac{1}{Y_{ve}}\cdot\rho_{植物厌氧生长}\right)\tag{6-19}$$

$$\frac{dX_S}{dt}=-V\cdot\rho_{厌氧水解}\tag{6-20}$$

$$\frac{dS_{NO_3}}{dt}=-V\cdot\frac{1-Y_{ve}}{2.86Y_{ve}}\cdot\rho_{植物厌氧生长}\tag{6-21}$$

$$\frac{dS_{PO_4}}{dt}=V\cdot(Y_{PO_4}\cdot\rho_{X_{PHA}贮存}+\nu_{2,PO_4}\rho_{厌氧水解}+\nu_{20,PO_4}\cdot\rho_{植物厌氧生长})\tag{6-22}$$

$$\frac{dS_{NH_4}}{dt}=V\cdot(\nu_{3,NH_4}\rho_{厌氧水解}+\nu_{20,NH_4}\cdot\rho_{植物厌氧生长})\tag{6-23}$$

$$\frac{dS_{ALK}}{dt}=V\cdot\nu_{3,ALK}\rho_{厌氧水解}\tag{6-24}$$

$$\frac{dS_{TSS}}{dt}=V\cdot\nu_{3,TSS}\rho_{厌氧水解}\tag{6-25}$$

$$\frac{dX_{ve}}{dt}=V\cdot\rho_{植物厌氧生长}\tag{6-26}$$

4. 边界条件

(1) 反应时间，初始值 $t(0)=m(i)\cdot T_C$，其中 $m(i)$ 代表第 i 个循环（$i=0$，1，2，…）；

(2) 反应器中污染物初始浓度值等于进水阶段结束时的混合液中污染物的浓度。

6.1.4.3　好氧段

1. 假设

假设好氧段反应器中泥水完全混合，各种组分分布均匀，曝气使活性污泥都处于悬浮状态。

2. 发生的反应过程、速率方程及组分速率折算系数

好氧段发生的反应过程较多，各反应过程及其速率方程见表 6-9。

好氧段发生的反应过程及其速率方程　　表 6-9

序数 j	过程	过程速率 ρ_j（velocity j）的表达式 $[\rho_j \geqslant 0]$
1	好氧水解	$K_h \cdot \frac{S_{O_2}}{K_{O_2}+S_{O_2}} \cdot \frac{X_S/X_H}{X_S/X_H+K_X} \cdot X_H$
4	异养菌基于 S_F 的生长	$\mu_H \cdot \frac{S_{O_2}}{K_{O_2}+S_{O_2}} \cdot \frac{S_F}{K_F+S_F} \cdot \frac{S_F}{S_A+S_F} \cdot \frac{S_{NH_4}}{S_{NH_4}+K_{NH_4}} \cdot \frac{S_{PO_4}}{S_{PO_4}+K_{PO_4}} \cdot \frac{S_{ALK}}{K_{ALK}+S_{ALK}} \cdot X_H$
5	异养菌基于 S_A 的生长	$\mu_H \cdot \frac{S_{O_2}}{K_{O_2}+S_{O_2}} \cdot \frac{S_A}{K_A+S_A} \cdot \frac{S_A}{S_A+S_F} \cdot \frac{S_{NH_4}}{S_{NH_4}+K_{NH_4}} \cdot \frac{S_{PO_4}}{S_{PO_4}+K_{PO_4}} \cdot \frac{S_{ALK}}{K_{ALK}+S_{ALK}} \cdot \frac{S_{NO_3}}{K_{NO_3}+S_{NO_3}} \cdot X_H$
9	异养菌溶菌	$b_H \cdot X_H$
11	X_{PP}好氧贮存	$q_{PP} \cdot \frac{S_{O_2}}{K_{O_2}+S_{O_2}} \cdot \frac{S_{PO_4}}{K_{PO_4,jlj}+S_{PO_4}} \cdot \frac{S_{ALK}}{K_{ALK,jlj}+S_{ALK}} \cdot \frac{X_{PHA}/X_{PAO}}{K_{PHA}+X_{PHA}/X_{PAO}} \cdot \frac{K_{max}-X_{PP}/X_{PAO}}{K_{PP}+K_{max}-X_{PP}/X_{PAO}} \cdot X_{PAO}$
13	聚磷菌好氧生长	$\mu_{PAO} \cdot \frac{S_{O_2}}{K_{O_2}+S_{O_2}} \cdot \frac{S_{PO_4}}{K_{PO_4,jlj}+S_{PO_4}} \cdot \frac{S_{ALK}}{K_{ALK,jlj}+S_{ALK}} \cdot \frac{X_{PHA}/X_{PAO}}{K_{PHA}+X_{PHA}/X_{PAO}} \cdot \frac{S_{NH_4}}{K_{NH_4,jlj}+S_{NH_4}} \cdot X_{PAO}$
15	聚磷菌溶解	$b_{PAO} \cdot X_{PAO} \cdot \frac{S_{ALK}}{K_{ALK,jlj}+S_{ALK}}$
16	X_{PP}分解	$b_{PP} \cdot X_{PP} \cdot \frac{S_{ALK}}{K_{ALK,jlj}+S_{ALK}}$
17	X_{PHA}分解	$b_{PHA} \cdot X_{PHA} \cdot \frac{S_{ALK}}{K_{ALK,jlj}+S_{ALK}}$
18	自养菌生长	$\mu_{AUT} \cdot \frac{S_{O_2}}{K_{O_2}+S_{O_2}} \cdot \frac{S_{PO_4}}{K_{PO_4,jlj}+S_{PO_4}} \cdot \frac{S_{ALK}}{K_{ALK,jlj}+S_{ALK}} \cdot \frac{S_{NH_4}}{K_{NH_4,jlj}+S_{NH_4}} \cdot X_{AUT}$
19	自养菌衰减	$b_{AUT} \cdot X_{AUT}$
20	植物好氧生长	$\mu_{ve} \cdot \frac{S_S}{K_{ve}+S_S} \cdot \frac{S_{NH_4}}{K_{NH_4,ve}+S_{NH_4}} \cdot \frac{S_{PO_4}}{K_{PO_4,ve}+S_{PO_4}} \cdot \frac{S_{NO_3}}{K_{NO_3,ve}+S_{NO_3}} \cdot X_{ve}$

上述反应过程中各组分速率折算系数见表 6-10。

厌氧段发生的反应及各组分速率折算系数　　表 6-10

序数 j	1	4	5	9
过程	好氧水解	异养菌基于 S_F 的生长	异养菌基于 S_A 的生长	异养菌溶菌
S_{O_2}	—	$1-1/Y_H$	$1-1/Y_H$	—
S_F	$1-f_{SI}$	$-1/Y_H$	—	—
S_A	—	—	$-1/Y_H$	—
S_{NH_4}	V_{1,NH_4}	V_{4,NH_4}	V_{5,NH_4}	—
S_{NO_3}	—	—	—	—
S_{PO_4}	V_{1,PO_4}	V_{4,PO_4}	V_{5,PO_4}	—
S_I	f_{SI}	—	—	—
S_{ALK}	$V_{1,ALK}$	—	—	—
S_{N_2}	—	—	—	—

续表

序数 j	1	4	5	9
过程	好氧水解	异养菌基于 S_F 的生长	异养菌基于 S_A 的生长	异养菌溶菌
X_I	—	—	—	f_{XI}
X_S	-1	—	—	$1-f_{XI}$
X_H	—	1	1	-1
X_{PAO}	—	—	—	—
X_{PP}	—	—	—	—
X_{PHA}	—	—	—	—
X_{AUT}	—	—	—	—
X_{TSS}	$V_{1,TSS}$	—	—	—
X_{ve}	—	—	—	—

序数 j	11	13	15	16
过程	X_{PP}好氧贮存	聚磷菌好氧生长	聚磷菌溶解	X_{PP}分解
S_{O_2}	—	V_{13,O_2}	—	—
S_F	$-Y_{PHA}$	—	—	—
S_A	—	—	—	—
S_{NH_4}	—	—	—	—
S_{NO_3}	—	—	—	—
S_{PO_4}	-1	$-i_{P,BM}$	V_{15,PO_4}	1
S_I	—	—	—	—
S_{ALK}	—	—	—	—
S_{N_2}	—	—	—	—
X_I	—	—	f_{X_I}	—
X_S	—	—	$1-f_{X_I}$	—
X_H	—	—	—	—
X_{PAO}	—	1	-1	-1
X_{PP}	1	—	—	—
X_{PHA}	$-Y_{PHA}$	$-1/Y_H$	—	—
X_{AUT}	—	—	—	—
X_{TSS}	—	—	—	—
X_{ve}	—	—	—	—
S_{O_2}	—	$-(4.57-Y_A)/Y_A$	—	—
S_F	—	—	—	$-1/Y_{ve}$
S_A	1	—	—	$-1/Y_{ve}$
S_{NH_4}	—	V_{18,NH_4}	V_{19,NH_4}	V_{20,NH_4}
S_{NO_3}	—	$1/Y_A$		$-(1-Y_{ve})/(2.86Y_{ve})$
S_{PO_4}	—	$-i_{P,BM}$	V_{19,PO_4}	V_{20,PO_4}
S_I	—	—	—	—
S_{ALK}	—	—	—	—
S_{N_2}	—	—	—	—
X_I	—	—	f_{X_I}	—
X_S	—	—	$1-f_{X_I}$	—
X_{PHA}	-1	—	—	—

续表

序数 j	17	18	19	20
过程	X_{PHA}分解	自养菌生长	自养菌衰减	植物好氧生长
X_{AUT}	—	1	−1	—
X_{ve}	—	—	—	1

3. 物料平衡方程

$$\frac{dS_A}{dt}=-V\cdot\left(\frac{1}{Y_H}\cdot\rho_{异养菌生长,SA}+\rho_{PHA分解}+\frac{1}{Y_{ve}}\cdot\rho_{植物好氧生长}\right)\tag{6-27}$$

$$\frac{dS_F}{dt}=-V\cdot\left(\frac{1}{Y_H}\cdot\rho_{异养菌生长,SF}-(1-f_{S_I})\rho_{好氧水解}+\frac{1}{Y_{ve}}\cdot\rho_{植物好氧生长}\right)\tag{6-28}$$

$$\frac{dX_S}{dt}=-V\cdot(\rho_{好氧水解}-(1-f_{X_I})(\rho_{异养菌衰减}+\rho_{自养菌衰减}+\rho_{PAO分解}))\tag{6-29}$$

$$\frac{dS_{NO_3}}{dt}=-V\cdot\left(\frac{1-Y_{ve}}{2.86Y_{ve}}\cdot\rho_{植物好氧生长}-\frac{1}{Y_A}\cdot\rho_{自养菌生长}\right)\tag{6-30}$$

$$\frac{dS_{PO_4}}{dt}=V\cdot\begin{pmatrix}\nu_{1,PO_4}\rho_{好氧水解}+\rho_{XPP分解}-\rho_{XPP储存}+\nu_{15,PO_4}\rho_{PAO分解}-i_{PBM}\rho_{PAO生长}\\-i_{PBM}\rho_{自养菌生长}+\nu_{19,PO_4}\rho_{自养菌衰减}+\nu_{4,PO_4}\cdot\rho_{异养菌生长,SF}\\+\nu_{5,PO_4}\cdot\rho_{异养菌生长,SA}-\nu_{20,PO_4}\cdot\rho_{植物好氧生长}\end{pmatrix}\tag{6-31}$$

$$\frac{dS_{NH_4}}{dt}=V\cdot\begin{pmatrix}\nu_{1,NH_4}\rho_{好氧水解}+\nu_{19,NH_4}\rho_{自养菌衰减}-\left(i_{NBM}+\frac{1}{Y_A}\right)\rho_{自养菌生长}\\+\nu_{4,NH_4}\cdot\rho_{异养菌生长,SF}+\nu_{5,NH_4}\cdot\rho_{异养菌生长,SA}-\nu_{20,NH_4}\cdot\rho_{植物好氧生长}\end{pmatrix}\tag{6-32}$$

$$\frac{dS_{ALK}}{dt}=V\cdot\nu_{1,ALK}\rho_{好氧水解}\tag{6-33}$$

$$\frac{dS_{TSS}}{dt}=V\cdot\nu_{1,TSS}\rho_{好氧水解}\tag{6-34}$$

$$\frac{dX_H}{dt}=V\cdot(\rho_{异养菌生长,SF}+\rho_{异养菌生长,SF}-\rho_{异养菌衰减})\tag{6-35}$$

$$\frac{dX_{AUT}}{dt}=V\cdot(\rho_{自养菌生长}-\rho_{自养菌衰减})\tag{6-36}$$

$$\frac{dX_{PAO}}{dt}=V\cdot(\rho_{聚磷菌生长}-\rho_{聚磷菌衰减})\tag{6-37}$$

$$\frac{dX_{PP}}{dt}=V\cdot(\rho_{XPP贮存}-\rho_{XPP分解})\tag{6-38}$$

$$\frac{dX_{PHA}}{dt}=V\cdot\left(\rho_{PHA分解}+\frac{1}{Y_H}\rho_{聚磷菌生长}+Y_{PHA}\rho_{XPP贮存}\right)\tag{6-39}$$

$$\frac{dX_{ve}}{dt}=V\cdot\rho_{植物好氧生长}\tag{6-40}$$

6.1.4.4　缺氧段

1. 假设

假设缺氧段反应器中泥水完全混合，各种组分分布均匀；硝酸盐是反应中主要的电子受体；设置搅拌器对泥水混合液进行搅拌，使活性污泥都处于悬浮状态。

2. 发生的反应过程、速率方程及组分速率折算系数

缺氧段发生的反应过程及其速率方程见表 6-11。

厌氧段发生的反应过程及其速率方程 **表6-11**

序数 j	过程	过程速率 ρ_j（velocity j）的表达式 $[\rho_j \geqslant 0]$
2	缺氧水解	$K_h \cdot \eta_{NO_3} \cdot \frac{K_{O_2}}{K_{O_2}+S_{O_2}} \cdot \frac{S_{NO_3}}{S_{NO_3}+K_{NO_3}} \cdot \frac{X_S/X_H}{X_S/X_H+K_x} \cdot X_H$
6	异养菌基于 S_F 的反硝化	$\mu_H \cdot \eta_{NO_3} \cdot \frac{K_{O_2}}{K_{O_2}+S_{O_2}} \cdot \frac{K_{NO_3}}{S_{NO_3}+K_{NO_3}} \cdot \frac{S_F}{S_F+K_{fe}} \cdot \frac{S_{ALK}}{S_{ALK}+K_{ALK}} \cdot \frac{S_F}{S_F+S_A} \cdot \frac{S_{NH_4}}{S_{NH_4}+K_{NH_4}} \cdot \frac{S_{PO_4}}{S_{PO_4}+K_{PO_4}} \cdot X_H$
7	异养菌基于 S_A 的反硝化	$\mu_H \cdot \eta_{NO_3} \cdot \frac{K_{O_2}}{K_{O_2}+S_{O_2}} \cdot \frac{K_{NO_3}}{S_{NO_3}+K_{NO_3}} \cdot \frac{S_F}{S_F+K_{fe}} \cdot \frac{S_{ALK}}{S_{ALK}+K_{ALK}} \cdot \frac{S_A}{S_F+S_A} \cdot \frac{S_{NH_4}}{S_{NH_4}+K_{NH_4}} \cdot \frac{S_{PO_4}}{S_{PO_4}+K_{PO_4}} \cdot X_H$
9	异养菌衰减	$b_H \cdot X_H$
21	植物缺氧生长	$\mu_{ve} \cdot \frac{S_S}{K_{ve}+S_S} \cdot \frac{S_{NH_4}}{K_{NH_4,ve}+S_{NH_4}} \cdot \frac{S_{PO_4}}{K_{PO_4,ve}+S_{PO_4}} \cdot \frac{S_{NO_3}}{K_{NO_3,ve}+S_{NO_3}} \cdot X_{ve}$

上述反应过程中各组分速率折算系数见表6-12。

缺氧段发生的反应及各组分速率折算系数 **表6-12**

序数 j	2	6+7	9	21
过程	缺氧水解	异养菌缺氧反硝化	异养菌溶菌	植物缺氧生长
S_{O_2}	—	—	—	—
S_F	$1-f_{SI}$	$-1/Y_H$	—	$-1/Y_{ve}$
S_A	—	$-1/Y_H$	—	$-1/Y_{ve}$
S_{NH_4}	V_{2,NH_4}	$V_{6,NH_4}+V_{7,NH_4}$	—	V_{20,NH_4}
S_{NO_3}	—	$-(1-Y_H)/(2.86Y_H)$	—	$-(1-Y_{ve})/(2.86Y_{ve})$
S_{PO_4}	V_{2,PO_4}	$V_{6,PO_4}+V_{7,PO_4}$	—	V_{20,PO_4}
S_I	f_{SI}	—	—	—
S_{ALK}	$V_{2,ALK}$	—	—	—
S_{N_2}	—	—	—	—
X_I	—	—	f_{X_I}	—
X_S	-1	—	$1-f_{X_I}$	—
X_H	—	1	-1	—
X_{PAO}	—	—	—	—
X_{PP}	—	—	—	—
X_{PHA}	—	—	—	—
X_{AUT}	—	—	—	—
X_{TSS}	$V_{2,TSS}$	—	—	—
X_{ve}	—	—	—	1

3. 物料平衡方程

$$\frac{dS_A}{dt}=-V \cdot \left(\frac{1}{Y_H} \cdot \rho_{异养菌反硝化,S_A}+\frac{1}{Y_{ve}} \cdot \rho_{植物缺氧生长}\right) \tag{6-41}$$

$$\frac{dS_F}{dt}=-V \cdot \left[\frac{1}{Y_{ve}} \cdot \rho_{植物缺氧生长}+\frac{1}{Y_H} \cdot \rho_{异养菌反硝化,S_F}-(1-f_{S_I})\rho_{缺氧水解}\right] \tag{6-42}$$

$$\frac{dX_S}{dt}=-V\cdot[\rho_{缺氧水解}-(1-f_{X_I})\rho_{异养菌衰减}] \tag{6-43}$$

$$\frac{dS_{NH_4}}{dt}=V\cdot\begin{pmatrix}\nu_{2,NH_4}\rho_{缺氧水解}+\nu_{6,NH_4}\rho_{异养菌反硝化,S_F}+\nu_{7,NH_4}\rho_{异养菌反硝化,S_A}\\+\nu_{20,NH_4}\rho_{植物缺氧生长}\end{pmatrix} \tag{6-44}$$

$$\frac{dS_{NO_3}}{dt}=-V\cdot\left[\frac{1-Y_H}{2.86Y_H}(\rho_{异养菌反硝化,S_F}+\rho_{异养菌反硝化,S_A})+\frac{1-Y_{ve}}{2.86Y_{ve}}\cdot\rho_{植物缺氧生长}\right] \tag{6-45}$$

$$\frac{dS_{ALK}}{dt}=V\cdot(\nu_{2,ALK}\rho_{缺氧水解}+\nu_{6,ALK}\rho_{异养菌反硝化,S_F}+\nu_{7,ALK}\rho_{异养菌反硝化,S_A}) \tag{6-46}$$

$$\frac{dS_{TSS}}{dt}=V\cdot\nu_{2,TSS}\rho_{缺氧水解} \tag{6-47}$$

$$\frac{dS_{PO_4}}{dt}=V\cdot\begin{pmatrix}\nu_{2,PO_4}\rho_{缺氧水解}+\nu_{6,PO_4}\rho_{异养菌反硝化,S_F}+\nu_{7,PO_4}\rho_{异养菌反硝化,S_A}\\+\nu_{20,PO_4}\rho_{植物缺氧生长}\end{pmatrix} \tag{6-48}$$

$$\frac{dX_H}{dt}=V\cdot(\rho_{异养菌反硝化,S_F}+\rho_{异养菌反硝化,S_A}+\rho_{异养菌衰减}) \tag{6-49}$$

$$\frac{dX_{ve}}{dt}=V\cdot\rho_{植物缺氧生长} \tag{6-50}$$

4. 边界条件

（1）反应器体积为好氧段结束时的体积；

（2）反应时间，初始值 $t(0)=m(i)\cdot T_C+T_F+T_{R1}+T_{R2}$ ，$m(i)$ 是第 i 个循环（$i=0$，1，2，…）；

（3）反应器中污染物的初始浓度为好氧段结束后反应器中各污染组分的浓度。

6.1.4.5 排水段

1. 假设

假设在沉淀阶段，所有颗粒性组分均沉降，即出水中只含有溶解性组分，且其浓度与缺氧段结束时的浓度保持一致，颗粒性组分的浓度为零；排水速度的大小不影响污泥的沉淀。

2. 排水量 V_D

$$V_D=Q_{out}\cdot T_D \tag{6-51}$$

式中 Q_{out}——排水速度，m^3/h。

3. 排泥量 V_W

$$V_W=Q_WT_W \tag{6-52}$$

式中 Q_W——排泥速度，m^3/h；

T_W——排泥时间，h。

6.1.5 景观生态-SBR 系统模型求解

6.1.5.1 模型求解方法

IWAQ 推荐利用数值积分法来进行求解，一般使用等式的形式：

$$\begin{cases}c(t+\Delta t)=c(t)+\left(\dfrac{dc}{dt}\right)\cdot\Delta t\quad(c\geqslant 0)\\ \Delta t<-c(t)\cdot\left(\dfrac{dc}{dt}\right)^{-1}\end{cases} \tag{6-53}$$

在等式的基础上，依据允许的步长对微分方程进行分类，形成IAWQ推荐的积分路线图，如图6-2所示。

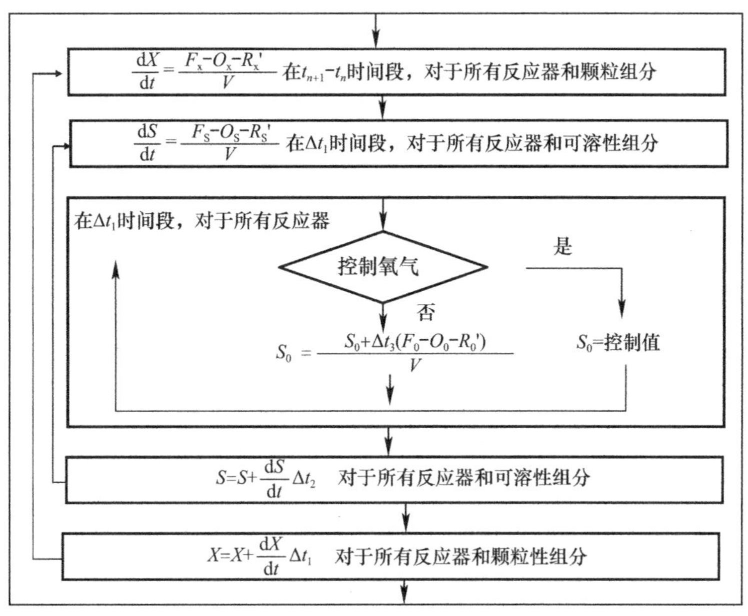

F—进水项；O—出水项；R′—反应量；X—颗粒性组分；S—溶解性组分

图6-2　IAWQ推荐的积分路线图

积分步长$\Delta t<\theta_i$（组分i在反应器中稳态条件下的平均停留时间，d^{-1}，表达式为$\theta_i=\frac{V\cdot c_i}{O_i+K_i}$，$V$为反应器体积，$O$为出水项，$K$为消耗项）。积分步长的合理选择可大大缩短求解模型的计算时间。IWAQ的试验结果：颗粒性组分X的θ_i为10min级别，溶解性组分S（S_O例外）的θ_i为1min级别，S_O则为1s级别。在实际运用模型进行计算时多试几次，得出最合适的Δt，迭代$T_{R_k}/\Delta t$（k为反应阶段，其值为1，2，3）次后才能算出各组分的浓度。但是，$T_{R_k}/\Delta t$值可能太大，即需要迭代的次数太多，为节省计算时间，本模型中取$\frac{dS}{dt}\Delta t<0.01$时，停止迭代计算过程。

6.1.5.2　出水水质指标转换

模型中将污染物分成18种组分，而污水处理过程关注的指标有NH_4^+-N、TN、COD、TP等，因此，对沉淀后的出水中污染物进行指标转换。假设：①在沉淀阶段，固液分离只是污泥浓度的变化，各种微生物组分均沉降，且相对含量不发生变化；②在沉淀阶段的固液分离过程中，溶解氧及其他溶解性组分的浓度保持不变，沉淀阶段结束时（即出水中溶解氧及其他溶解性组分的浓度）与沉淀阶段开始时（即缺氧反应阶段结束时）相等。

$$COD_e=S_{A,q}+S_{F,q}+S_{I,q}\tag{6-54}$$

$$TN_e=S_{NO_3,q}+S_{NH_4,q}+S_{F,q}\times0.03+S_{I,q}\times0.01\tag{6-55}$$

$$NH_{4,e}=S_{NH_4,q}\tag{6-56}$$

$$TP_e=S_{PO_4,q}\tag{6-57}$$

6.1.5.3 景观生态-SBR 系统模型校正

景观生态-SBR 系统模型中参与污水处理的主体有植物及植物根系微生物、沸石上吸附生长的微生物、活性污泥混合液中的微生物群体，而活性污泥参数众多，若全部测定，时间和条件不允许。因此，选择 IAWQ 推荐使用的活性污泥的化学计量系数和动力学参数的典型值来模拟 SBR 工艺对生活污水的处理效果，并与实际工艺的运行效果相对比，观察其各指标的符合程度，对与相差较大的指标相关的动力学参数进行灵敏度分析，得到影响模拟出水和实测出水中相差较大的指标的关键参数，并对这些关键参数进行调整或测定，减小活性污泥部分对景观生态-SBR 系统模型模拟结果的影响。

1. SBR 工艺模型验证

将景观生态-SBR 系统模型中植物量 X_{ve}设定为零，则植物在模型中不起作用。采用经温度系数修正后的 IAWQ 推荐的 20℃的化学计量系数和动力学参数代入模型，在条件 HRT=8h（厌氧：好氧：缺氧=1.5：4：1.5）、MLSS=2000mg/L、DO=2mg/L、T=22℃下模拟 NH_4^+-N、TN、COD、TP 等的指标，与实测值对比，结果如图 6-3 所示。

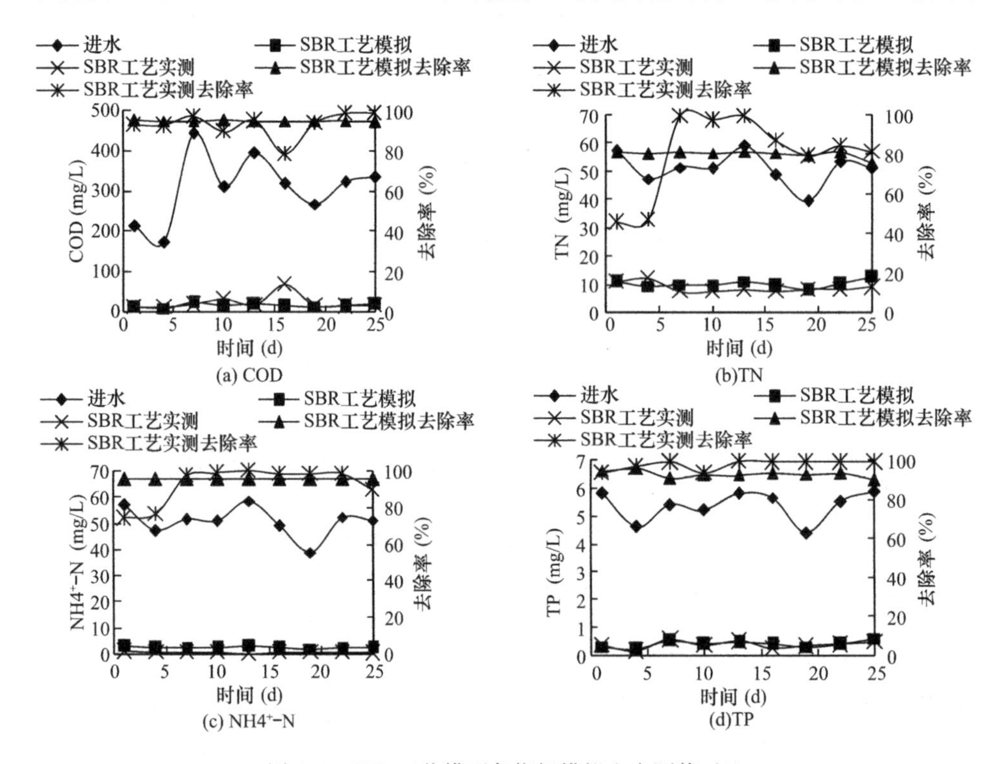

图 6-3 SBR 工艺模型各指标模拟和实测值对比

由图 6-3 可以看出，COD 和 TP 的模拟值和实测值除个别点相差较大之外，绝大多数点比较符合实际情况。NH_4^+-N 的两条曲线，贴合度较小，模拟的 NH_4^+-N 在 2～3mg/L 范围内，而正常运行情况下实际测定的 NH_4^+-N 浓度在 0.5mg/L 以下。TN 的两条曲线与 NH_4^+-N 类似，模拟值比实测值大 2mg/L 左右。由指标转换公式猜想，可能因为 NH_4^+-N 模拟值不准确导致 TN 的偏差。因此，对与 NH_4^+-N 去除有关的动力学参数进行灵敏度分析，以确定影响 NH_4^+-N 去除效果的关键参数，并对其进行调整或测定。

偏差率是指模拟出水中各种污染物浓度值偏离实测出水中各种污染物浓度值的程度。

偏差率$=\frac{\text{模拟值}-\text{实测值}}{\text{实测值}}\times100\%$。图6-4反映的是$NH_4^+$-N、TN、COD、TP四个指标的偏差率。

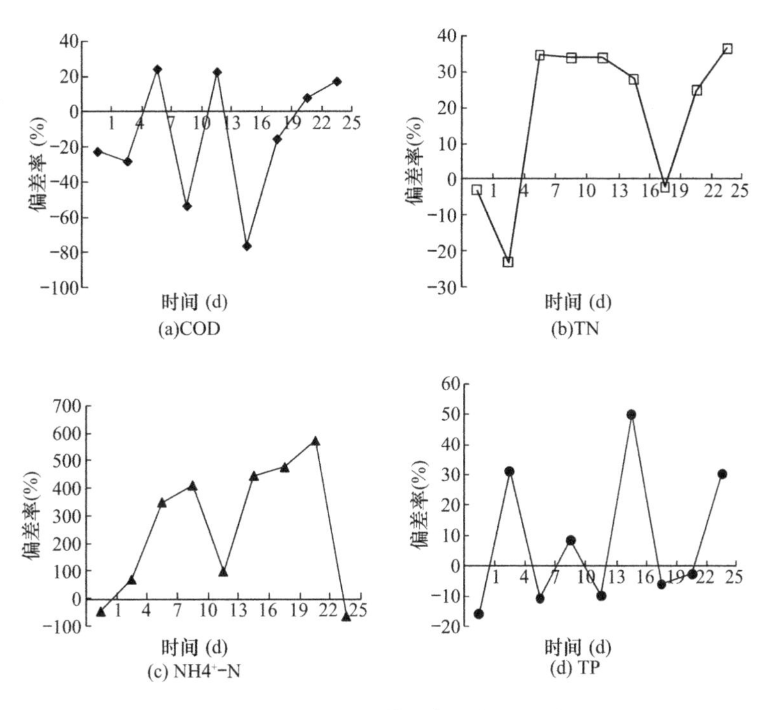

图6-4　SBR工艺模型各指标偏差率

图6-4(a)、(b)和(d)中，COD、TN和TP的偏差率均在±50%以内，而图6-4(c)中，NH_4^+-N的偏差率在−100%～600%范围内波动，再次直观地表明，模型对NH_4^+-N的模拟与实测出水的极度不吻合，确认了需要对去除有关的动力学参数进行灵敏度分析，以确定影响NH_4^+-N去除效果的关键参数，并对其进行调整或测定。

2. 灵敏度分析

灵敏度分析的目的是：①考察模型中各个参数的误差对系统性能的预测所产生的影响，掌握准确模拟系统性能对模型参数的精度要求，对精度要求低的参数可以只进行粗略的估值；②分析参数变化时，系统的状态变量或输出变量对其的响应，以指导模型的校正及应用。

灵敏度：函数输出（应变量）的变化百分比与输入因子（自变量）的变化百分比的比，其值相当于曲线经单位标准化后的转换斜率。

$$s=\frac{[f(x_2)-f(x_1)]/f(x_1)}{(x_2-x_1)/x_1} \tag{6-58}$$

分析方法：对动力学参数做10%的调整，保持其他参数不变，模拟出水中各水质指标的变化状况，代入式（6-58）即可。

在典型值的基础上，分别给这10个参数增加10%（改变某一参数时，其他参数保持不变），观察NH_4^+-N、TN、COD、TP等指标的变化对该参数的灵敏度。动力学参数调整前后的值见表6-13，灵敏度分析结果见图6-5，可以看出μ_{AUT}对NH_4^+-N和TN的影响较大，而对COD和TP几乎不产生影响。

与 NH_4^+-N 去除有关的动力学参数调整 **表 6-13**

动力学参数	20℃典型值	增加 10%后的值
K_h	3.0	3.3
μ_H	6.0	6.6
K_{NH_4}	0.050	0.055
K_{O_2}	0.20	0.22
K_F	4.0	4.4
K_P	0.010	0.011
K_{ALK}	0.10	0.11
μ_{AUT}	1.0	1.1
b_{AUT}	0.150	0.165
K_X	0.10	0.11

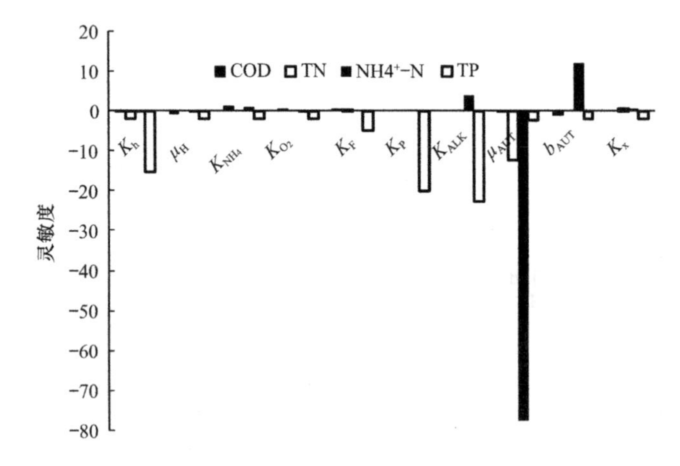

图 6-5 各动力学参数对四个指标的灵敏度

6.2 ASM2D 模型进水组分测定

为使模型能更准确地模拟预测景观生态-SBR 系统的性能，进水中重要组分的质量浓度、废水的参数值及关键的动力学参数都需要准确的估计或测定。其中各种废水的有些参数相差不大，可以认为是恒定值（如各组分的化学计量系数）。ASM2D 模型水质特性见表 6-1。

6.2.1 检测方法

6.2.1.1 进水中 COD 组分测定

进水中总 COD 为：

$$COD_t = S_S + X_S + X_I + S_I + X_H + X_{AUT} \tag{6-59}$$

式中 S_S——易生物降解有机物；

X_S——慢速可生物降解有机物；

X_I——颗粒性不可生物降解有机物；

S_I——溶解性不可生物降解有机物；

X_H——进水中自带的异养菌含量；

X_{AUT}——进水中自带的自养菌含量。

1. 易生物降解有机物 S_S

采用方波活性污泥法测定 S_S。通过测定污泥龄约为 2d 的活性污泥反应器中的耗氧速率的变化得到 S_S 的值。因 SRT 不长，对硝化菌的生长不利，所以不发生硝化菌的耗氧过程，溶解氧的消耗只由有机物的降解决定。此法采用周期性进水，12h 进水，12h 无进水，停止进水之后，易生物降解有机物 S_S 被迅速消耗，耗氧的速率快速下降，OUR 则出现一个骤降，之后慢速可生物降解有机物 X_S 继续被分解，耗氧速率缓慢下降。异养菌产率系数 Y_H 已知的前提下，S_S 浓度可以根据式（6-60）计算：

$$S_S = \frac{\Delta OUR \cdot V}{Q(1-Y_H)} \tag{6-60}$$

式中　V——反应器的体积，L；

ΔOUR——停止进水前后好氧速率 OUR 的变化量，mg/（L・h）；

Q——进水流量，L/h；

Y_H——异养菌产率系数。

2. 溶解性不可生物降解有机物 S_I

S_I 采用间歇活性污泥法测定。取景观生态-SBR 系统中混合液，静置沉淀，排除上清液，加去离子水到原体积，连续充分曝气 2～3h，再次静置沉淀。上述过程重复 2～3 次，使曝气总时间为 6～8h，至原混合液中有机物被耗尽，污泥处于内源呼吸状态。将混合液过滤，取少量滤纸上污泥接种于盛有 2L 离心过的生活污水的 3L 烧杯中，加磁力搅拌器搅拌，使反应器内部混合均匀，连续曝气 7d。曝气过程中用去离子水补充蒸发散失的水量，将烧杯中的水絮凝沉淀，取上清液测定 COD 即为原水 S_I。

3. 颗粒性不可生物降解有机物 X_I

X_I 经超声波预处理，采用间歇活性污泥法测定，测定方法与 S_I 相同。

4. 异养菌含量 X_H 和自养菌含量 X_{AUT}

X_H 一般采用呼吸计量试验，保证溶解氧和基质充足，加入烯丙基硫脲（AUT）抑制硝化作用。初始时，污水内异养菌没有迅速生长，通过测定 OUR 得到初始时的溶解氧测定速率 $r(t_0)$，然后根据式（6-61）计算：

$$X_H = r(t_0) \cdot \left[\left(\frac{1-Y_H}{Y_H}\right) \cdot \mu_H\right]^{-1} \tag{6-61}$$

式中　$r(t_0)$——t_0 时刻异养菌的耗氧速率，mg/（L・h）；

μ_H——异养菌最大比增长速率，d^{-1}。

X_{AUT}测定方法与 X_H 相同，只是初始时不加 AUT，计算公式为

$$X_{AUT} = \Delta r(t_0) \cdot \left[\left(\frac{4.57-Y_A}{Y_A}\right) \cdot \mu_{AUT}\right]^{-1} \tag{6-62}$$

式中　$\Delta r(t_0)$——t_0 时刻自养菌的耗氧速率，mg/（L・h）；

μ_{AUT}——自养菌最大比增长速率，d^{-1}。

5. 慢速可生物降解有机物 X_S

由式（6-59）可知，X_S 可用减法得出：

$$X_S = COD_t - (S_S + X_I + S_I + X_H + X_{AUT}) \tag{6-63}$$

6.2.1.2　植物量 X_{ve} 测定

植物量用植物鲜重表示。选取几株长势较好、所含叶片及株高较均匀的美人蕉，将其连根挖起，冲洗干净，用纱布吸干附着的水分，称重。

6.2.1.3　活性污泥相关动力学参数

1. 异养菌产率系数 Y_H

Y_H 是 ASM2D 模型众多化学计量参数中敏感度最大的，同时在某些组分及模型参数测定计算中，也需要提前已知 Y_H 的值，Y_H 的值不准确会导致其他组分和参数的计算出现误差。因此，Y_H 是关键的化学计量数，需准确测定。

用 0.45μm 的滤膜过滤经过沉淀的废水，把滤液置于批量式反应器中，并接种少量驯化过并用蒸馏水充分冲洗后的污泥，用曝气砂头对混合物进行充氧搅拌。周期性取样，测定其可溶性 COD 及总 COD，Y_H 由式（6-64）计算：

$$Y_H = \frac{\Delta 细胞\ COD}{\Delta 溶解性\ COD} = \frac{\Delta(总\ COD - 溶解性\ COD)}{\Delta 溶解性\ COD} \tag{6-64}$$

2. 自养菌最大比生长速率 μ_{AUT}

测定方法：用一个完全混合式的反应器，使其中 DO>6mg/L，加入适量氯化铵使初始 NH_4^+-N 浓度约为 50mg/L，并投加 360mg/L 的碳酸氢钠作为无机碳源，使反应器中只发生硝化反应，且自养菌以最大速率生长。在试验刚开始的阶段，使 SRT 长于达到高度硝化所需要的时间。活性污泥混合液中硝态氮的质量浓度正比于自养菌数量，因此，自养菌最大比生长速率 μ_{AUT} 可用硝酸盐的质量浓度的变化来估算。以硝态氮质量浓度的自然对数对时间作图，得到的曲线斜率为 $\mu_{AUT} - 1/\theta_x - b'_A$。其中，$\theta_x$ 是 SRT（已知），b'_A 是硝化菌的传统衰减速率系数。因为衰减引起的有机物质的循环是由异养菌的活动产生的，那么自养菌衰减速率系数 b_A 和传统的衰减速率系数 b'_A 在数值上是相等的，通过计算，可得到 μ_{AUT}。

6.2.1.4　植物相关动力学

1. 植物生长速率 μ_{ve}

植物生长速率通常有两种指标：绝对生长速率（Absolute Growth Rate，AGR）和比生长速率，也称相对生长速率（Relative Growth Rate，RGR）。当考察植物的活性时，通常用比生长速率 RGR：

$$RGR = \frac{(dQ/dt)}{Q} \tag{6-65}$$

式中　Q——生物量，g；

t——时间，d。

另一种相对生长速率 RGR 表示方法为

$$RGR = \frac{\ln W_2 - \ln W_1}{T_2 - T_1} \tag{6-66}$$

式中　T_1——开始时间，d；

T_2——结束时间，d；

W_1——T_1 时的植物干重，g；

W_2——T_2 时的植物干重，g。

试验中将500g（鲜重）美人蕉种植于反应器中，用污水培养，6个月后再次测定其鲜重。结合式（6-65）和式（6-66）两个公式，得到：

$$\mu_{ve} = \frac{\ln W_2 - \ln W_1}{t \cdot \ln W_1} \tag{6-67}$$

2. 植物对污染物半饱和常数 K_S

保证其他营养物质充足的条件下，保持植物量 X_{ve} 和进水污染物浓度 S_0 不变，改变HRT以取得相应的出水浓度 S_e，根据式（6-68）和式（6-69）计算基质最大比降解速率和半饱和常数。以 $1/\nu$ 对 $1/S_e$ 作图，由斜率和截距可求得 ν_{max} 和 K_S。

$$\nu = \frac{S_0 - S_e}{X_t} \tag{6-68}$$

$$\frac{1}{\nu} = \frac{K_S}{\nu_{max}} \cdot \frac{1}{S_e} + \frac{1}{\nu_{max}} \tag{6-69}$$

6.2.1.5　植物相关化学计量数

$i_{N,ve}$ 和 $i_{P,ve}$ 用在连续性方程中。植物中氮和磷大多数是以有机态存在的，取植物根、茎、叶等量均匀混合，用浓硫酸-过氧化氢消解，然后再采用过硫酸钾氧化吸光光度法测总氮，用分光光度法测总磷。

产率系数 Y 用来表示底物减少速率与细胞增长速率之间的关系，用式（6-70）表示：

$$Y = \frac{dX}{dS} = \frac{(dX/dt)}{dS/dt} = \frac{\mu_{max}}{\nu_{max}} \tag{6-70}$$

6.2.2　组分测定

6.2.2.1　S_S

方波活性污泥法测定进水中的 S_S 如图6-6所示。

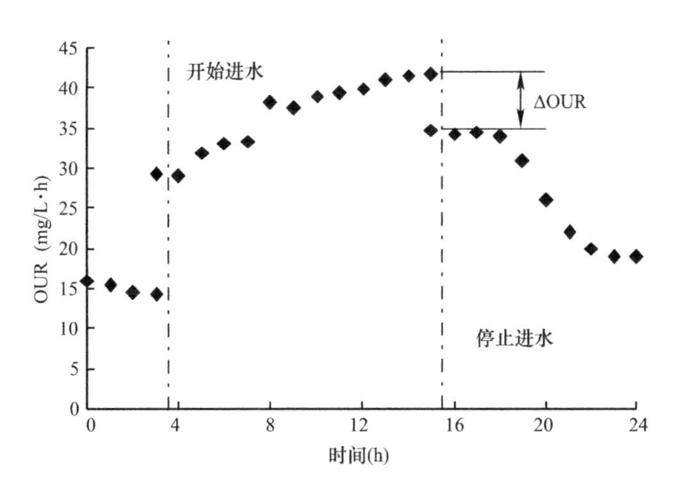

图6-6　方波活性污泥法测定进水中的 S_S

因此，进水中 $S_S = \frac{\Delta OUR \cdot V}{Q(1-Y_H)} = \frac{(41.8-34.8)\times 4.5}{0.84\times(1-0.678)} = 116.8\text{mg/L}$。

6.2.2.2　S_I

采用间歇活性污泥法测定出大学城化粪池出水中 S_I 为27.8mg/L。

6.2.2.3 X_I

采用间歇活性污泥法测定出大学城化粪池出水中 X_I 为 87.6mg/L。

6.2.2.4 X_H、X_{AUT}

呼吸计量法测定出的 X_H 和 X_{AUT} 如图 6-7 所示，经过计算，大学城化粪池出水中 X_H=12.7mg/L，X_{AUT}=2.5mg/L。

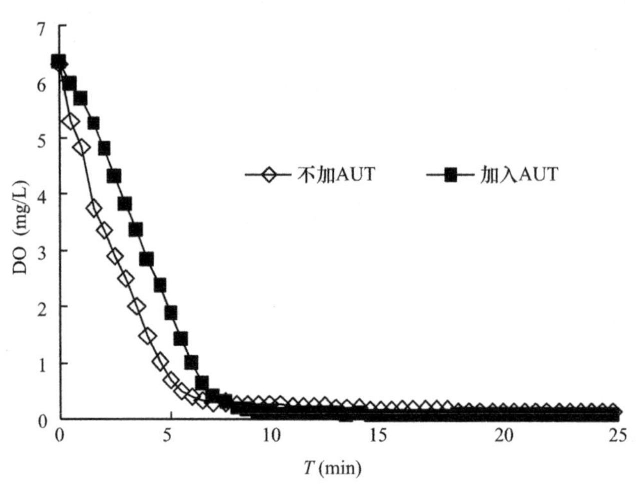

图 6-7 呼吸计量法测定出的 X_H 和 X_{AUT}

6.2.2.5 X_S

由减法得出 X_S=584−116.8−87.6−27.8−12.7−2.5=336.6mg/L。

6.2.2.6 进水中各 COD 组分含量估计

根据以上测定结果，可估计大学城化粪池出水中各 COD 组分含量，见表 6-14。应用模型模拟系统性能时，测定总 COD 值，乘以相应组分的比例，即可得到各 COD 组分的含量。

进水中 COD 组分含量估计 **表 6-14**

组分名称	测定方法	质量浓度（mg/L）	含量（%）	
			本工艺进水	国外典型值
COD_t	重铬酸钾法	584.0	100	100
S_S	方波活性污泥法	116.8	20	12～15
X_S	减法	336.6	57.6	30～60
S_I	间歇活性污泥法	27.8	4.8	5～10
X_I	间歇活性污泥法	87.6	15	10～15
X_H	呼吸计量试验法	12.7	2.2	5～15
X_{AUT}	呼吸计量试验法	2.5	0.4	忽略不计

6.3 动力学参数和化学计量数测定

6.3.1 活性污泥相关参数

6.3.1.1 异养菌产率系数 Y_H

Y_H 测定结果见表 6-15，结合公式（6-64），Y_H=0.678。

Y_H 测定结果　　表 6-15

项目	值（mg/L）
不经过滤的混合液 COD，总 COD_1	368
经过滤后混合液滤液 COD，溶解性 COD_1	306
24h 后，不经过滤的混合液 COD，总 COD_2	280
24h 后，经过滤后混合液滤液 COD，溶解性 COD_2	32
反应前细胞 COD_1	62
反应后细胞 COD_1	248
细胞 COD 变化	186
溶解性 COD 变化	−274

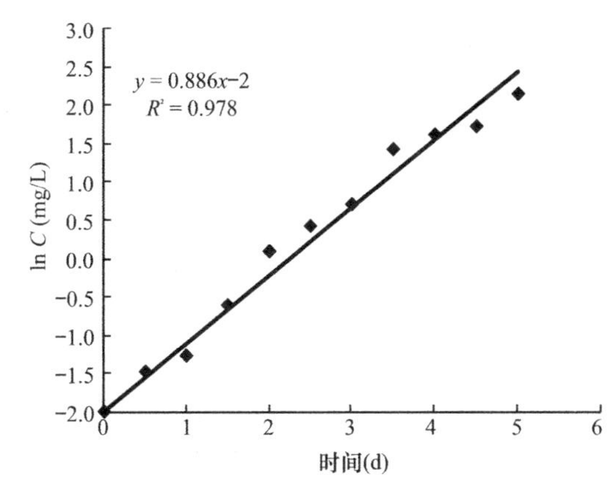

图 6-8　硝态氮质量浓度自然对数与时间的关系

6.3.1.2　自养菌最大比增长速率 μ_{AUT}

因衰减引起的有机物质的循环是由异养菌而不是自养菌的活动产生的，那么自养菌衰减速率系数 b_A 和传统的衰减速率系数 b'_A 在数值上是相等的。通过计算，可得到 μ_{AUT}。硝态氮质量浓度的自然对数与时间的关系如图 6-8 所示，则 $\mu_{AUT}-1/\theta_x-b'_A=0.886$。$\theta_x=100d$，$b'_A=0.15$，$\mu_{AUT}=1.04d^{-1}$。

6.3.2　植物相关参数

6.3.2.1　污染物半饱和常数

植物受污染物抑制系数即植物对污染物半饱和常数的测定结果如图 6-9 所示，其值分别为 42.40mg/L、0.46mg/L、0.47mg/L 和 0.18mg/L。

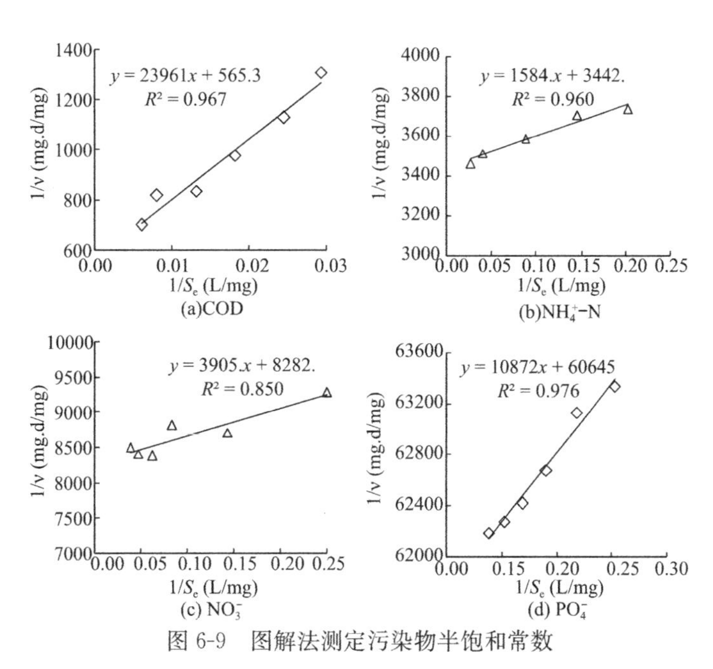

图 6-9　图解法测定污染物半饱和常数

6.3.2.2 植物生长速率及其产率系数

植物生长速率 μ_{ve} 为 0.0003d^{-1}，其产率系数为 0.17。

6.3.2.3 植物中氮磷含量

每克植物含氮 30mg，含磷 5mg，因此 $i_{N,ve}$=0.03，$i_{P,ve}$=0.005。

6.3.3 MLSS 中各微生物数量

生物脱氮除磷系统中的微生物可以分为四种：聚磷菌、异养反硝化细菌、普通的异养菌及自养菌。其中，聚磷菌占 50%左右，比例最大，异养反硝化菌排在第二，占 30%左右，自养菌占约 12.5%，普通异养菌仅占约 4.9%。根据试验结果和物料平衡计算，聚磷菌中的聚磷含量约 9.5%。

试验中，MLSS 测定方法采用重量法。反应开始前各微生物数量按照上述比例乘以 MLSS 的浓度得到。在各反应周期结束的时刻，通过控制排泥量使排出的泥量与每个周期中新生的污泥量相等，即景观生态-SBR 系统每个运行周期开始时，微生物的量保持一致。

6.4 模型验证

6.4.1 SBR 工艺模型验证

由第 6 章 6.1.6 得出需要对 μ_{AUT} 进行测定的结论，第 6 章 6.3.1 中通过试验得到了其值。将前文测定的 μ_{AUT} 值代进模型后，验证结果。由图 6-10 可知，实际出水各指标均存在个别点的波动现象，除去这些波动的点，模拟出水与实际出水较吻合，且吻合程度比修正前高很多，可以用所建立模型对 SBR 工艺进行模拟预测。

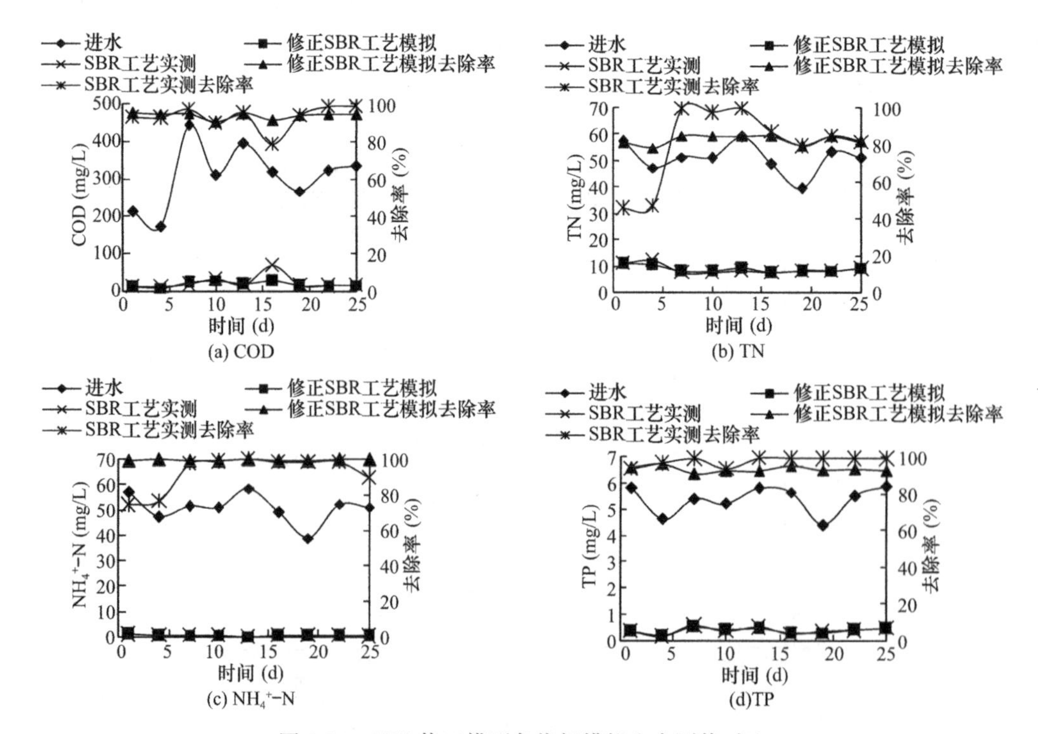

图 6-10 SBR 修正模型各指标模拟和实测值对比

图 6-11 反映了修正后的 SBR 模型中，NH_4^+-N、TN、COD、TP 四个指标的模拟值与实测值之间的偏差程度。

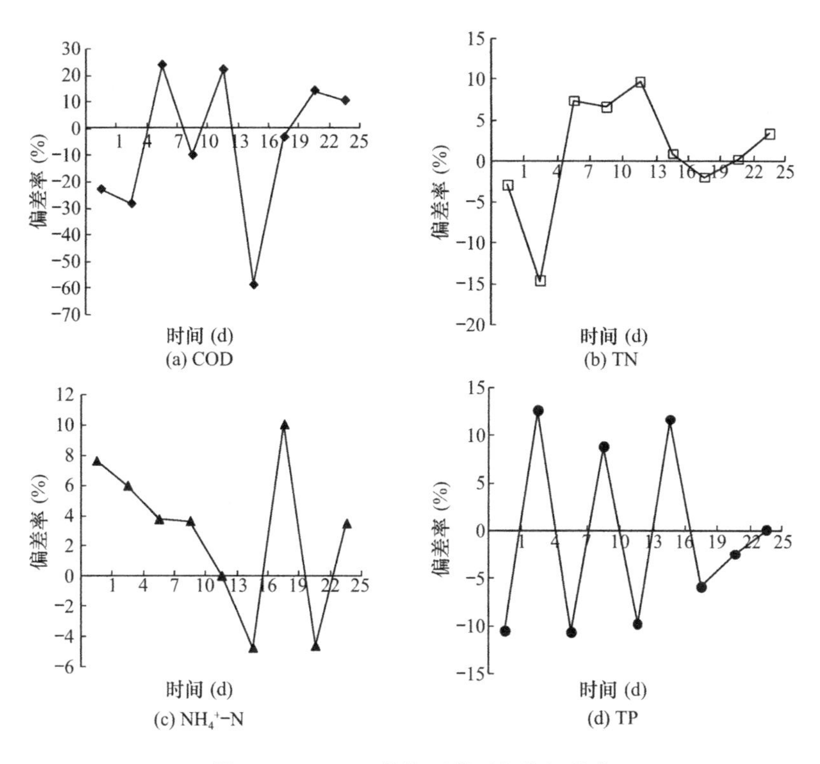

图 6-11　SBR 工艺修正模型各指标差率

图 6-11（b）和（c）中，NH_4^+-N 的偏差率在－6%～10%范围内，TN 偏差率在－15%～10%范围内，修正后的 SBR 模型对 NH_4^+-N 及 TN 的模拟比较接近试验测定的值，证明了前文对自养菌最大比生长速率的测定结果符合本书中的 SBR 模型。图 6-11（d）中，TP 的偏差率范围为－10%～15%，TP 的模拟值与实测值非常接近。而图 6-11（a）中，COD 偏差率均在±20%范围内，证明 SBR 修正模型对 COD 的模拟也有较好的结果。验证结果表明，修正后的 SBR 模型可以应用于对 SBR 工艺的模拟。

6.4.2　景观生态-SBR 系统模型验证

景观生态-SBR 系统在 SBR 工艺的基础上，耦合 4000g 美人蕉，运行条件与 SBR 工艺相同，验证结果如图 6-12～图 6-15 所示。

图 6-12 中，实际系统中存在部分颗粒性组分带来的 COD，而模型中假设颗粒性组分全部沉降，实测出水 COD 浓度略高于模拟值，但通常景观生态-SBR 系统中 COD 组分均能被去除，因此不影响模型的应用。图 6-15 中，TP 在测定的 30 天中，除有几天不稳定与模拟值相差较大之外，大部分的值很吻合。而图 6-13 及图 6-14 表明，模拟出水与实测出水 TN 和 NH_4^+-N 几乎重合，模型可以准确地预测这两个指标的出水。

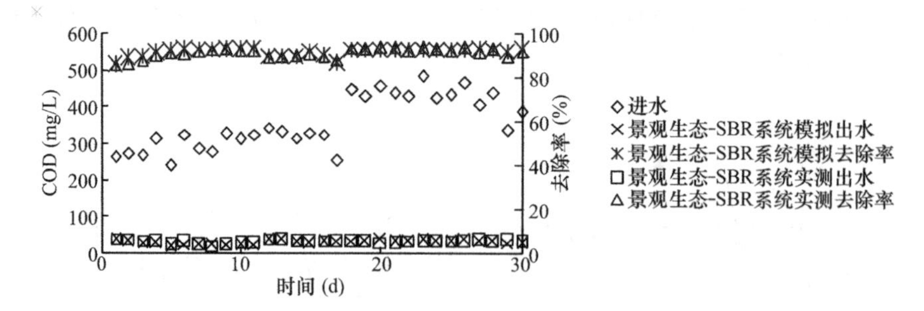

图 6-12　景观生态-SBR 系统出水指标 COD 的验证

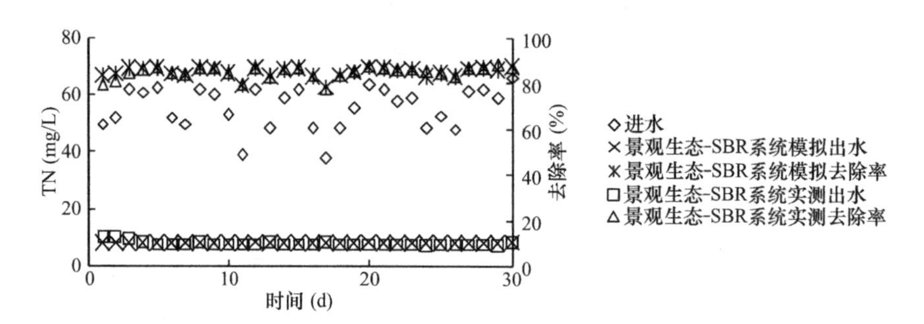

图 6-13　景观生态-SBR 系统出水指标 TN 的验证

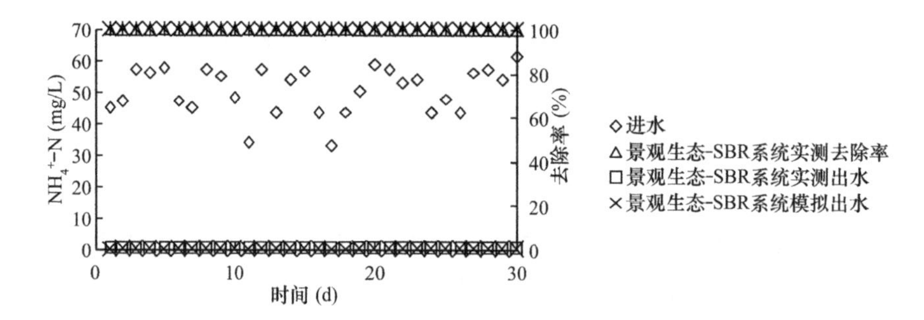

图 6-14　景观生态-SBR 系统出水指标 NH_4^+-N 的验证

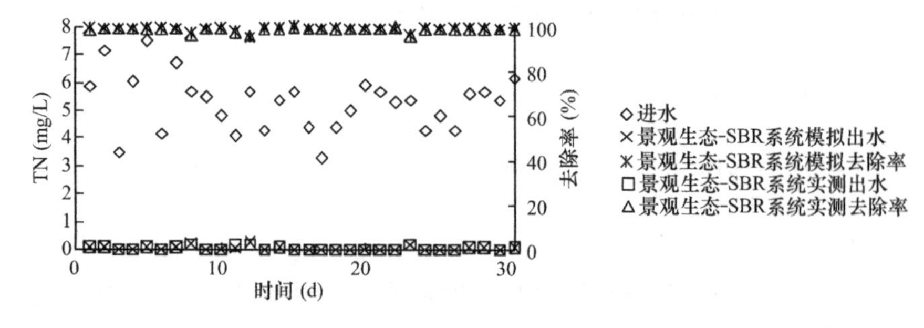

图 6-15　景观生态-SBR 系统出水指标 TP 的验证

图 6-16～图 6-19 反映了景观生态-SBR 系统模型 NH_4^+-N、TN、COD、TP 四个指标偏差率。由图 6-16 可以看出，COD 的偏差率在±30%以内，植物在模型中对 COD 产生的偏差影响较小。在图 6-17 中，TN 偏差率基本在 5%左右，少数在±20%。在图 6-18

中，NH_4^+-N 模拟值与实测值相差±8%以内。图 6-19 表明 TP 偏差率较小，大部分在±10%以内。结合对各指标的验证结果与偏差率数据表明，该模型可以应用于实际景观生态-SBR 系统的模拟预测。

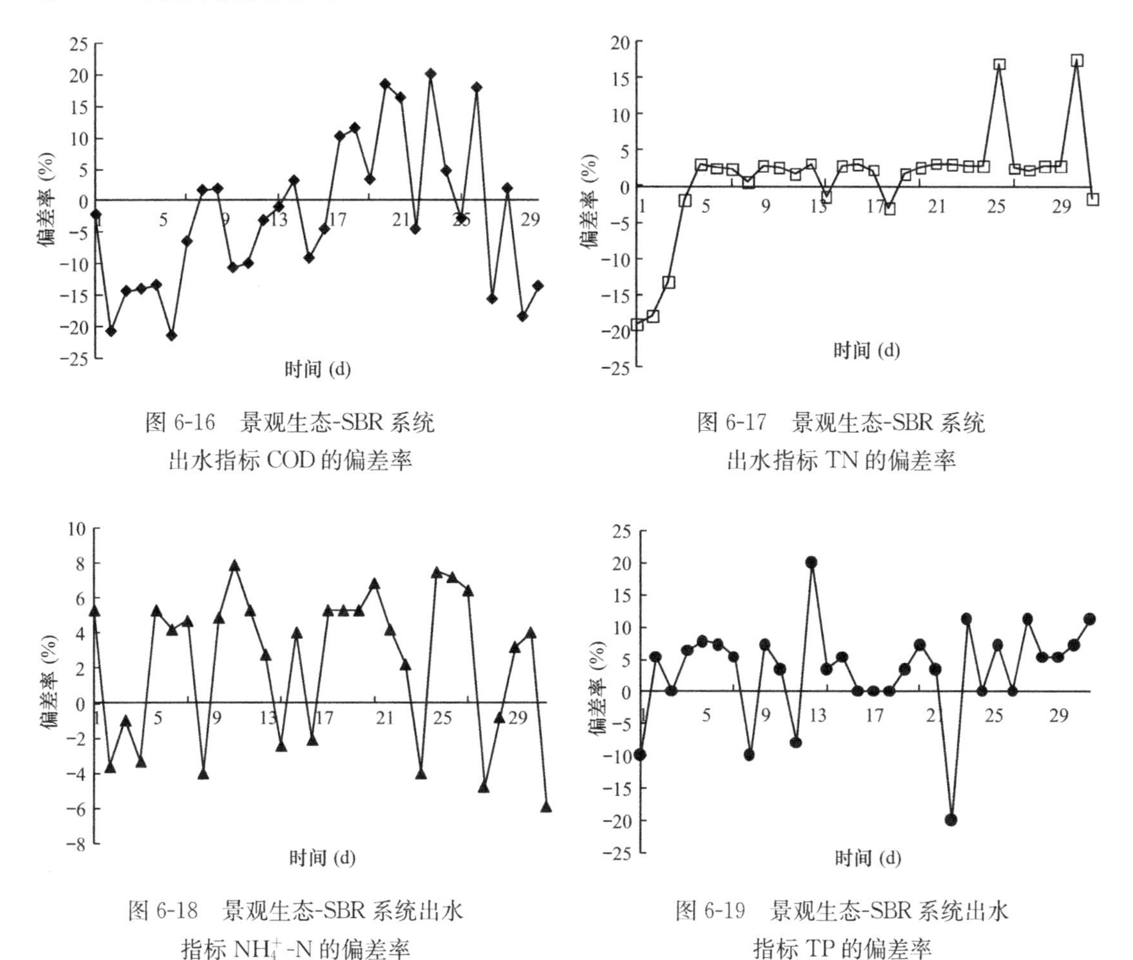

图 6-16　景观生态-SBR 系统出水指标 COD 的偏差率

图 6-17　景观生态-SBR 系统出水指标 TN 的偏差率

图 6-18　景观生态-SBR 系统出水指标 NH_4^+-N 的偏差率

图 6-19　景观生态-SBR 系统出水指标 TP 的偏差率

6.5　景观生态-SBR 系统与 SBR 工艺性能比较

无论是污水厂运行的脱氮除磷系统，还是小试系统，都存在处理效果偶尔恶化的现象，原因主要包括外部因素和内部因素。外部因素指有机负荷、温度、基质类型等。内部因素则是系统中存在不同菌群，它们之间的竞争致使系统内微生物的群落出现演替。微生物的种群结构变化通常由外部环境因素的长期改变引起，能适应环境变化的菌群成为优势菌，不能适应的则逐渐被淘汰。因此，外部环境（运行参数）对工艺运行至关重要。

由 6.4 节可知，本章所建立的模型对景观生态-SBR 系统及 SBR 工艺均有较准确的模拟结果。因此，可利用模型分析两个系统的输出变量对运行参数变化的响应，确定各个运行参数对系统的影响，验证并确定植物在景观生态-SBR 系统中所起的辅助或强化作用。

6.5.1 对C/N变化的响应

在污水处理系统中，污水组成成分的C/N是氮磷去除的关键。通过模拟进水C/N对两个系统处理效果存在的影响，可确定两个系统各自适应的水质范围，指导工艺应用。COD、TN、NH_4^+-N和TP对C/N变化的响应如图6-20所示。模拟条件为HRT＝8h（进水＋沉淀＋排水共1h，厌氧：好氧：缺氧＝1.5：4：1.5）、SRT＝15d、T＝22℃、MLSS＝2000mg/L。

图6-20(a) 是C/N对两个系统中COD去除过程的影响情况。C/N从2.80增大到9.49的过程中，进水COD浓度从150mg/L升高到478.2mg/L，两个系统中COD均能被吸收，出水COD浓度均低于50mg/L，都能达到一级A排放标准。尽管进水C/N的变化较大，两个系统对COD都有良好的去除效果，说明两个系统抗有机物冲击负荷的能力较强，且植物在增强COD的去除效果方面作用有限。

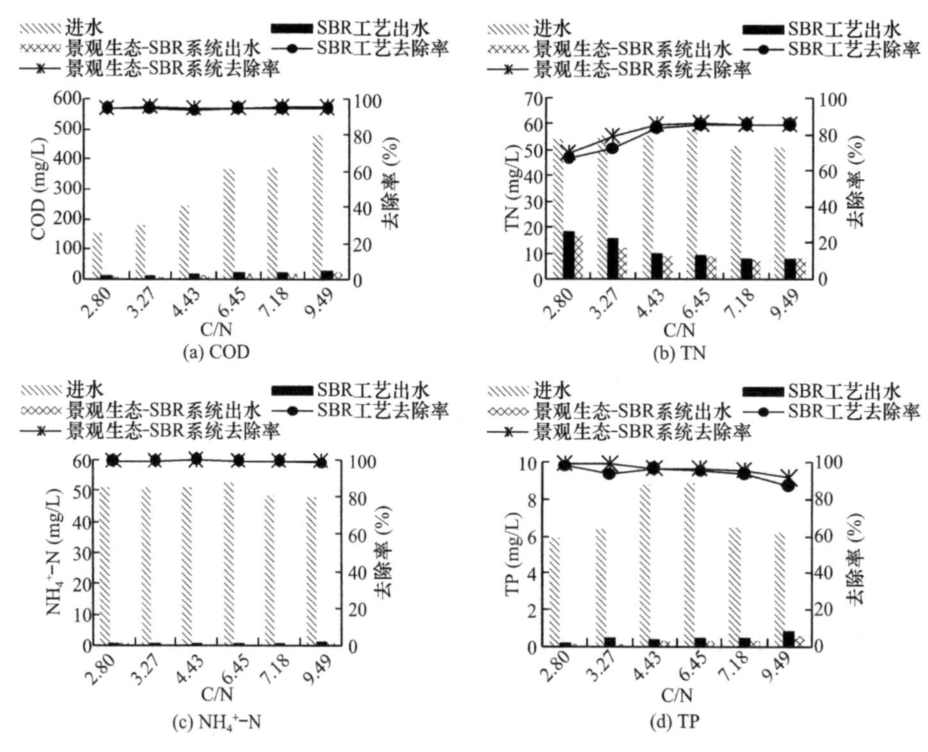

图6-20　两个系统对C/N变化的响应

图6-20(b) 是两个系统中TN去除效果受C/N影响的情况。C/N从2.80增大到9.49的过程中，进水TN浓度约50～58mg/L，变化不大。C/N为2.80时，SBR工艺和景观生态-SBR系统出水TN浓度分别为18.2mg/L和16.4mg/L，C/N增大到3.27时，SBR工艺出水TN浓度为15.4mg/L，而景观生态-SBR系统出水TN浓度为12.0mg/L，已经达到一级A水平。随着C/N的增大，TN去除率逐渐提高，最终达到对TN的稳定去除。结果表明景观生态-SBR系统中植物有一定的吸收去除氮的作用，植物的耦合能适应更大范围的C/N值。图6-20(c) 给出了两个系统中NH_4^+-N的去除情况随C/N的变化。两个系统对NH_4^+-N都有较好的去除效果，出水NH_4^+-N浓度均低于0.5mg/L。

图6-20(d) 为不同C/N对两个系统除磷效果的影响情况。C/N提高的过程中，系统中缺氧段残存的有机物仍较多，常规反硝化菌和反硝化除磷菌竞争，对反硝化除磷过程不利，TP去除率降低。当C/N增大到9.49时，SBR工艺出水TP浓度为0.8mg/L，景观生态-SBR系统出水TP浓度0.5mg/L，表明景观生态-SBR系统中植物对污水中磷也具有一定的吸收去除作用，复合系统能适应更大范围的C/N。

综合两个系统的4种出水指标数据，COD和NH_4^+-N的去除效果基本不受C/N的影响，TN去除率随C/N增大而升高，TP则存在相反的规律。C/N为3.27时，植物吸收了一部分氮，使景观生态-SBR系统对TN的处理效果优于SBR工艺。当C/N增大到9.49时，SBR工艺出水TP浓度为0.8mg/L，景观生态-SBR系统出水TP浓度为0.5mg/L，说明植物的耦合能适应更大范围的C/N。但当C/N为2.80时，景观生态-SBR系统对TN的处理仍达不到理想的效果，证明植物在景观生态-SBR系统中只能起到一定的作用，不能完全消除C/N的影响。

6.5.2　对HRT变化的响应

图6-21为两个系统的COD、TN、NH_4^+-N和TP指标对HRT变化的响应。模拟条件为C/N=6.45、SRT=15d、T=22℃、MLSS=2000mg/L，各HRT周期中进水+沉淀+排水共1h，厌氧：好氧：缺氧=1.5：4：1.5。

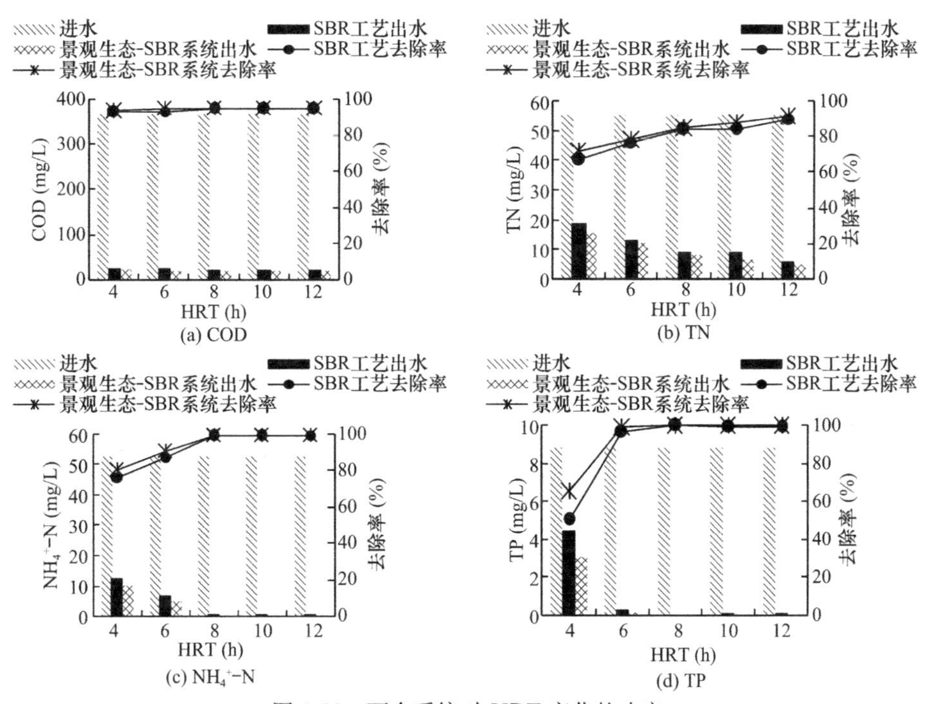

图6-21　两个系统对HRT变化的响应

图6-21(a) 中，两个系统中即使HRT小于4h，COD都能被很好地去除，说明COD在短时间内就能被去除，且出水COD浓度均低于50mg/L，景观生态-SBR系统的COD去除率略高于SBR工艺。图6-21(b) 和 (c) 中，TN和NH_4^+-N的响应曲线类似，两个指标的去除率随着HRT的延长而升高，最后稳定于较高的去除效果。HRT较小时，TN和

NH_4^+-N 去除效果均不理想；HRT＝4h 时，出水 TN 浓度都大于 15mg/L，出水 NH_4^+-N 浓度大于 5mg/L；HRT＝6h 时，SBR 工艺出水 NH_4^+-N 浓度为 6.5mg/L，景观生态-SBR 系统出水 NH_4^+-N 浓度为 4.8mg/L，而 TN 浓度都已达标。

图 6-21（d）中，TP 的去除率也随着 HRT 的延长而升高，8h 之后稳定于较高的去除效果，进水 TP 浓度为 8.85mg/L，而出水中几乎不含 TP。HRT＝4h 时，两个系统出水 TP 浓度分别为 4.4mg/L 和 3.1mg/L；HRT＝6h 时，TP 去除率迅速上升，达到 96%以上，出水 TP 浓度低于 0.5mg/L。植物对 TP 有一定的吸收去除，但是 HRT 太小时，加上植物的强化作用也不能使出水达标。综合试验结果，保证一定的水力停留时间是必需的。

6.5.3 对 SRT 变化的响应

图 6-22 是两个系统 4 个指标对 SRT 变化的响应。模拟条件为 C/N＝6.45、HRT＝8h、T＝22℃，各周期中进水＋沉淀＋排水共 1h，厌氧：好氧：缺氧＝1.5：4：1.5。

图 6-22(a) 中，两个系统中 COD 都能被很好地去除，且随着 SRT 的延长，去除率升高，表明随 SRT 延长，系统中污泥浓度提高，微生物含量增多，COD 去除效果变好。出水 COD 浓度均低于 50mg/L，景观生态-SBR 系统去除率略高于 SBR 工艺。

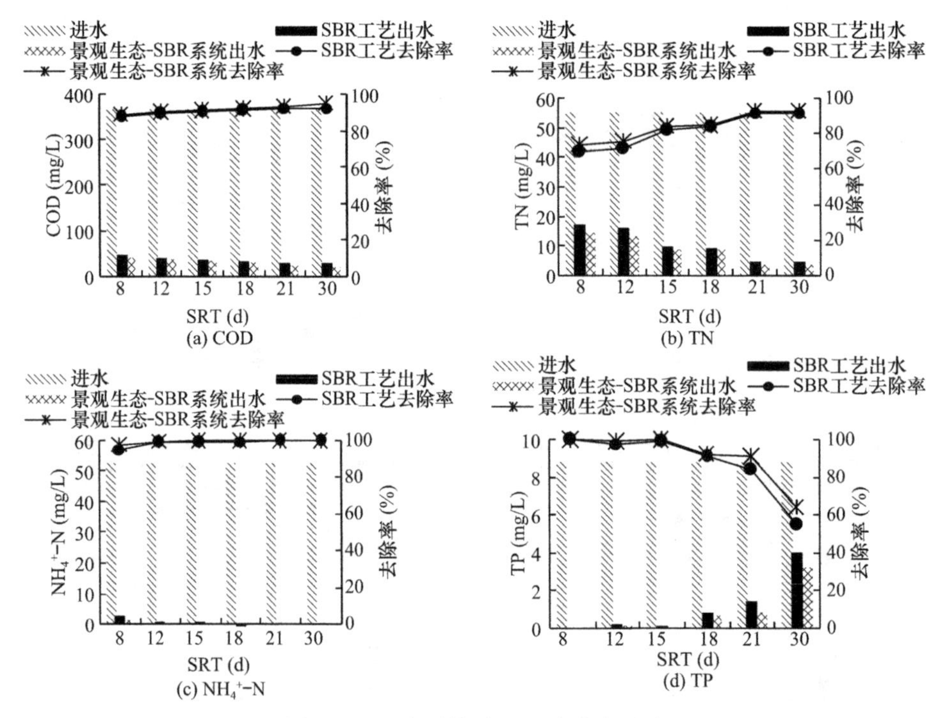

图 6-22　两个系统对 SRT 变化的响应

图 6-22(b) 和（c）是 SRT 对脱氮过程的影响情况。TN 去除效果随 SRT 延长逐渐提高，SBR 工艺从 SRT＝8d 时的 69%提高到 SRT＝30d 时的 92%，景观生态-SBR 系统从 SRT＝8d 时的 74%提高到 SRT＝30d 时的 93%，短泥龄的条件下两个系统出水 TN 浓度分别为 16.8mg/L 和 14.4mg/L，这证明景观生态-SBR 系统在 SRT＝8d 的条件下就能满足处理要求，而 SBR 工艺达到同种处理效果需要更长的污泥龄。两个系统对 NH_4^+-N 的处

理能力也随 SRT 延长而提高，出水 NH_4^+-N 浓度均低于 2mg/L。硝化菌属于化能自养菌，生长周期较长，较长的污泥龄能保证硝化作用。

图 6-22(d) 是 SRT 对两个系统除磷效果的影响情况。SRT 在 15d 以下时，两个系统 TP 去除率稳定于 98%以上；当 SRT 为 18d 时，两个系统出水均已达不到一级 A 排放标准；当 SRT 增大到 21d 时，TP 去除率骤降，SBR 工艺为 84%，景观生态-SBR 系统为 91%，出水 TP 浓度分别为 1.4mg/L 和 0.8mg/L；SRT 继续增大时，除磷效果继续呈下降趋势。聚磷菌属于短世代的微生物，且生物除磷是通过高含磷污泥的排放实现的。

脱氮过程需要较长的污泥龄才能保证硝化作用，而除磷过程要提高除磷效率又需采用短污泥龄。因此，选择一个较折中的污泥龄是最理想的。在模型模拟过程中发现，SBR 工艺在 SRT 为 15d 时，TN、NH_4^+-N 和 TP 处理效果俱佳，分别达 82.2%、99.4%及 99.0%，表明 SRT 为 15d 是 SBR 工艺适合的污泥龄。景观生态-SBR 系统在 SRT＝8d 时，对 TN、NH_4^+-N 和 TP 处理效果即分别达到 73.9%、97.7%及 100%，都能达到一级 A 排放标准，表明景观生态-SBR 系统适宜的 SRT 为 8d。

6.5.4　对温度变化的响应

温度可影响酶的催化反应速率及基质向细胞扩散的速率，是影响微生物活性的重要因素。温度的升高或降低会显著影响生物处理工艺的处理效果。模型中相关系数与温度的关系遵循 Arrhenius 公式，即 $\mu_T = \mu_{20} \cdot \theta^{T-20}$，$\theta$ 为 Arrhenius 温度系数。两个系统 COD、TN、NH_4^+-N 和 TP 对温度变化的响应如图 6-23 所示。模拟条件为 HRT＝8h（进水＋沉淀＋排水共 1h，厌氧：好氧：缺氧＝1.5：4：1.5）、SRT＝15d、C/N＝6.45、MLSS＝2000mg/L。

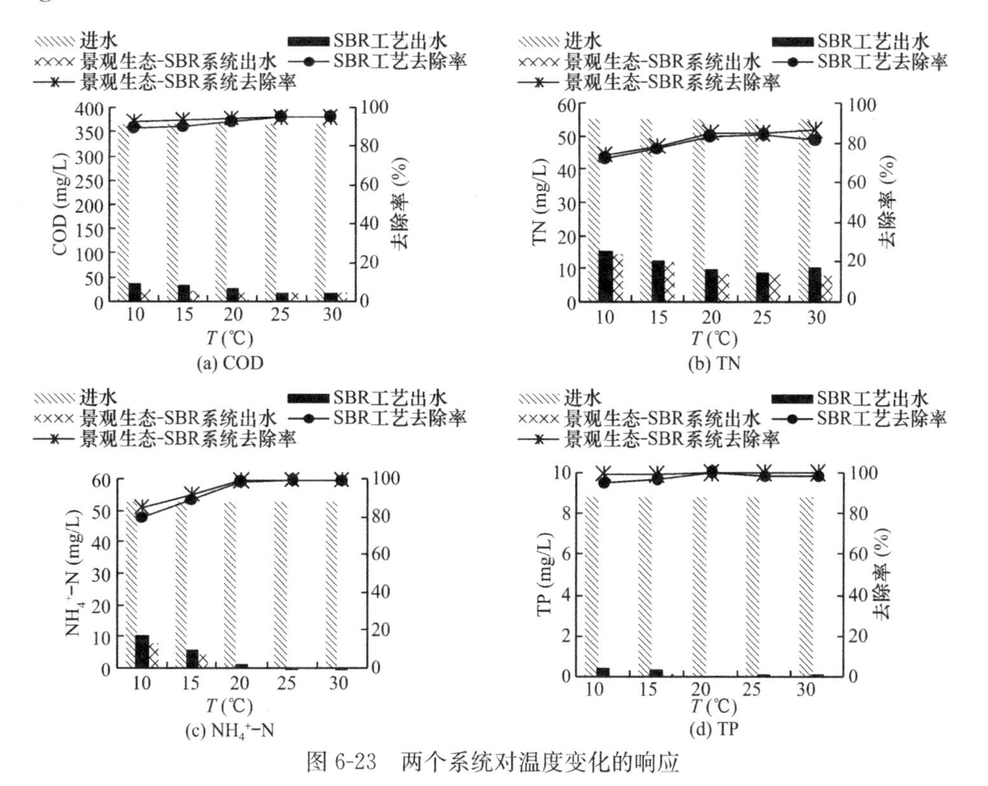

图 6-23　两个系统对温度变化的响应

图 6-23(a) 和 (d) 分别是温度对两个系统中 COD 和 TP 去除过程的影响情况，两者趋势类似，随温度升高，去除率提高，但提高幅度不大，且低温条件下去除率很高，均达到 90%以上。植物在低温条件下能起到一定的辅助作用，但并不显著。

图 6-23(b) 和 (c) 为温度对两个系统脱氮过程的影响情况。两个系统对 TN 的处理能力随温度升高而提高，温度低于 20℃的条件下，去除率提高速度很快，TN 在温度从 10℃升高到 20℃的过程中，去除率提高了近 15%，而 20℃、25℃和 30℃温度条件下，去除率几乎相同。NH_4^+-N 去除过程受温度的影响规律与 TN 类似。

6.5.5 对 MLSS 变化的响应

混合液悬浮固体浓度（MLSS）在活性污泥处理系统中是一项重要的设计、运行及控制参数，它的选择是否合理，决定了生物反应池内有机物与污泥量比是否失调，直接影响氮磷的去除效果。因此，对 MLSS 的最优控制范围进行了考察。

两个系统 COD、TN、NH_4^+-N 和 TP 对 MLSS 变化的响应如图 6-24 所示。模拟条件为 HRT＝8h（进水＋沉淀＋排水共 1h，厌氧：好氧：缺氧＝1.5：4：1.5）、SRT＝15d、C/N＝6.45。

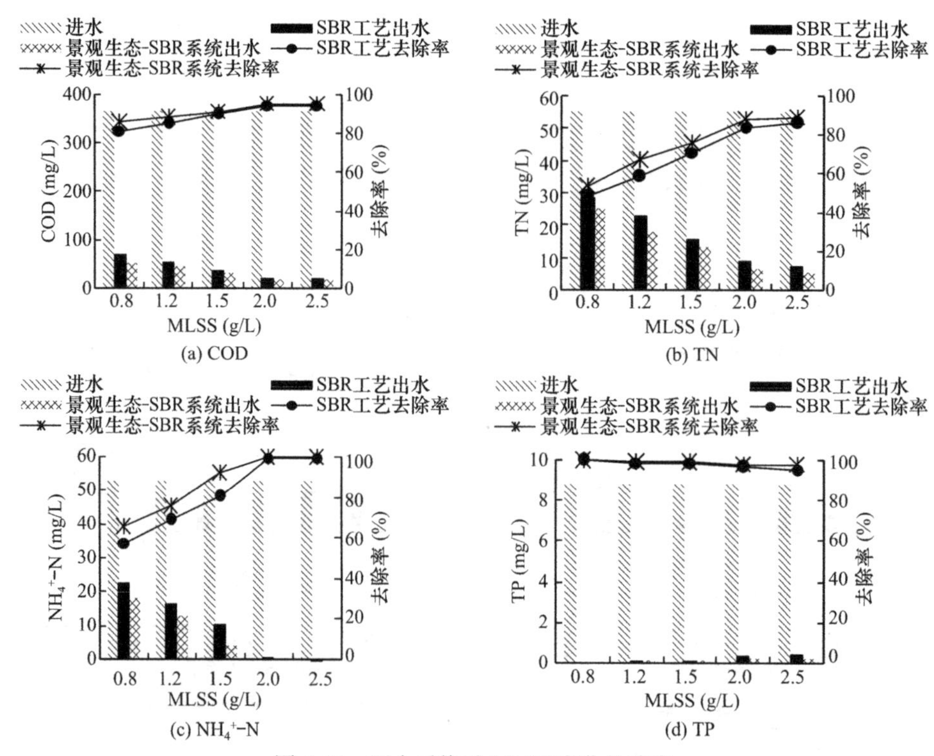

图 6-24 两个系统对 MLSS 变化的响应

图 6-24(a) 为两个系统 COD 对 MLSS 的响应情况，MLSS 对 COD 去除的影响较小，即使 MLSS 低至 0.8g/L 时，COD 去除率仍在 80%以上，随着 MLSS 的增大，COD 去除率提高。图 6-24(b) 和 (c) 分别是 MLSS 对两个系统中 TN 和 NH_4^+-N 去除过程的影响，趋势类似，随着 MLSS 增大，去除率提高，提高幅度较大。MLSS 较低时，硝化菌和反硝化菌的含量较少，导致脱氮效果差，植物对 TN 和 NH_4^+-N 有一

定的吸收作用。当MLSS为0.8g/L时，景观生态-SBR系统比SBR系统去除率分别高出6%和8%。图6-24(d)表明，MLSS的变化对TP去除影响较小。

综合两个系统MLSS=1.5g/L与MLSS=2.0g/L时对应出水的四个指标，可知SBR工艺在MLSS为1.5g/L时，出水TN和NH_4^+-N浓度分别为15.8mg/L和10.3mg/L，景观生态-SBR系统中这两个指标分别为13.4mg/L和4.2mg/L。MLSS在2.0g/L时，SBR工艺的出水TN和NH_4^+-N浓度分别为8.8mg/L和0.3mg/L，景观生态-SBR系统的TN去除率较SBR工艺高出5%，NH_4^+-N去除率与之几乎相同。试验结果表明，景观生态SBR系统对TN和NH_4^+-N可以在更低的污泥浓度条件下取得满足一级A排放标准的出水水质。

6.5.6 对DO变化的响应

好氧菌为主体的好氧呼吸菌群是参与污水活性污泥处理工作过程的微生物菌群，DO不足会对微生物的代谢活动产生不利影响，导致系统处理效果差。DO对系统中污染物降解过程的影响主要发生在好氧段，可通过改变好氧段DO浓度来对系统进行模拟，模拟结果如图6-25所示。

图6-25(a)为两个系统中COD对DO变化的响应情况，COD的去除几乎不受DO的影响，说明异养菌在好氧段的活性很强，能够快速地降解有机物。图6-25(b)和(c)显示随着DO的升高，出水TN和NH_4^+-N浓度降低，去除率提高，说明DO高时硝化菌容易生长且活性较强。SBR工艺中，DO较低时，TN和NH_4^+-N处理效果较差，说明硝化菌被抑制，景观生态-SBR系统因植物的作用相应的去除率比SBR工艺高约10%和5%。图6-25(d)中，磷的释放是除磷的关键，而好氧段曝气量大小对厌氧段释磷影响较小，所以TP的去除效果几乎不受DO的影响。

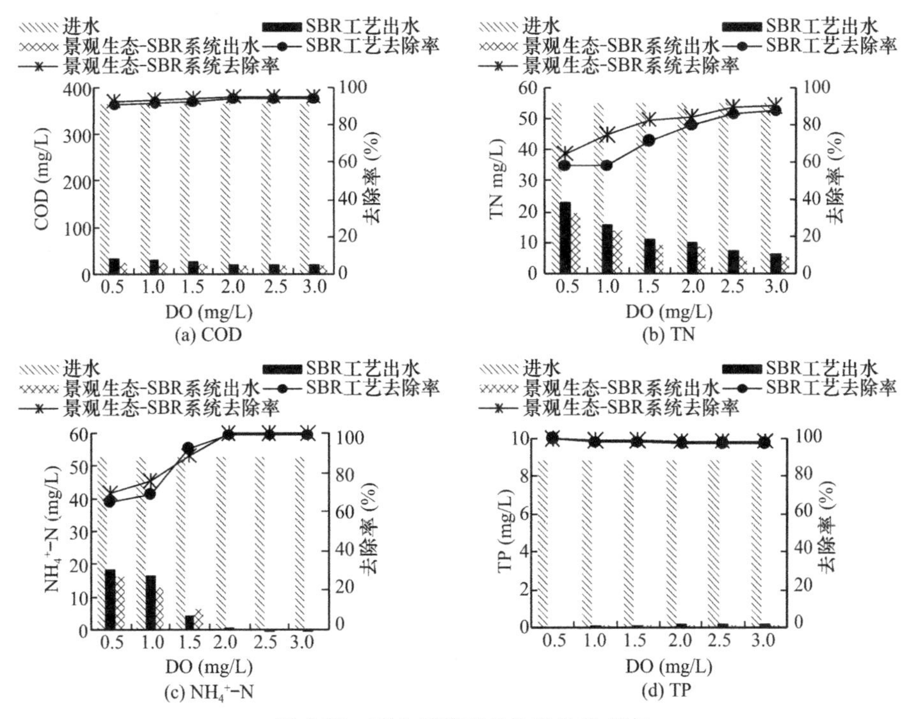

图6-25 两个系统对DO变化的响应

6.6 小结

本章利用ASM2D的原理和与耦合植物后的SBR工艺相结合建立了SBR工艺与景观生态-SBR系统模型，并提出了关于出水水质的求解方法。通过测定景观生态-SBR系统模型中部分动力学参数和化学计量数，并按照模型对污水组分的划分测定了大学城生活污水中污染物的浓度和构成。通过验证SBR工艺及景观生态-SBR系统模型，得到了模拟出水与测定的实际出水中污染物浓度较高的吻合程度，确定了模型可以应用于景观生态-SBR系统处理实际生活污水的模拟预测及分析。同时，分析了部分动力学参数对模拟结果的灵敏度，考察了活性污泥的模型参数对系统性能影响的精度，减小了数学模型中活性污泥部分对景观生态-SBR系统性能预测的影响，并用模型比较了SBR工艺及景观生态-SBR系统的工艺性能，即两个工艺的出水中各污染物指标对运行参数变化的响应规律。得到以下结论：

（1）考虑到景观生态-SBR系统是在SBR工艺的基础上耦合了植物，且未加化学除磷药剂，对ASM2D模型进行了简化，去掉了模型中与化学除磷相关的两种组分（MeOH和MeP）和两个反应过程（磷和氢氧化铁协同沉淀、磷和氢氧化铁再溶解）。同时，对ASM2D模型进行了扩展，增加了组分植物量X_{ve}，植物生长过程及与植物相关的化学计量数（Y_{ve}、$i_{N,ve}$、$i_{P,ve}$）和动力学参数（$K_{NH_4,ve}$、$K_{NO_3,ve}$、$K_{COD,ve}$、$K_{P,ve}$）。

（2）测定的进水COD组成为：易生物降解有机物S_S占约20%，慢速可生物降解有机物X_S占57.6%，溶解性不可降解有机物占4.8%，颗粒性不可降解的有机物约15%，自养菌和异养菌含量很小，可忽略不计；对模型中关键的化学计量数异养菌产率系数Y_H和自养菌最大比生长速率μ_{AUT}进行了测定，其值分别为0.678和$1.04d^{-1}$。

（3）植物生长动力学可用Monod方程描述，植物对污染物降解动力学规律服从酶促反应Michaelis-Menten方程；测定的美人蕉对COD、NH_4^+-N、NO_3^--N和PO_4^{3-}-P半饱和常数K_S分别为42.4mg/L、0.46mg/L、0.47mg/L和0.18mg/L，植物生长速率μ_{ve}为$0.0003d^{-1}$，美人蕉产率系数为0.17；美人蕉体内氮、磷含量的比例系数，即美人蕉量与氮磷转换化学计量系数$i_{N,ve}$为0.03，$i_{P,ve}$为0.005。

（4）各工艺运行参数的改变对COD的去除影响较小，在各种工艺条件下，SBR工艺及景观生态-SBR系统对COD的处理效果都能达到一级A排放标准。低C/N影响系统对TN的去除，高C/N则影响TP的去除。景观生态-SBR系统在C/N为3.27的条件下仍然具有较好的出水水质，SBR工艺则不然，说明在耦合工艺中植物对氮、磷的去除具有一定的作用，景观生态-SBR系统能适应更宽范围的C/N。

（5）HRT较小（=4h）时，植物能吸收部分氮、磷，景观生态-SBR系统对氮、磷的去除率比SBR工艺高5%左右，但未达到一级A排放标准。延长HRT，两个系统的处理效率均升高。

（6）温度主要影响脱氮过程，低温条件下，脱氮和除磷的效果都不好。温度低于20℃时，去除率随温度的升高而快速提高，TN在温度从10℃升高到20℃的过程中，去除率提高约15%，而20℃、25℃和30℃三个温度条件下，去除率无明显变化。

（7）景观生态-SBR 系统可以在更低的污泥浓度条件下达到一级 A 排放标准。DO 对两个系统中 COD 及 TP 的去除影响较小。SBR 工艺中，DO 较低时，TN 和 NH_4^+-N 处理效果较差，说明硝化菌被抑制，因植物的吸收，景观生态-SBR 系统比 SBR 工艺的去除率高约 10%和 5%。

第7章 景观生态-活性污泥系统在低温条件下的运行与调控

与传统活性污泥工艺相比，景观生态-活性污泥系统具有较强的除污性能，以及较好的环境景观性，因此受到越来越多的关注。同其他生物处理法类似，复合系统亦存在低温条件（≤15℃）下系统硝化效果差的问题。本章通过研究复合系统中菌群分布特征，尤其是低温对系统中硝化菌群的影响，提出相应的强化方案，提高系统低温硝化效果，保证复合系统低温下正常运行。

试验中通过研究温度对SBR工艺和景观生态-SBR系统除污效果的影响，将两系统置于恒温培养箱中，在不同的温度（10℃、15℃、20℃、25℃、30℃）下，考察温度对两系统的出水常规指标（COD、氨氮、总氮）、硝化速率（氨氧化速率和亚硝酸盐氧化速率）、参与主要硝化反应步骤的酶［氨单氧酶（AMO）和羟胺氧化还原酶（HAO）］以及硝化菌［氨氧化细菌（AOB）和亚硝酸盐氧化细菌（NOB）］数量等硝化过程相关参数的影响。

前文研究表明，系统中硝化菌和硝化反应酶与系统硝化反应的宏观指标有某种对应关系，所以为了解决硝化效果不佳的问题，试验中尝试向系统中投加硝化菌和硝化反应酶，分别考察其对系统硝化反应的影响，特别是对系统低温硝化效果的改善。

7.1 低温条件下复合系统的运行效果

本试验中，系统常规指标主要检测COD、氨氮和总氮，比较景观生态-SBR系统与SBR工艺在不同温度条件下对3项指标的去除效果。

7.1.1 不同温度下两个系统对COD的去除效果

不同温度下两系统对COD的去除效果如图7-1所示。

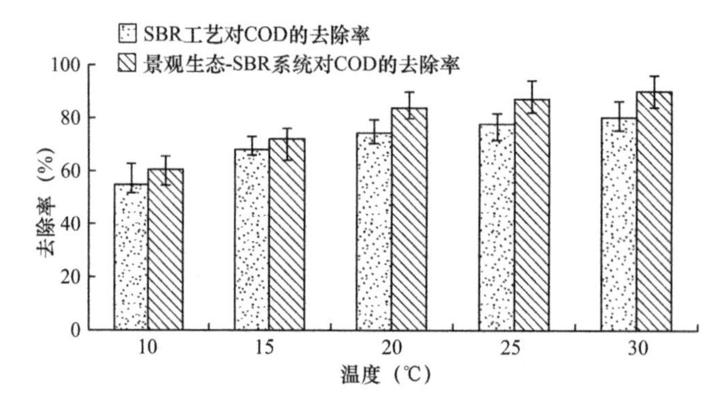

图7-1 不同温度下两个系统对COD的去除效果

由图7-1可知，随着温度降低，景观生态-SBR系统和SBR工艺对COD的去除率均呈下降趋势，且温度变化对复合系统去除COD的效果更为明显。温度由30℃降到15℃时，SBR工艺和景观生态-SBR系统对氨氮的去除率分别由80.3%降至54.8%，由90.52%降至60.53%。温度在15℃左右（由20℃降至15℃以及由15℃降为10℃）时，系统对COD的去除率变化幅度较大。

7.1.2　不同温度下两个系统对氨氮的去除效果

由图7-2可知，随着温度降低，景观生态-SBR系统和SBR工艺对氨氮的去除率均呈下降趋势。当温度由15℃降至10℃时，氨氮的去除率降低幅度最大，且SBR工艺降低得更快，说明SBR工艺对低温的反应更敏感，这主要与植物对复合系统的保温作用有关。当温度在15～30℃之间时，SBR工艺氨氮的去除率呈近似线性的均匀上升，而复合系统则在15～25℃时均匀上升，25～30℃时上升幅度较大，说明逐渐升高至适宜的温度（30℃）对复合系统的影响更明显，景观生态-SBR系统去除氨氮的恢复能力更强。同时，30℃时，景观生态-SBR系统相对SBR工艺对氨氮去除效果的提高较其他温度下更显著，这归因于温度适宜（30℃）时植物的生长状态良好，对系统除污能力有更大的提升。

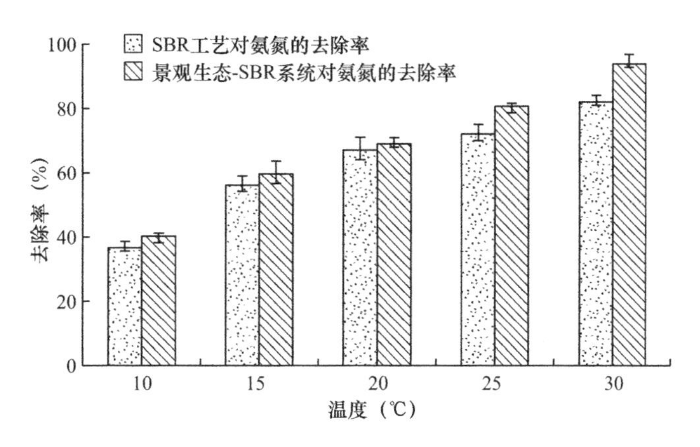

图7-2　不同温度下两个系统对氨氮的去除效果

7.1.3　不同温度下两个系统对总氮的去除效果

由图7-3可知，随温度降低，两个系统对总氮的去除率降低。当温度由15℃降低至10℃时，总氮的去除率降低幅度最大，表明低温也是抑制系统对总氮去除效率的关键因素。温度升至30℃时，两个系统对总氮的去除率最高，且景观生态-SBR系统对总氮的去除率比SBR工艺增大得更多，说明适宜温度（30℃）是系统总氮去除效果好的一个主要因素。景观生态-SBR系统在该温度下植物的生长状态较好，吸收氮源较多，所以出水总氮浓度最低。

对北方郑州景观生态示范工程的长期温度监测发现，郑州的室外平均最低温度为－5℃，室内平均最低温度为1℃，而平均最低水温为16℃。因此，试验中研究的景观生态-SBR系统对改善南北方的污水处理系统效能具有实际意义。

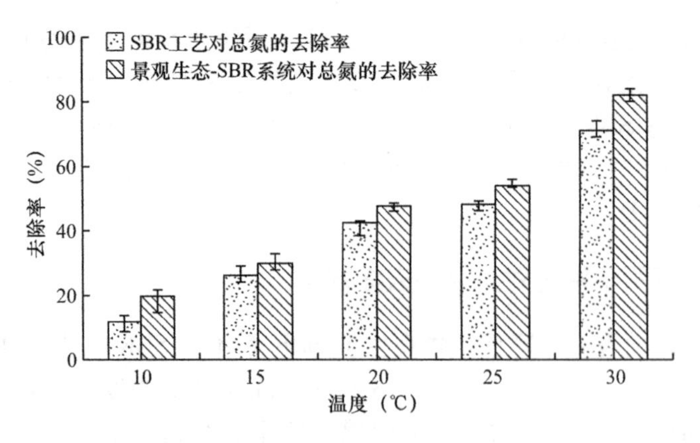

图 7-3　不同温度下两个系统对总氮的去除效果

7.2　温度对复合系统硝化反应及菌群分布的影响

7.2.1　温度对系统硝化速率的影响

通过对不同温度下两个系统运行过程中各自系统内悬浮污泥和根际污泥的氨氧化速率和亚硝酸盐氧化速率进行测定，得出不同温度下的速率曲线和其拟合曲线，以及该拟合曲线的公式，如图 7-4 和图 7-5 所示。两个系统的氨氧化速率和亚硝酸盐氧化速率均随温度的降低而减小。温度为 30℃时硝化速率增值最大且趋平，25～30℃时，硝化速率变化幅度

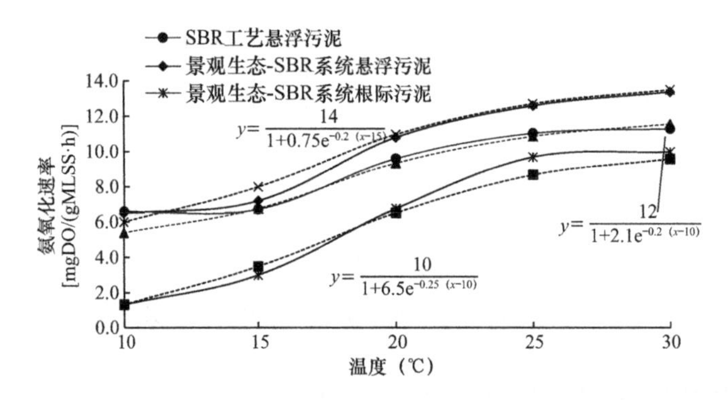

图 7-4　不同温度下系统氨氧化速率

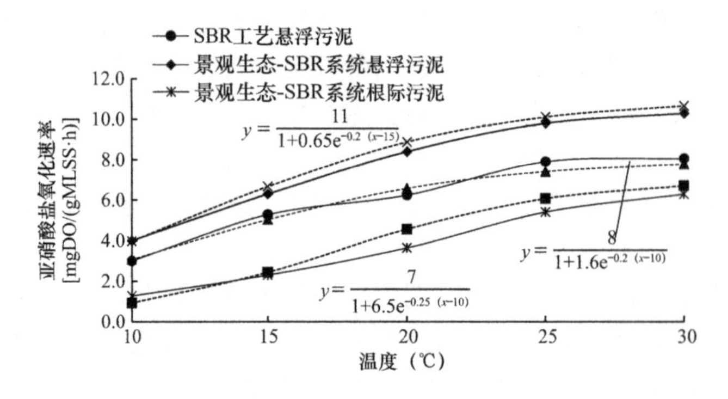

图 7-5　不同温度下系统亚硝酸盐氧化速率

较小。温度由25℃降至15℃的过程中，系统的硝化速率降低幅度最大。当温度由15℃降为10℃时，SBR工艺和景观生态-SBR系统悬浮污泥的氨氧化速率变化幅度较小，而根际污泥的氨氧化速率和各部位的亚硝酸盐氧化速率的降低幅度均较大。同时，硝化速率在系统不同部位的大小顺序为：悬浮污泥＞悬浮污泥＞根际污泥由两个系统的氨氧化速率和亚硝酸盐氧化速率曲线的拟合曲线公式可知，当温度升高时，复合系统氧化氨氮能力恢复得更快，达适宜温度（30℃）时，复合系统氨氧化速率和亚硝酸盐氧化速率均比SBR工艺更高。

7.2.2 温度对系统中AMO和HAO的影响

对不同温度下各系统中的悬浮污泥和根际污泥进行沉淀、匀浆、离心后得到的硝化反应酶AMO和HAO进行测定，研究温度对硝化反应酶活性的影响规律。

7.2.2.1 温度对AMO的影响

AMO活性的测定原理是乙烯在AMO的催化作用下与氧气反应生成环氧乙烷，AMO的活性用该过程中乙烯的衰减率来表征，乙烯衰减得越多，说明原体系中AMO的活性越强。图7-6是不同温度下反应体系中乙烯的衰减率。

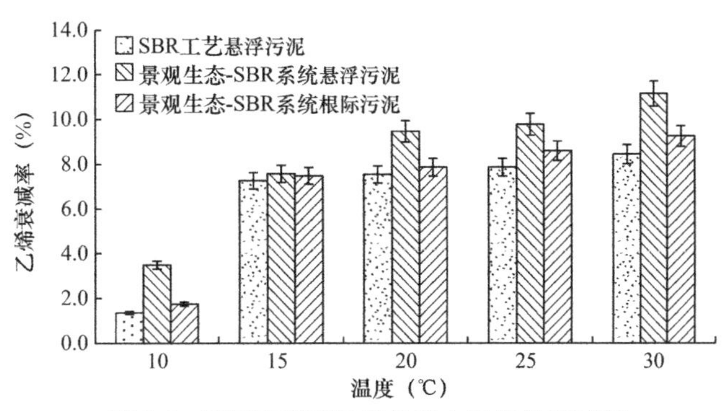

图7-6 不同温度下反应体系中乙烯的衰减率

由图7-6可以知，随着温度降低，乙烯的衰减率逐渐减小，即系统中各部位AMO的活性均逐渐降低，30℃下AMO和HAO的活性分别为10℃下的4.9倍、2.03倍。同一温度下，两个系统中污泥的AMO活性强弱的顺序为悬浮污泥＞悬浮污泥＞根际污泥，这个结果与系统硝化速率的结果类似。由图7-6可知，15℃时3种污泥的AMO活性相差不大且与20℃下的活性相当，这可能与15℃下系统硝化菌群的多样性较大有关系。其他温度下，景观生态-SBR系统悬浮污泥的AMO活性均明显大于其他2种污泥。

7.2.2.2 温度对HAO的影响

HAO的测定原理主要是：过量的羟胺在HAO的催化作用下能与氧气反应，而残余的羟胺则与系统中的铁氰化钾反应。HAO的活性与铁氰化钾的反应率成反比，与铁氰化钾的残余率成正比。所以，反映HAO的活性主要用铁氰化钾的残余率进行表征，铁氰化钾的残余率越大，HAO的活性越大。不同温度下反应体系中铁氰化钾的残余率如图7-7所示。随温度降低反应体系中铁氰化钾的残余率逐渐降低，即对应HAO的活性逐渐降低，景观生态-SBR系统中硝化反应酶的活性普遍高于单独的SBR工艺。但是总的来说，两个系统中3种污泥HAO的活性相差不大。30℃时，从根际污泥中提纯出的HAO的活性与

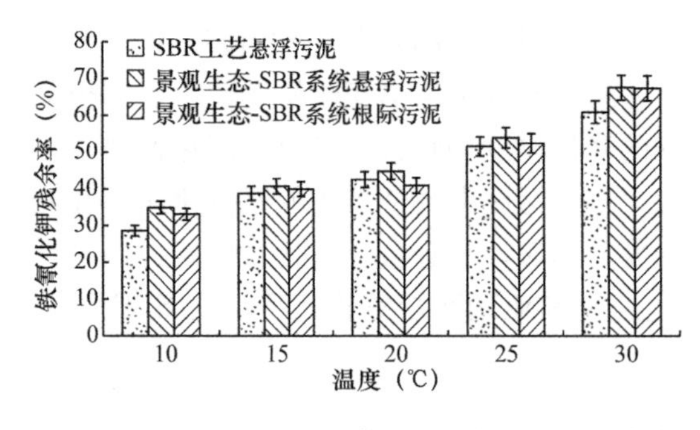

图 7-7 不同温度下反应体系中铁氰化钾的残余率

从景观生态-SBR 系统悬浮污泥中提纯出的 HAO 的活性较接近，可能是由于 30℃下生长良好的植物根部分泌物对 HAO 和硝化过程的促进作用。

由图 7-6 和图 7-7 可知，AMO 和 HAO 两种酶的活性均随温度降低而逐渐降低，与整个过程中硝化速率的变化较相似，所以两种酶在整个硝化反应过程中都起着至关重要的作用。而不同温度下，3 种污泥 AMO 的活性差值较相同条件下的 HAO 的活性差值更显著，且与硝化速率更为相似，所以 AMO 很可能是主要控制整个硝化反应控速步骤的酶。

7.2.3 温度对系统菌群分布的影响

试验中通过研究低温下各系统中的菌群分布，了解系统中硝化菌数量随温度变化的情况，研究其与系统氨氮去除效果的关系，为解决温度影响下氨氮的去除效果问题提供依据。研究总菌群分布的影响主要采用 PCR-DGGE 法、荧光定量 PCR 法和高通量测序法。

7.2.3.1 温度对系统总菌群分布的影响

分别取不同温度下两系统内悬浮污泥和根系污泥进行 PCR-DGGE 检测，研究其中菌群的分布情况，不同温度下系统菌群的 DGGE 成像如图 7-8 所示。

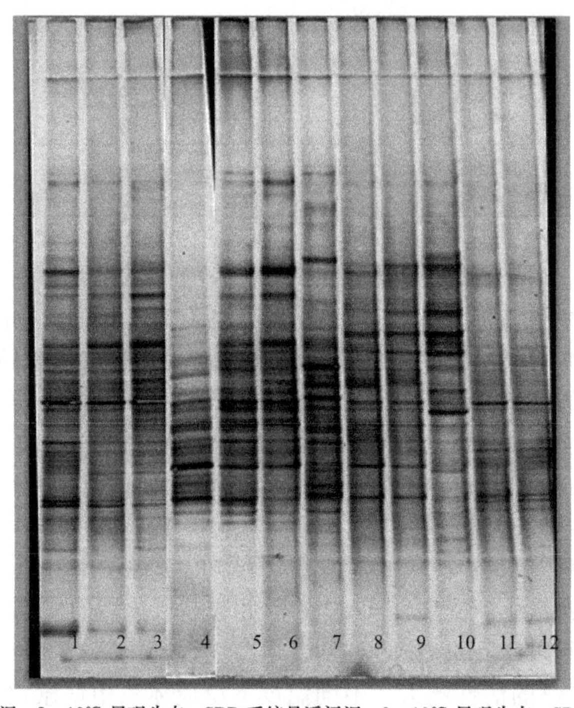

1—10℃ SBR 工艺悬浮污泥；2—10℃ 景观生态—SBR 系统悬浮污泥；3—10℃ 景观生态—SBR 系统根际污泥；4—15℃ SBR 工艺悬浮污泥；5—15℃ 景观生态—SBR 系统悬浮污泥；6—15℃ 景观生态—SBR 系统根际污泥；7—硝化悬浮污泥；8—20℃ SBR 工艺悬浮污泥；9—20℃ 景观生态—SBR 系统悬浮污泥；10—20℃ 景观生态—SBR 系统根际污泥；11—30℃ SBR 工艺悬浮污泥；12—30℃ 景观生态—SBR 系统悬浮污泥

图 7-8 不同温度下系统菌群的 DGGE 图像

1. 多样性指数

Shannon-Wiener 指数的变化代表菌群种类和复杂程度的变化，从而表征系统的稳定性。通过 Shannon-Wiener 指数对系统中菌群的多样性进行研究，各泳道的多样性指数如图 7-9 所示。

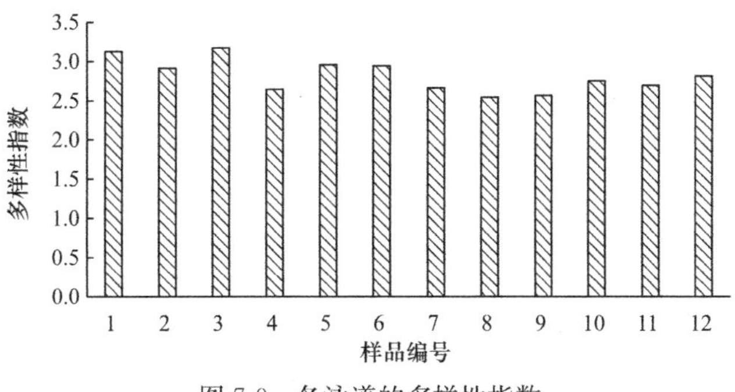

图 7-9 各泳道的多样性指数

由图 7-9 可知，植物的加入丰富了系统中菌群的多样性。在图 7-8 中，各温度下，植物根际污泥的菌群多样性均大于相同温度下两个系统中悬浮污泥的菌群多样性，可能与微生物本身的附着特性和植物根系的泌氧作用有关。但是，温度的变化对系统多样性的影响并不明显。

2. 聚类分析

通过聚类分析能够较直观地比较菌群之间的相似性。如图 7-10 所示，温度≥15℃时，系统各部分微生物分布较相似，聚为一大类。10℃时系统的菌群分布与其他温度下有一定差别，自成一类，原因可能是 10℃下绝大部分的微生物活性减弱，且系统传质效果差，导致较多微生物死亡，少数微生物存留，因而造成微生物菌群较明显的变化。同时，低温影响植物的生长亦会影响植物根部及悬浮液中菌群的分布。硝化污泥与 30℃时系统中微生物的分布相似性更高。

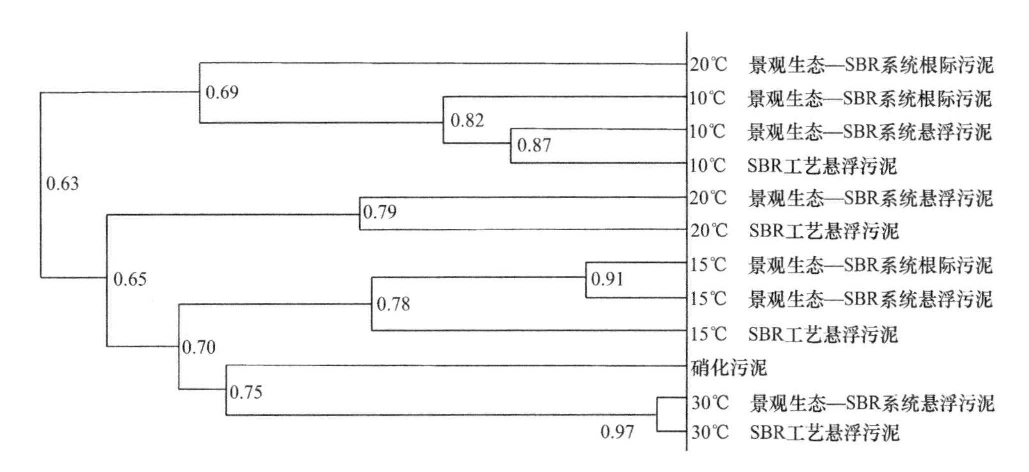

图 7-10 不同温度下系统中总菌的 DGGE 图谱聚类分析

3. 相似性分析

相似性分析是对系统中各菌群之间的相似性进行统计分析。对系统中悬浮污泥和根际污泥与富集硝化菌的硝化污泥进行对比和相似性分析，可为了解不同温度下系统不同部位的硝化菌分布提供依据。

由表 7-1 可知，相同温度下两个系统的悬浮污泥相似性较高。当温度为 10℃时，SBR 工艺中的悬浮污泥和景观生态-SBR 系统中的悬浮污泥的相似性指数为 0.87；15℃时两种悬浮污泥的相似性指数为 0.81；温度升高至 30℃时，两系统中悬浮污泥的相似性指数最高，为 0.97，均比相同条件同一系统中与根际污泥的相似性指数高。这说明根际的泌氧作用和其他分泌物会对其周围菌群的分布有较大的影响，植物的加入会引起系统菌群分布的变化。7 号样品为富集硝化菌的硝化污泥，与硝化污泥相似性指数较高的为 30℃下的两个系统的悬浮污泥，同样说明温度对硝化菌的分布有一定的影响，且温度升高有利于硝化菌的生存，特别是对于硝化过程适宜的温度（30℃）的作用。

不同温度下系统各部位菌群的相似性系数 **表 7-1**

编号	1	2	3	4	5	6	7	8	9	10	11	12
1	1.00	0.87	0.81	0.64	0.67	0.65	0.64	0.67	0.54	0.64	0.65	0.64
2	0.87	1.00	0.83	0.70	0.68	0.67	0.60	0.58	0.59	0.70	0.62	0.60
3	0.81	0.83	1.00	0.70	0.72	0.75	0.61	0.55	0.56	0.74	0.62	0.61
4	0.64	0.70	0.70	1.00	0.81	0.75	0.63	0.67	0.69	0.63	0.76	0.79
5	0.67	0.68	0.72	0.81	1.00	0.91	0.71	0.65	0.62	0.57	0.68	0.71
6	0.65	0.67	0.75	0.75	0.91	1.00	0.65	0.63	0.65	0.60	0.67	0.70
7	0.64	0.60	0.61	0.63	0.71	0.65	1.00	0.61	0.46	0.53	0.76	0.74
8	0.67	0.58	0.55	0.67	0.65	0.63	0.61	1.00	0.79	0.67	0.74	0.78
9	0.54	0.59	0.56	0.69	0.62	0.65	0.46	0.79	1.00	0.63	0.65	0.69
10	0.64	0.70	0.74	0.63	0.57	0.60	0.53	0.67	0.63	1.00	0.54	0.58
11	0.65	0.62	0.62	0.76	00.68	0.67	0.76	0.74	0.65	0.54	1.00	0.97
12	0.64	0.60	0.61	0.79	0.71	0.70	0.74	0.78	0.69	0.58	0.97	1.00

7.2.3.2 温度对系统中硝化菌数量的影响

采用荧光定量 PCR 法对系统在不同温度下的硝化菌数量进行测定。硝化菌的种属众多，研究主要关注在污水处理中常见的硝化菌 AOB 和 NOB 中的 *Nitrospira*，并对其进行定量检测。同时，为了进一步研究温度对菌群分布和硝化菌总量的影响，对低温（10℃、15℃）和适宜温度（30℃）下的样品进行高通量测序，较深入地研究硝化菌数量和菌群的变化。

1. 荧光定量 PCR 法

图 7-11 与图 7-12 是不同温度下两个系统中 AOB 和 NOB 基因的平均浓度。

由图 7-11 可知，随着温度降低，两个系统中的 AOB 基因的平均浓度均减少。SBR 工艺悬浮污泥、景观生态-SBR 系统悬浮污泥和景观生态-SBR 系统根际污泥均在 30℃时含有最多数量的 AOB，而景观生态-SBR 系统悬浮污泥中 AOB 的数量高于其他 2 种污泥。根际污泥上的 AOB 数量于不同温度下均远小于其他 2 种污泥。30℃下各部位的 AOB 数量平均是 10℃下 AOB 数量的 4 倍。以上这些现象与系统出水氨氮情况和各部位硝化速率等有对应关系，这也在一定程度上解释了系统宏观指标的变化。

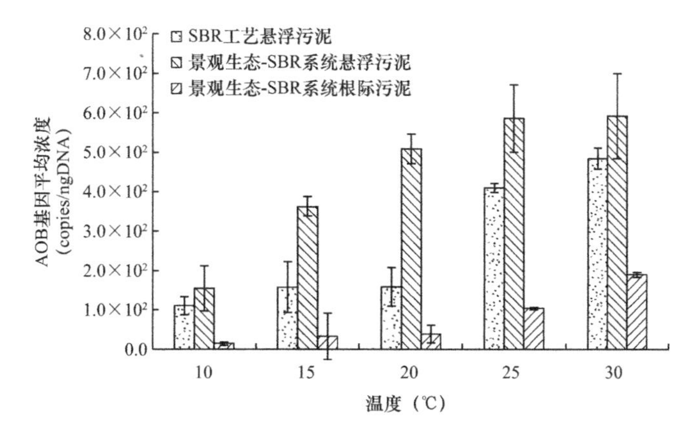

图 7-11　不同温度下两种系统污泥中 AOB 基因的平均浓度

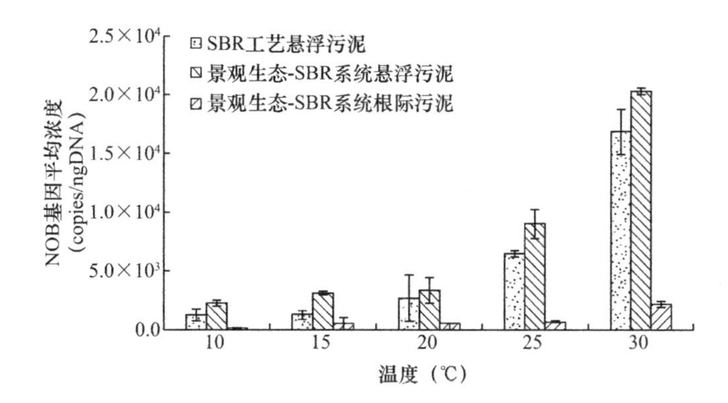

图 7-12　不同温度下两种系统污泥中 NOB 基因的平均浓度

由图 7-12 可知，温度对 NOB 的数量影响更为明显。温度降低，各种污泥的 NOB 的数量也随之降低。3 种污泥中 AOB 的数量在 30℃条件下为最高，且各温度下均表现为景观生态-SBR 系统悬浮污泥的 NOB 数量最多，SBR 工艺悬浮污泥次之，根际污泥最少。因此，温度的降低是影响硝化菌数量，进而影响硝化过程的重要原因。温度的降低引起系统内微生物传质效率的下降和其体内反应机能的降低，从而导致微生物死亡率上升。

2. 高通量测序法

通过高通量测序了解不同温度条件（10℃，15℃和 30℃）下 SBR 工艺悬浮污泥、景观生态-SBR 系统悬浮污泥和根际污泥中主要微生物群落结构，特别是硝化反应相关菌群数量的变化情况，如图 7-13 所示。单独驯化的硝化菌中硝化螺菌属 *Nitrospira* 所占的比例约为 4.73%，远高于其他未经特殊驯化的样品。在每个温度梯度下，SBR 工艺悬浮污泥、景观生态-SBR 系统悬浮污泥和根际污泥中 *Nitrospira* 所占的比例无明显差别，10℃条件下，三个样品中 *Nitrospira* 所占比例分别为 0.40%、0.42%和 0.37%。通过比较不同温度条件发现，10℃和 15℃下 *Nitrospira* 所占比例变化不明显，但 30℃下三个样品中 *Nitrospira* 所占比例分别为 1.52%、1.60%、1.30%，平均约为 10℃条件下硝化菌数量的 3.7 倍，可能是由于温度提高到硝化菌最适宜温度（25～35℃）时较大地促进了微生物的增长，使得硝化菌所占比例有较为明显的提高。

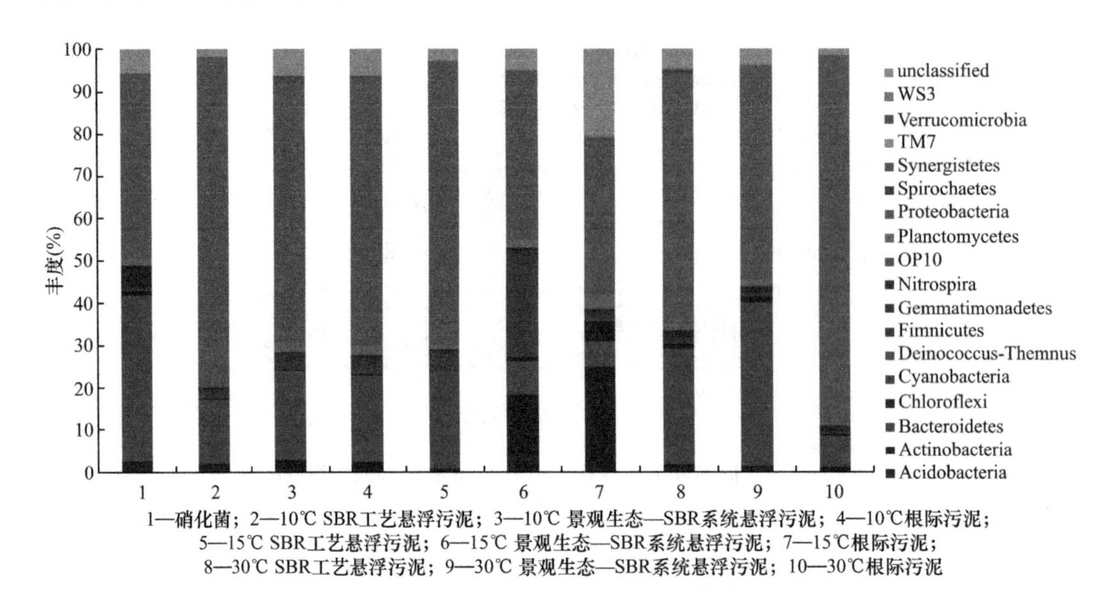

图 7-13　不同温度下悬浮污泥和根际污泥中主要微生物群落结构

对于其他菌群，由图 7-13 中可以看到，系统中的主导菌群是 *Proteobacteria*，其在各系统中的丰度在 36.20%～86.73%范围内，最高的丰度 86.73%出现在 30℃的根际污泥中。低温条件（10℃和 15℃）下，*Proteobacteria* 在悬浮污泥中的分布比例高于根际污泥中该菌种的分布比例，而在 30℃时，*Proteobacteria* 在根际污泥中的分布比例高于悬浮污泥，且比其他温度条件下 3 种污泥中 *Proteobacteria* 的分布比例高。这可能是低温时，附着在根系上的 *Proteobacteria* 菌群为了适应低温的环境，更多地接触营养物质和激发菌体热量，由附着状态变为悬浮状态。生存环境温度的升高是该菌群数量增多的决定性因素，所以在 30℃时系统中 *Proteobacteria* 的分布比例整体最高。

同时，图 7-13 表明，对于大部分的细菌，随着温度降低，其在体系中所占的比例均有降低趋势。15℃时各系统、各部位的菌群种类相比其他温度时丰富，特别是 15℃时根系的菌群种类最多，这可能是由于 15℃是中低温的临界温度，在该温度下，同时存在常规菌群和嗜冷菌等菌群。

上述结果表明，系统中硝化菌和硝化反应酶与系统硝化反应的宏观指标有某种对应关系。为了解决硝化效果不佳的问题，试验中还尝试向系统中投加硝化菌和硝化反应酶，分别考察其对系统硝化反应的影响，特别是对系统低温硝化效果的改善。

7.3　投加硝化污泥的硝化强化效果

当温度为 10℃时，两个系统的硝化能力均较差，通过向系统中投加梯度质量的富集硝化菌的硝化污泥改善系统的低温硝化效果。所投加的硝化污泥中，硝化菌数占总菌数 5%左右，AOB 的浓度为 1.48×10^{6} copies/ng DNA，NOB 的浓度为 2.74×10^{3} copies/ng DNA。检测投加污泥前后系统出水的氨氮、硝态氮、亚硝态氮、硝化速率和系统内硝化菌数量的变化，考察其对系统硝化效果的改善。

7.3.1　常规无机氮浓度的变化

投加硝化污泥后测定系统中氨氮、硝态氮、亚硝态氮的变化及对氨氮的去除率，如图 7-14～图 7-21 所示。

7.3.1.1　出水氨氮浓度的变化

投加硝化污泥后 SBR 工艺、景观生态-SBR 系统出水氨氮浓度的变化如图 7-14、图 7-15 所示。

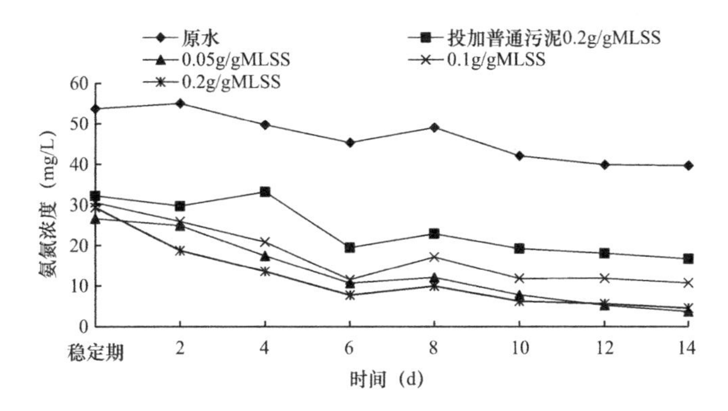

图 7-14　SBR 工艺投加硝化污泥后氨氮浓度的变化

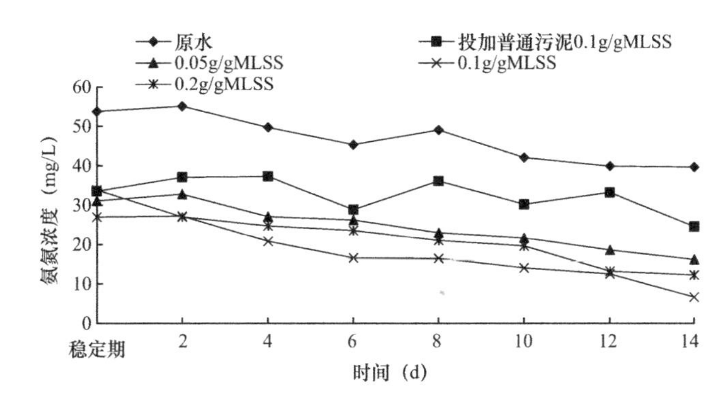

图 7-15　景观生态-SBR 系统投加硝化污泥后氨氮浓度的变化

由图 7-14、图 7-15 可知，对于两个系统，投加不同质量的硝化污泥后出水氨氮浓度均下降。对于 SBR 工艺，投加 0.2g/g MLSS 的硝化污泥对系统氨氮的去除效果提升更大。对于 SBR 工艺来说，投加硝化污泥的量越多越好。景观生态-SBR 系统则相对 SBR 工艺更为稳定，投加硝化污泥对该系统氨氮的去除亦有一定的提高效果，但其效果没有对 SBR 工艺投加硝化污泥后的效果明显，且投加 0.1g/g MLSS 的硝化污泥对系统氨氮的去除效果提升得更明显，这可能与系统中植物及其分泌物中的草酸、果酸等物质的存在有密切关系。

通过去除率的对比和变化能够更准确地掌握投加硝化污泥对系统氨氮去除效果的影响。

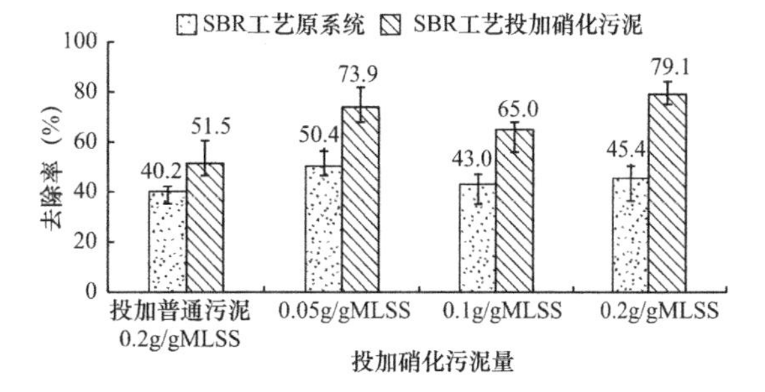

图 7-16　SBR 工艺投加硝化污泥后氨氮去除率的变化

由图 7-16、图 7-17 可知，对于 SBR 工艺，投加硝化污泥对氨氮去除率的提升大于投加普通污泥，投加 0.05g/g MLSS

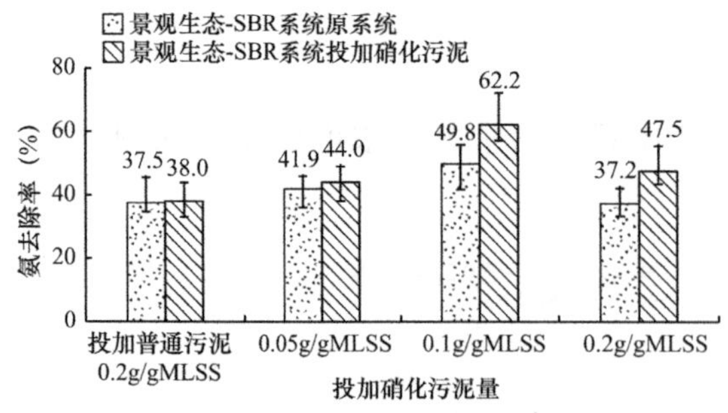

图 7-17 景观生态-SBR 系统投加硝化污泥后氨氮去除率的变化

和 0.1g/g MLSS 硝化污泥对系统氨氮的去除影响不大，而投加 0.2g/g MLSS 的硝化污泥对提高氨氮去除率的作用比较明显，提高 33.7%。对于景观生态-SBR 系统，投加 0.2g/g MLSS 硝化污泥时，去除率提高 10.5%，而加入 0.1g/g MLSS 硝化污泥时系统对氨氮的去除率提高较大，为 12.37%。

7.3.1.2 出水硝态氮浓度的变化

通过了解投加硝化污泥后系统出水硝态氮浓度的变化，可掌握系统硝化过程的特征与变化，两个系统出水硝态氮浓度的变化情况如图 7-18、图 7-19 所示。

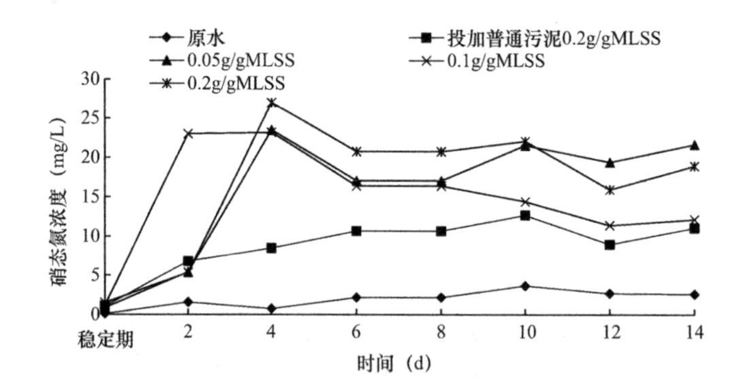

图 7-18 SBR 工艺投加硝化污泥后硝态氮浓度的变化

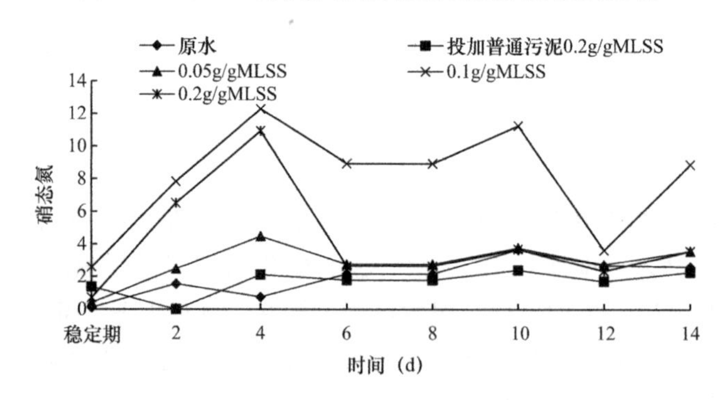

图 7-19 景观生态-SBR 系统投加硝化污泥后硝态氮浓度的变化

由图 7-18、图 7-19 可知，对于两个系统来说，景观生态-SBR 系统出水硝态氮浓度低于 SBR 工艺的，这可能是由于植物对氮元素的吸收作用。对于两个系统，投加硝化污泥后出水硝态氮浓度升高，加入 0.2g/g MLSS 硝化污泥后 SBR 工艺出水硝态氮浓度最高，加入 0.1g/g MLSS 硝化污泥后景观生态-SBR 系统出水硝态氮浓度最高，均与该条件下氨氮的去除效果相对应。

7.3.1.3 出水亚硝态氮浓度的变化

出水亚硝态氮的浓度也可反映系统硝化过程的特征及变化，投加硝化污泥后两个系统亚硝态氮浓度的变化如图 7-20、图 7-21 所示。

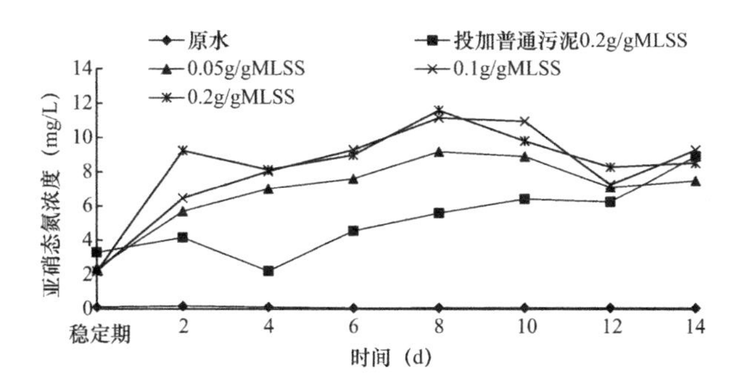

图7-20 SBR工艺投加硝化污泥后亚硝态氮浓度的变化

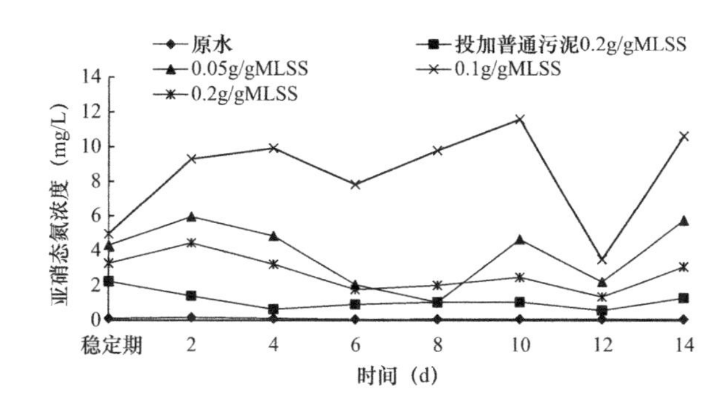

图7-21 景观生态-SBR系统投加硝化污泥后亚硝态氮浓度的变化

由图7-20、图7-21可知，对于两个系统来说，景观生态-SBR系统出水亚硝态氮浓度低于SBR工艺的，可能是植物的加入促进了亚硝态氮转化为硝态氮。SBR工艺投加硝化污泥后出水亚硝态氮浓度升高，加入0.2g/g MLSS硝化污泥后出水亚硝态氮浓度最高，与加入0.2g/g MLSS硝化污泥后氨氮的去除率最高相对应。景观生态-SBR系统具有相似的结论，与加入0.1g/g MLSS硝化污泥后氨氮的去除率最高相对应，加入0.1g/g MLSS硝化污泥后出水亚硝态氮浓度最高，而且加入普通污泥和0.2g/g MLSS硝化污泥的系统出水亚硝态氮浓度低于进水。

7.3.2 硝化速率的变化

7.3.2.1 氨氧化速率的变化

投加硝化污泥后SBR工艺悬浮污泥、景观生态-SBR系统悬浮污泥和根系污泥氨氧化速率的变化如图7-22～图7-24所示。对于SBR工艺悬浮污泥，投加普通污泥和0.05g/g MLSS、0.1g/g MLSS的硝化污泥时，系统硝化速率的变化不大，投加0.2g/g MLSS的硝化污泥对提高氨氧化速率的作用最为明显，为原系统的2.29倍。对于景观生态-SBR系统悬浮污泥，加入硝化污泥普遍比加入普通污泥氨氧化速率提高幅度大，加入0.1g/g MLSS的硝化污泥时氨氧化速率提高最大，为原系统的2.2倍。景观生态-SBR系统根际污泥的氨氧化速率在加硝化污泥后也有一定提升，加入0.1g/g MLSS的硝化污泥时提升最大，氨氧化速率为原系统的2.05倍。投加硝化污泥后系统氨氧化速率的变化趋势与对氨氮的去除效果相似。

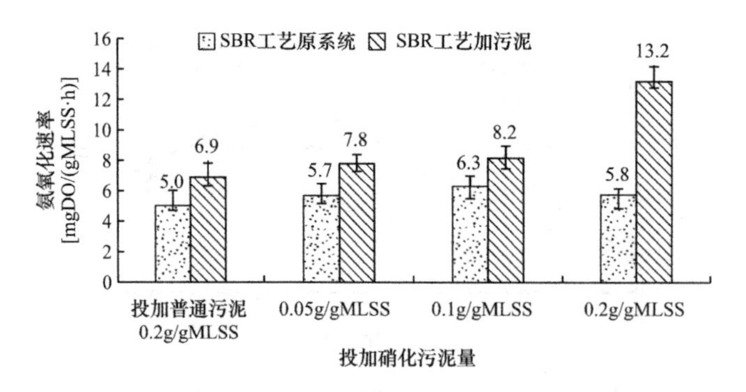

图 7-22　SBR 工艺悬浮污泥投加硝化污泥后氨氧化速率的变化

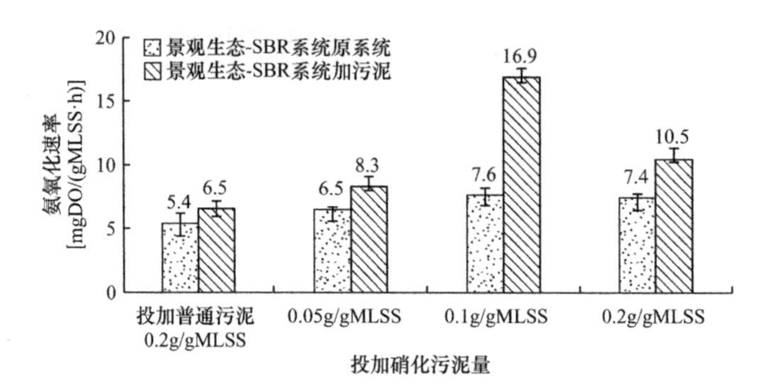

图 7-23　景观生态-SBR 系统悬浮污泥投加硝化污泥后氨氧化速率的变化

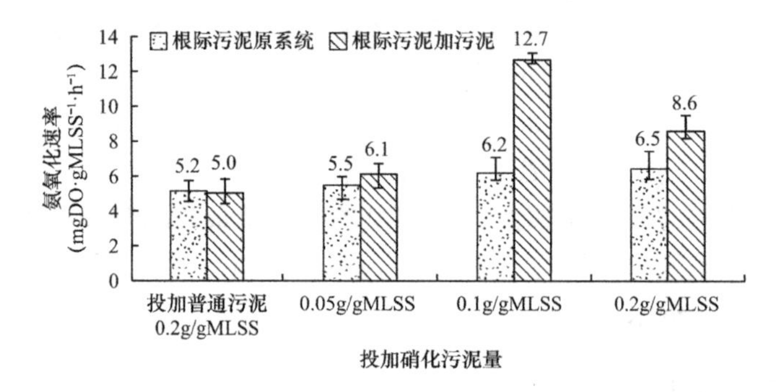

图 7-24　景观生态-SBR 系统根际污泥投加硝化污泥后氨氧化速率的变化

7.3.2.2　亚硝酸盐氧化速率的测定

投加硝化污泥后 SBR 工艺悬浮污泥和景观生态-SBR 系统悬浮污泥及根际污泥亚硝酸盐氧化速率的变化如图 7-25～图 7-27 所示。对于 SBR 工艺悬浮污泥，投加硝化污泥后亚硝酸盐氧化速率的变化与氨氧化速率的变化规律相似，投加 0.2g/g MLSS 的硝化污泥对提高亚硝酸盐氧化速率的作用最明显，其速率为原系统的 1.84 倍。对于景观生态-SBR 系统悬浮污泥，投加普通污泥后亚硝酸盐氧化速率有一定的下降，可能是低温环境对硝化反应长期的抑制作用引起的，加入 0.05g/g MLSS 的硝化污泥较加入 0.2g/g MLSS 的硝化污泥亚硝酸盐氧化速率提高得略大，加入 0.1g/g MLSS 的硝化污泥时亚硝酸盐氧化速率提高最大，为原系统的 1.74 倍。景观生态-SBR 系统根际污泥则呈现较为不同的现象，加入 0.2g/g MLSS 的硝化污泥对景观生态-SBR 系统根际污泥亚硝酸盐氧化速率的提升最大，为原系统的 1.33 倍。

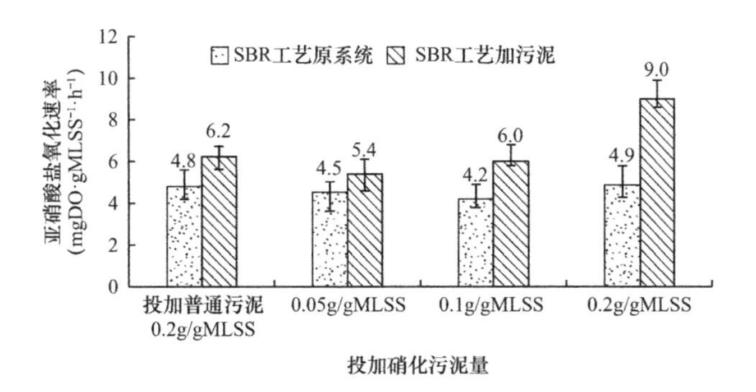

图 7-25　SBR 工艺悬浮污泥投加硝化污泥后亚硝酸盐氧化速率的变化

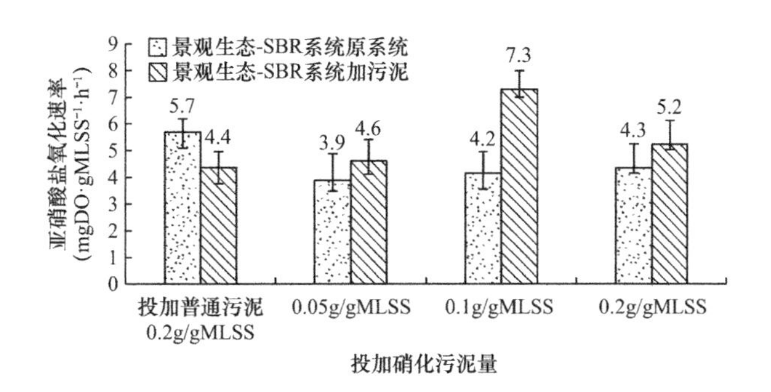

图 7-26　景观生态-SBR 系统悬浮污泥投加硝化污泥后亚硝酸盐氧化速率的变化

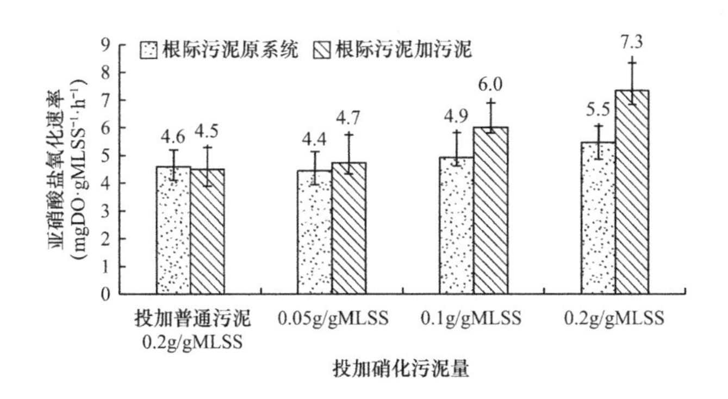

图 7-27　景观生态-SBR 系统根际污泥投加硝化污泥后亚硝酸盐氧化速率的变化

7.3.3　硝化菌数量的变化

加入富集培养的硝化污泥后，通过荧光定量 PCR 法测定系统污泥（SBR 工艺悬浮污泥以及景观生态-SBR 系统悬浮污泥和根际污泥）中 AOB 和 NOB 数量的变化，研究投加硝化污泥对系统中硝化菌数量的影响，如图 7-28～图 7-33 所示。

7.3.3.1　AOB 数量的变化

两个系统投加硝化污泥后各部位 AOB 数量如图 7-28～图 7-30 所示。

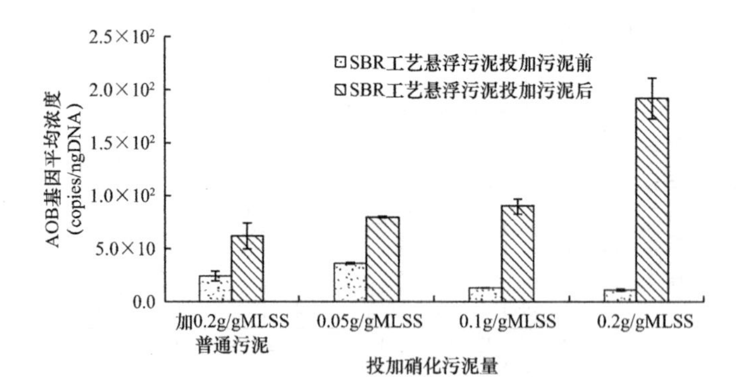

图 7-28　SBR 工艺悬浮污泥投加硝化污泥前后 AOB 数量

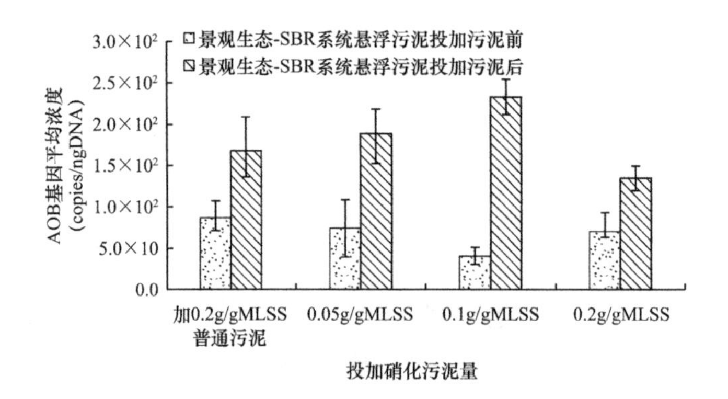

图 7-29　景观生态-SBR 系统悬浮污泥投加硝化污泥前后 AOB 数量

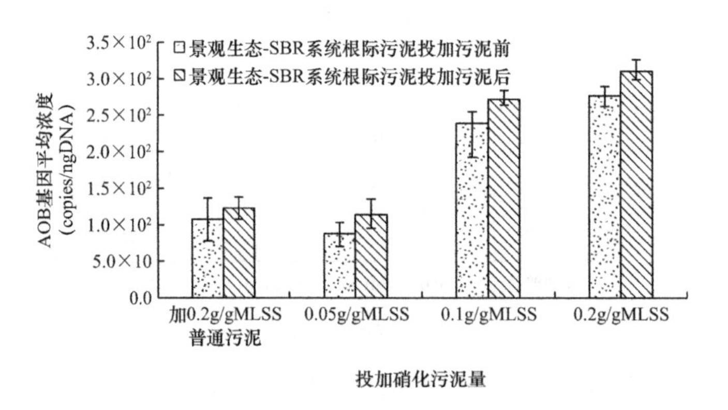

图 7-30　景观生态-SBR 系统根际污泥投加硝化污泥前后 AOB 数量

由图 7-28～图 7-30 可知，加入硝化污泥后，系统各部位污泥中的 AOB 数量均增多，这主要是硝化污泥对系统污泥的引导驯化作用引起的。但是，各部位污泥环境不同，AOB 数量的变化有一定差异。对于 SBR 工艺悬浮污泥，加入 0.2g/g MLSS 硝化污泥后，AOB 数量增加最多，为投加硝化污泥前的 17 倍。而景观生态-SBR 系统悬浮污泥中的 AOB 数量，投加 0.1g/g MLSS 硝化污泥时，增加最多，为投加硝化污泥前的 5.8 倍。景观生态-SBR 系统根际污泥加入硝化污泥后 AOB 数量变化不大，为原系统的 1.14 倍，可能是水力冲击使得根部附着污泥较少。

7.3.3.2　NOB 数量的变化

两个系统投加硝化污泥前后各部位 NOB 数量的变化如图 7-31～图 7-33 所示。加入硝化污泥后，系统各部位污泥中 NOB 数量均有上升。SBR 工艺悬浮污泥中，加入 0.2g/g MLSS 硝化污泥后，NOB 数量增加最多，为原来的 4 倍以上。景观生态-SBR 系统悬浮污泥投加硝化污泥后，NOB 数量为原来的 8.5 倍。景观生态-SBR 系统根际污泥中 NOB 数量增加的幅度小于其他两个部位污泥中的变化，为原来的 1.69 倍。

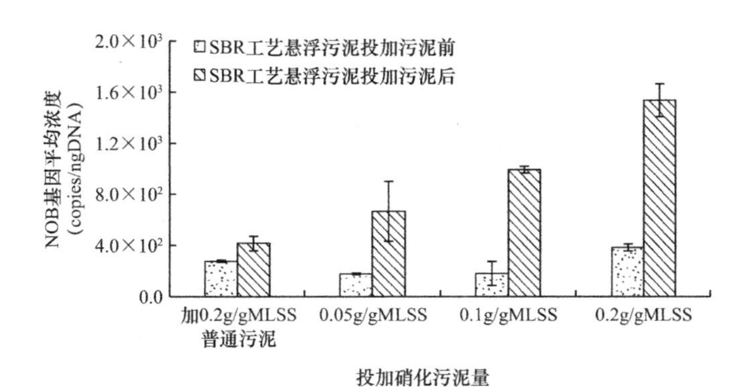

图 7-31　SBR 工艺悬浮污泥投加硝化污泥后 NOB 数量的变化

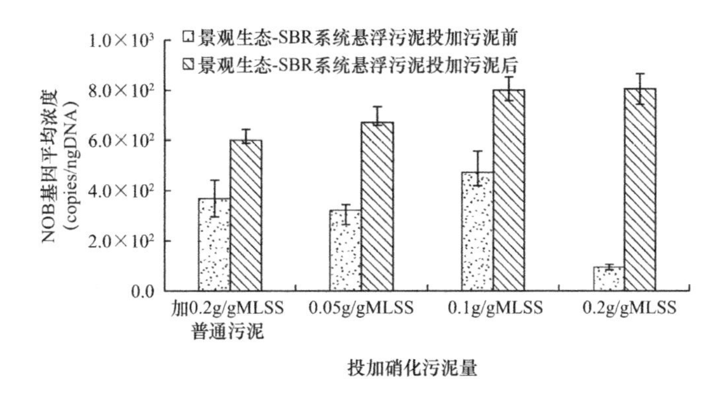

图 7-32　景观生态-SBR 系统悬浮污泥投加硝化污泥后 NOB 数量的变化

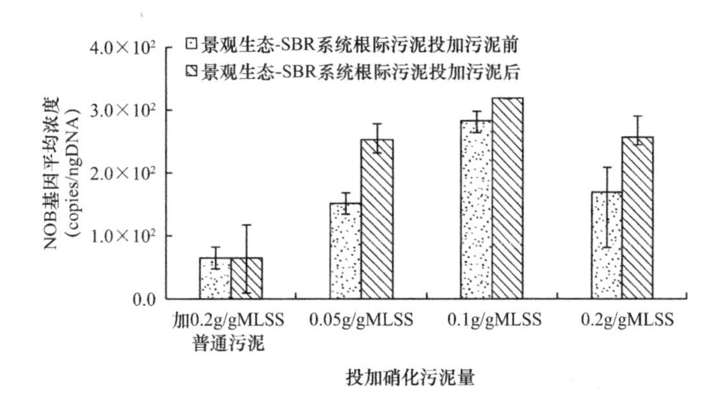

图 7-33　景观生态-SBR 系统根际污泥投加硝化污泥后 NOB 数量的变化

7.3.4 硝化菌剂的保藏

硝化菌剂的保藏步骤主要有：沉淀、过滤、加入营养液、加入保护剂和−20℃冷藏。营养液成分包括：1.5g/L 氨氮、0.06g/L 硫酸亚铁、0.5g/L 磷酸二氢钾、0.1g/L 氯化钙、0.5g/L 硫酸镁。加入 5%的甘油保护剂后，每隔五天测定污泥的硝化速率。硝化菌保藏实物图及硝化速率随保藏时间的变化如图 7-34、图 7-35 所示。

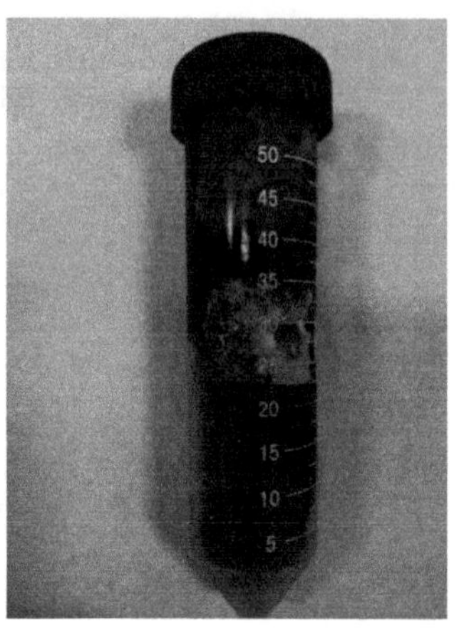

图 7-34 硝化菌保藏实物图

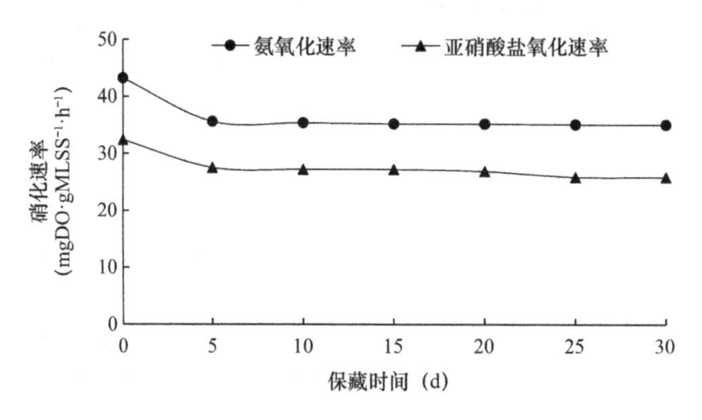

图 7-35 硝化速率随保藏时间的变化曲线

由图 7-35 可知，采用冷藏法保藏硝化菌时，初期可能由于菌剂对环境变化的不适应，硝化活性有所下降，氨氧化速率降为保存初期的 82.4%，亚硝酸盐氧化速率降为保藏初期的 85.0%。适应过程结束后，硝化速率下降很少，几乎维持不变。

7.3.5 投加硝化污泥的硝化强化验证试验

为了验证投加硝化污泥的试验效果，将 SBR 工艺和景观生态-SBR 系统置于温室内，通过精密空调控制室内温度，于 15℃的低温条件下运行两个系统。两个系统运行条件不变，室内空气温度 15±2℃，装置内水温 17±2℃，湿度 80%，运行稳定后加硝化污泥，投加硝化污泥的量为 0.1±0.02g/g MLSS，两个系统加硝化污泥前后氨氮去除率变化如图 7-36 所示。

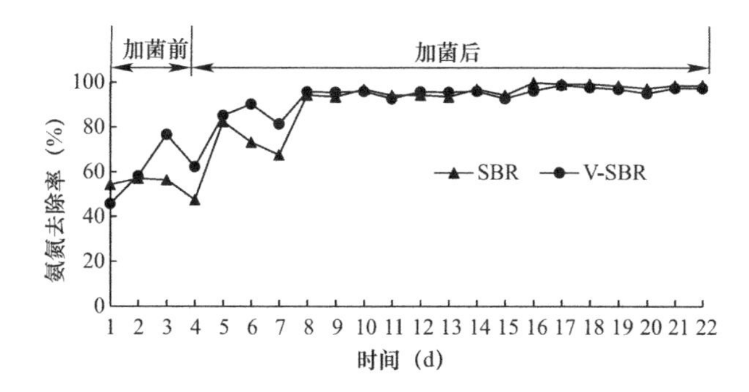

图 7-36　两个系统加硝化污泥前后氨氮去除率变化

由图 7-36 可知，投加硝化污泥后，两个系统对氨氮的去除率提高幅度较大，经过两天的调整期后，均上升较快，4d 左右继续上升，达到一定的去除率之后稳定。在投加硝化污泥的 18d 后，两个系统对氨氮的去除率高达 98.5%，出水氨氮浓度平均为 1.3mg/L。氨氮去除率的变化规律可以表征，在硝化污泥投入装置前后，其中硝化菌逐渐调整适应、最终增强系统去除氨氮能力的变化过程。所以，加入硝化污泥，对低温条件下去除氨氮效果的改善作用比较显著。

7.4　投加硝化反应酶的硝化强化效果

当温度为 10℃和 15℃时向系统中投加硝化反应酶，系统对氨氮去除率提高 3%左右，对整个系统硝化效果的强化影响不大。温度为 20℃时，将试验中所养硝化污泥进行细胞匀浆离心后，取上清液投加到试验体系中，强化效果明显。试验中，分别以 0mL/g MLSS、5mL/g MLSS、10mL/g MLSS、20mL/g MLSS 的量投加，各系统的污泥浓度为 2g/L 左右。投加硝化反应酶后研究系统中氨氮、硝态氮、亚硝态氮、硝化速率和硝化菌数量的变化。

7.4.1　常规无机氮浓度的变化

通过研究投加纯化后的硝化反应酶后，系统出水氨氮、硝态氮、亚硝态氮浓度的变化，表征加入硝化反应酶后系统内无机氮元素的变化规律。

7.4.1.1　氨氮浓度的变化

出水氨氮浓度的变化是直接表征硝化效果的指标。投加硝化反应酶后 SBR 工艺、景观生态-SBR 系统氨氮浓度的变化如图 7-37、图 7-38 所示。

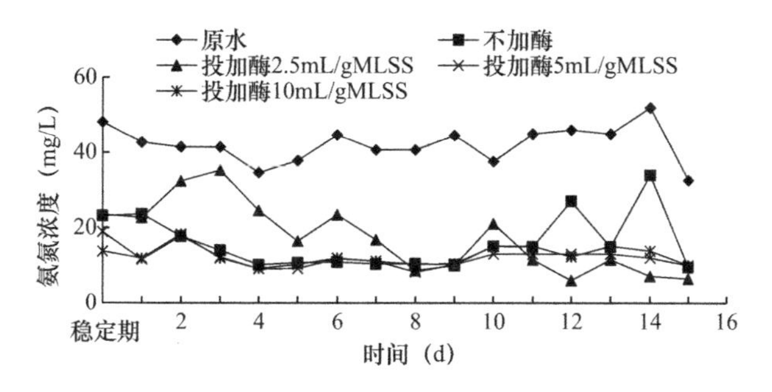

图 7-37　SBR 工艺投加硝化反应酶后氨氮浓度的变化

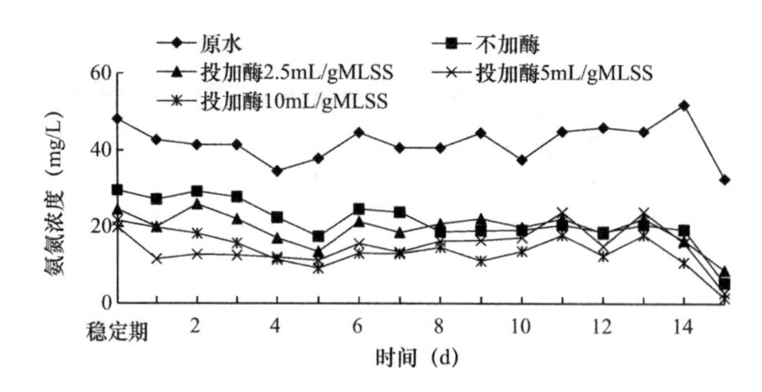

图 7-38 景观生态-SBR 系统投加硝化反应酶后氨氮浓度的变化

由图 7-37、图 7-38 可知，投加硝化反应酶后，出水氨氮浓度均有所降低。对于 SBR 工艺，投加 5mL/g MLSS 硝化反应酶时，出水氨氮浓度变化最小，投加 2.5mL/g MLSS 的硝化反应酶对系统氨氮的去除效果提升更多。对于景观生态-SBR 系统，投加 10mL/g MLSS 的硝化反应酶对氨氮的去除效果提升最大，运行半个月，出水氨氮浓度远低于国家一级 A 排放标准。试验结果表明，在一定范围内，投加的硝化反应酶越多，越有利于氨氮的去除。

为进一步准确研究投加硝化反应酶后系统对氨氮的去除效果的变化，比较投加硝化反应酶前后的两系统对氨氮的去除率，如图 7-39 和图 7-40 所示。

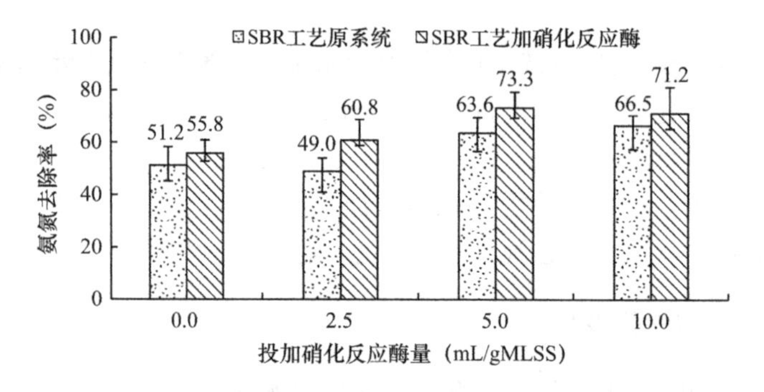

图 7-39 SBR 工艺投加硝化反应酶后氨氮去除率的变化

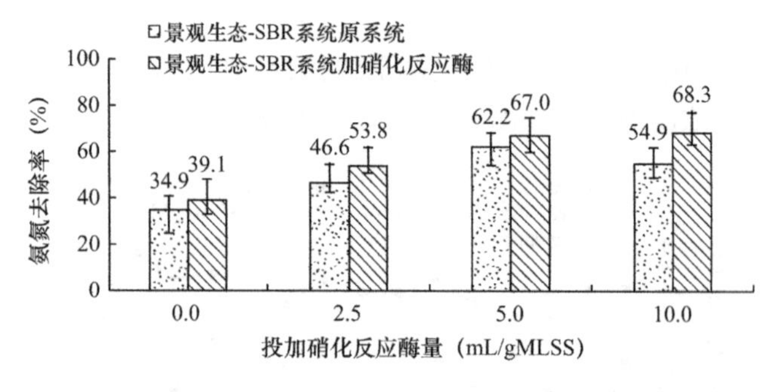

图 7-40 景观生态-SBR 系统投加硝化反应酶后氨氮去除率的变化

由图 7-39、图 7-40 可以得出，向 SBR 工艺中投加 2.5mL/g MLSS 的硝化反应酶时，可使系统的氨氮去除率提升更多，为 11.85%。对于景观生态-SBR 系统，氨氮去除率提升最高的为投加 10mL/g MLSS 的硝化反应酶，氨氮去除率可提高 13.39%。这可能是由于相比于景观生态-SBR 系统部分活性污泥附着于根系的情况，SBR 工艺中活性污泥均处于悬浮状态，与硝化反应酶接触的概率较大且均匀，所以投加 2.5mL/g MLSS 的硝化反应酶后对氨氮去除率的提高效果与景观生态-SBR 系统投加 10mL/g MLSS 的硝化反应酶时相差不大。

7.4.1.2　硝态氮浓度的变化

投加硝化反应酶后两个系统硝态氮浓度的变化如图 7-41、图 7-42 所示。两个系统投加硝化反应酶后，出水硝态氮浓度均由于氨氮去除率的提高而有所上升。出水硝态氮浓度与相同条件下该系统对氨氮的去除效果相对应，对氨氮的去除效果越好，则出水硝态氮浓度亦越高。不加硝化反应酶时，两个系统出水硝态氮浓度均低于其他加酶的系统。经过 7d 左右，景观生态-SBR 系统的硝态氮浓度开始下降并趋于稳定，而 SBR 工艺出水硝态氮浓度则有较为稳定的上升趋势，可能与植物对硝态氮的吸收利用有一定的关系。

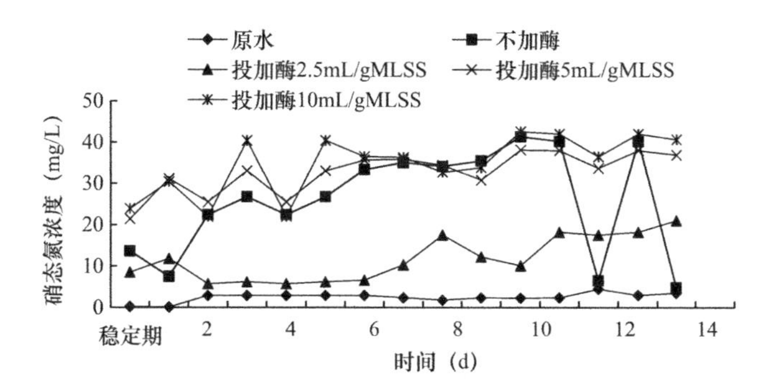

图 7-41　SBR 工艺投加硝化反应酶后硝态氮浓度的变化

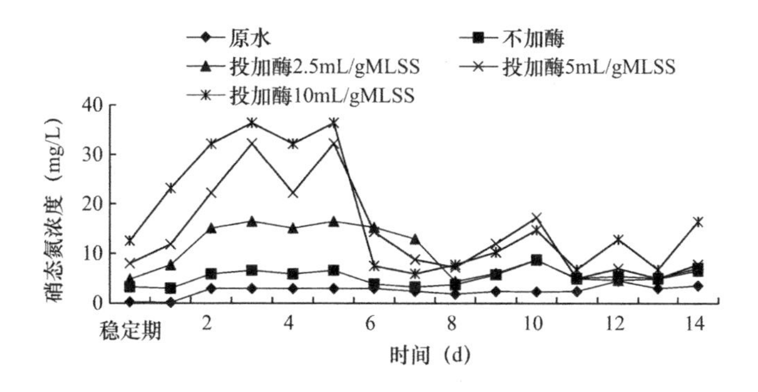

图 7-42　景观生态-SBR 系统投加硝化反应酶后硝态氮浓度的变化

7.4.1.3　亚硝态氮浓度的变化

投加硝化反应酶后两个系统亚硝态氮浓度的变化如图 7-43、图 7-44 所示。景观生态-SBR 系统出水亚硝态氮浓度均高于 SBR 工艺，可能与植物对氮的吸收作用有关。对于 SBR 工艺，投加 2.5mL/g MLSS 的硝化反应酶时，出水亚硝态氮浓度明显高于其他条件下 SBR 工艺。投加 10mL/g MLSS 硝化反应酶的景观生态-SBR 系统出水亚硝态氮浓度均高于其他条件。

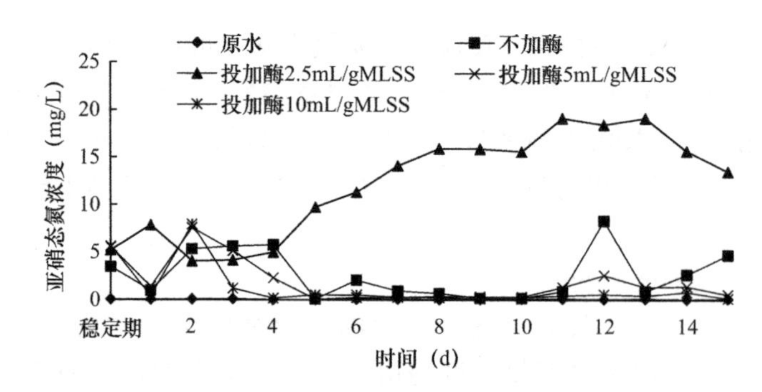

图 7-43　SBR 工艺投加硝化反应酶后亚硝态氮浓度的变化

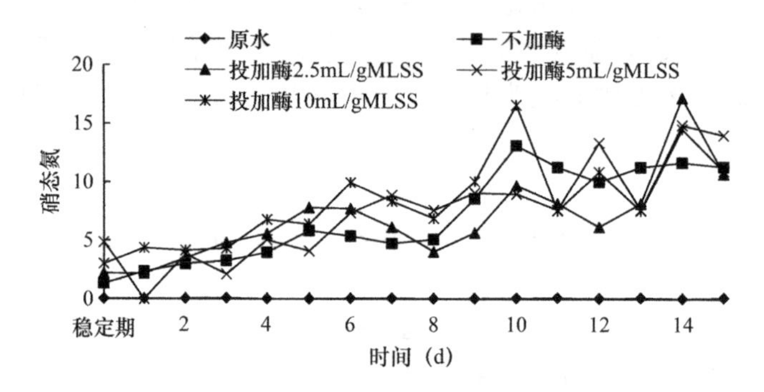

图 7-44　景观生态-SBR 系统投加硝化反应酶后亚硝态氮浓度的变化

7.4.2　硝化速率的变化

加入硝化反应酶后，采用 OUR 法测得两系统加酶后悬浮污泥和根际污泥的氨氧化速率和亚硝酸盐氧化速率的变化，以表征系统中硝化反应的情况。

7.4.2.1　氨氧化速率

加硝化反应酶后 SBR 工艺悬浮污泥与景观生态-SBR 系统的悬浮污泥和根际污泥的氨氧化速率的变化如图 7-45～图 7-47 所示。可以看出，投加硝化反应酶后，两个系统中各部位污泥的氨氧化速率均有一定的提高，但是速率提高情况有一定差异。对于 SBR 工艺，不加硝化反应酶时，系统氨氧化速率也有上升趋势，氨氧化速率是原来的 1.12 倍，上升幅度较小。加入 2.5mL/g MLSS 的硝化反应酶时，氨氧化速率是原来的 1.50 倍，相比于其他硝化反应酶投加量氨氧化速率提高幅度最大。

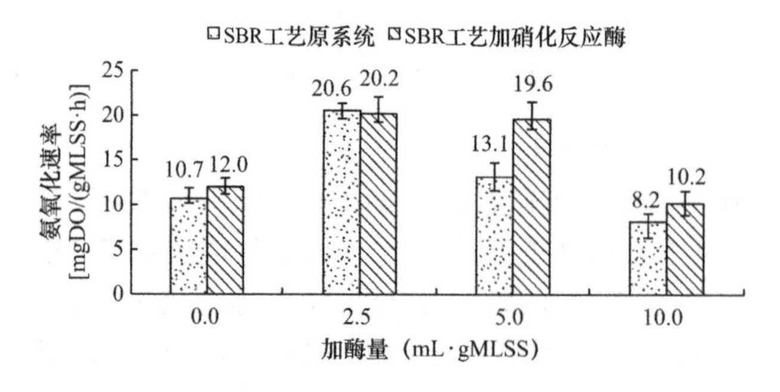

图 7-45　SBR 工艺投加硝化反应酶后悬浮污泥氨氧化速率的变化

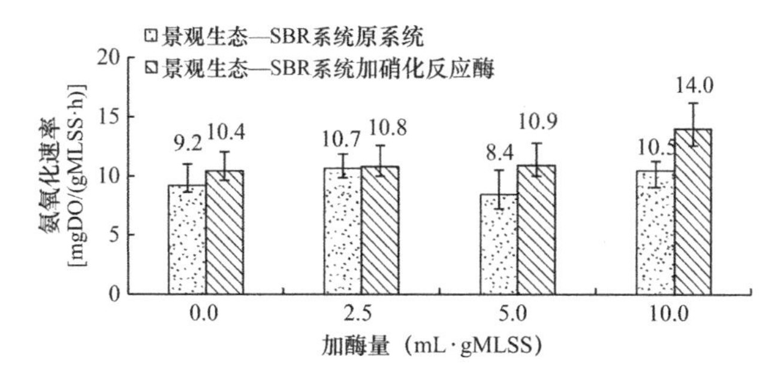

图 7-46 景观生态-SBR 系统投加硝化反应酶后悬浮污泥氨氧化速率的变化

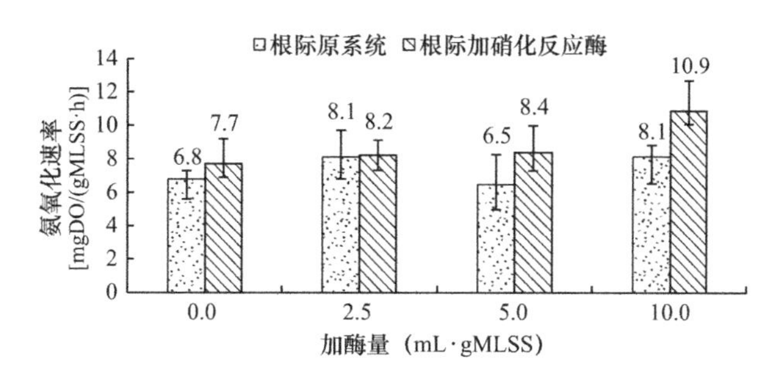

图 7-47 景观生态-SBR 系统投加硝化反应酶后根际污泥氨氧化速率的变化

图 7-46 和图 7-47 中景观生态-SBR 系统中的悬浮污泥和根际污泥氨氧化速率变化情况较类似。不加硝化反应酶时氨氧化速率有一定的提升，但提升幅度低于加硝化反应酶 5mL/g MLSS 和 10mL/g MLSS 时的系统。加入 10mL/g MLSS 硝化反应酶时，氨氧化速率提高得最多，为原系统的 1.33 倍。投加 2.5mL/g MLSS 硝化反应酶时，对复合系统的氨氧化速率影响不大。比较两个系统可以发现景观生态-SBR 系统较 SBR 工艺更稳定。

7.4.2.2 亚硝酸盐氧化速率

对加硝化反应酶后 SBR 工艺悬浮污泥和景观生态-SBR 系统悬浮污泥及根际污泥的亚硝酸盐氧化速率进行 OUR 测定，加硝化反应酶前后该速率的变化情况如图 7-48～图 7-50 所示。

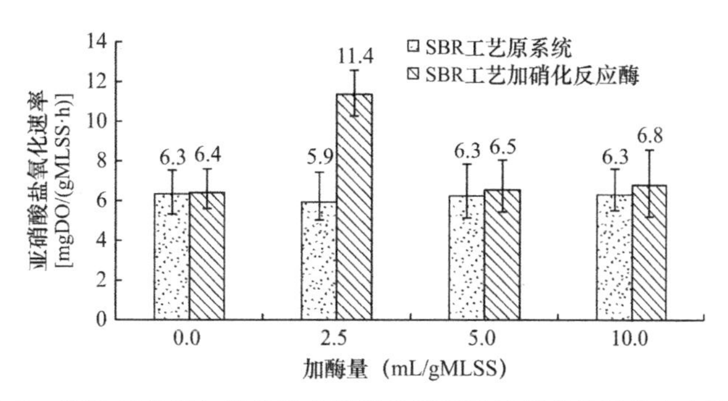

图 7-48 SBR 工艺投加硝化反应酶后悬浮污泥亚硝酸盐氧化速率的变化

由图 7-48 可知，对于 SBR 工艺，加入 2.5mL/g MLSS 的硝化反应酶时，系统的亚硝酸盐氧化速率提高得最多，为原来的 1.93 倍，而不加酶或加酶较多时，对系统的亚硝酸盐氧化速率的影响变化不大。由图 7-49 和图 7-50 可知，对于景观生态-SBR 系统中的悬浮污泥和根际污泥，硝化反应酶的投加对亚硝酸盐氧化速率的提升并不明显，与未投加酶的系统亚硝酸盐氧化速率有较小差异。这可能是向系统中投加硝化反应酶，使系统的COD浓度有一定的提高，系统中的异养菌相对硝化菌的优势更明显，在一定程度上抑制了硝化菌的硝化反应。

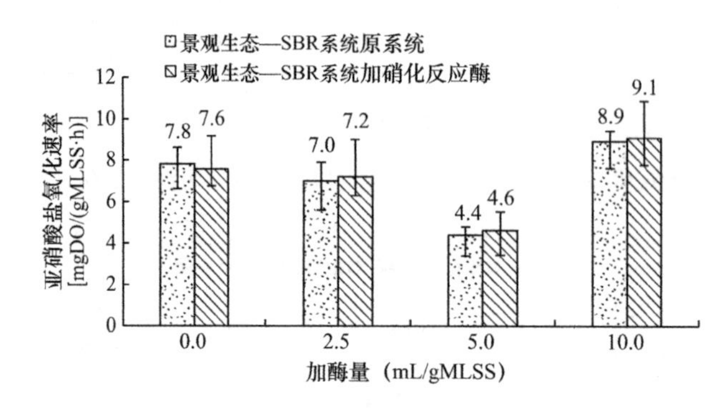

图7-49　景观生态-SBR系统投加硝化反应酶后悬浮污泥亚硝酸盐氧化速率的变化

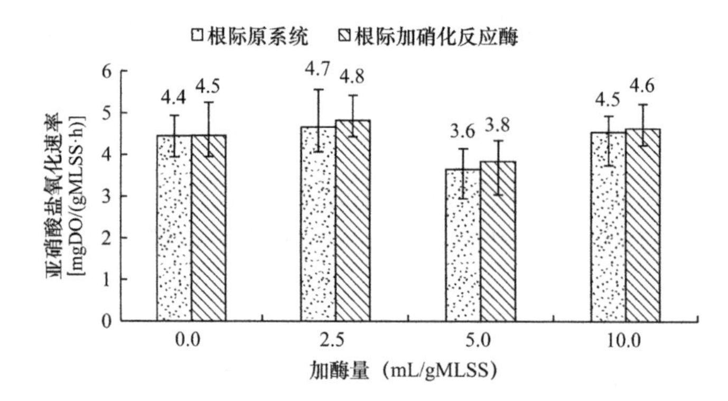

图7-50　景观生态-SBR系统投加硝化反应酶后根际污泥亚硝酸盐氧化速率的变化

7.5　小结

低温对活性污泥系统硝化反应的影响不可忽略，本章通过控制景观生态-SBR系统的温度，研究了其中常规指标、硝化速率、硝化反应酶的活性和系统中菌群的分布，特别是硝化菌数量随温度的变化关系。此外，通过向景观生态-SBR系统中投加富集硝化菌的硝化污泥和硝化反应酶对系统硝化强化效果进行了研究，特别是低温下的硝化效果。主要得到以下结论：

（1）温度对硝化过程有较大影响。当温度降低时，系统内硝化菌的数量、硝化反应酶的活性均降低，致使系统氨氮去除率的降低和系统硝化速率的减小。景观生态-SBR系统抵抗低温的能力较强，且升温时从低温处理效果较差的状态恢复至具有较高处理效果且稳定的状态较快。

（2）随着温度的降低，系统中AOB和NOB的数量均呈下降趋势。在10℃和15℃下系统中*Nitrospira*所占比例平均降低为30℃下的26.9%，因此，提高硝化菌的数量是解决低温硝化效果差的一种思路。当温度由30℃降至15℃时，硝化反应酶AMO和HAO的活性均受较大的影响，也可以向系统中投加硝化反应酶改善低温硝化效果。

（3）向景观生态-SBR 系统中投加 0.1g/g MLSS 硝化污泥时，系统的硝化能力可得到较大的提升，系统对氨氮的去除率可提高 12.4%，硝化速率和硝化菌数量也有相应的增长。向景观生态-SBR 系统中投加 0.1g/g MLSS 的硝化污泥时，系统对氨氮的去除率可提高 40.0%以上。

（4）在低温条件（≤15℃）下，向景观生态-SBR 系统中投加硝化反应酶时，对系统硝化效果提升不大。在 20℃条件下，向复合系统中投加 10mL/g MLSS 硝化反应酶时，系统对氨氮的去除率可提高 13.4%，氨氧化速率和亚硝酸盐氧化速率有类似的规律。

第 8 章　景观生态-活性污泥系统污泥减量研究

对景观生态-活性污泥复合系统的研究发现，在出水水质达标的情况下，出水 SS 含量较低，剩余污泥量较少，因此分析系统可能存在污泥减量的能力。通过对不同温度条件下复合系统污泥量分布进行考察了解不同季节污泥量分布的变化情况，为分析复合系统污泥减量的能力提供基础。

在景观生态-接触氧化 A/O 系统中存在植物根系、填料、陶粒等能够吸附污泥的物质，这些物质的存在导致复合系统中污泥的分布与传统活性污泥处理工艺不同。复合系统存在污泥减量能力主要有两部分原因：①污泥部分被吸附在根系和填料上，构成了简单的生物膜系统，导致复合系统污泥龄较长，同时生物膜的存在延长了系统的污泥龄，增大了污泥自身氧化率，降低了污泥产率系数；②复合系统的生态系统较为稳定，系统的生物种类也较多，相较于传统污水处理工艺，复合系统的食物链更长，污泥生态捕食作用也更加显著。本试验通过研究复合系统污泥量分布，进一步分析系统中存在的污泥减量原因，从而为接下来的复合系统末端减量提供依据。

实际工程为中原文化艺术学院中水回用工程，为减少后续污泥处理处置的相关费用，节约成本以有利于推广，对产生的剩余污泥进行末端强化处理，使污泥的排放量进一步降低。综合文献及结合实际工程条件，末端强化减量措施主要有两种方式：①系统外加 OSA 工艺，利用能量解偶联原理调节污泥微生物的合成代谢和分解代谢，通过改变厌氧池污泥浓度和污泥停留时间降低污泥产率系数，并研究在系统加入 OSA 工艺后系统对于污染物去除效果的变化；②外加大型水生动物，以克氏原螯虾为研究对象进行剩余污泥的生态捕食减量研究，并分析大型动物捕食对水体氮磷含量的影响。

8.1　复合系统污泥量分布

在景观生态-接触氧化 A/O 系统中，污泥并非全部存在于水体中，植物根系、填料、陶粒均对污泥有吸附作用，而且在不同的温度条件下吸附量不同，因此对不同温度条件下复合系统污泥量的分布情况进行了研究。

8.1.1　低温条件下污泥量分布

在外界温度 5～10℃条件下，分别选择植物陶粒、填料、植物根系进行试验，三者的吸附效果如图 8-1 所示。

在对吸附材料进行污泥吸附量的研究时，对各吸附材料吸附量的计算采取静态吸附的计算公式进行计算，以吸附量 q 表示：

$$q = \frac{V(C_0 - C)}{W} \tag{8-1}$$

式中　V——污泥混合液体积，L；

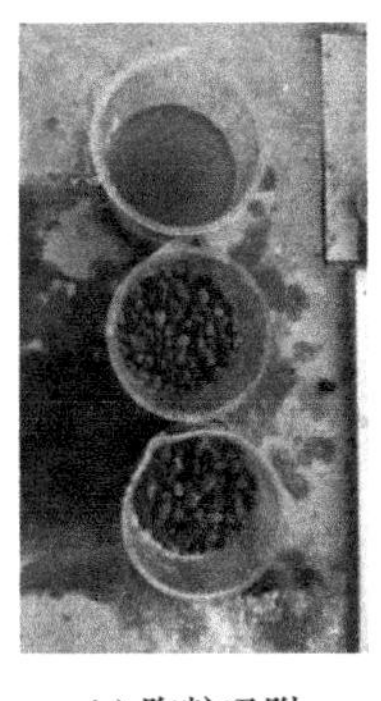

(a) 陶粒吸附

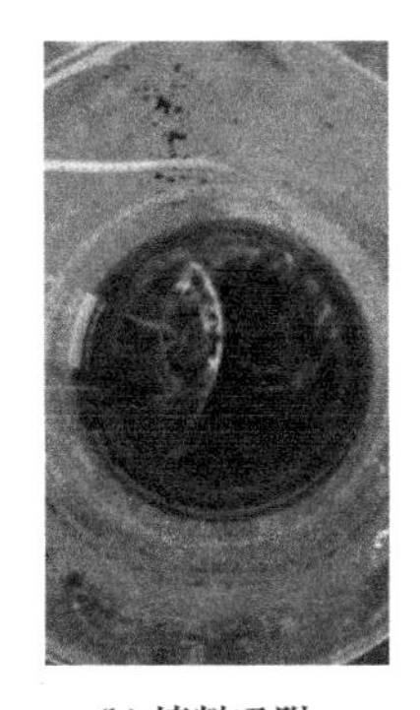
(b) 填料吸附

(c) 植物根系吸附

图 8-1　陶粒、填料、植物根系吸附效果图

W——吸附材料投加量；

C_0——起始污泥浓度，mg/L；

C——吸附平衡时剩余污泥浓度，mg/L。

在实际的吸附量研究中，以吸附材料吸附 10h 后的污泥浓度作为平衡浓度用以计算。

8.1.1.1　低温条件下陶粒吸附效果

选取 5 组起始浓度 1600mg/L 的污泥进行吸附研究，空白组不放陶粒，试验组加入 100g 陶粒对污泥进行静态吸附研究，溶液体积 1L，在 10h 的吸附过程中，每 2h 进行污泥浓度的测定，结果如图 8-2 所示。

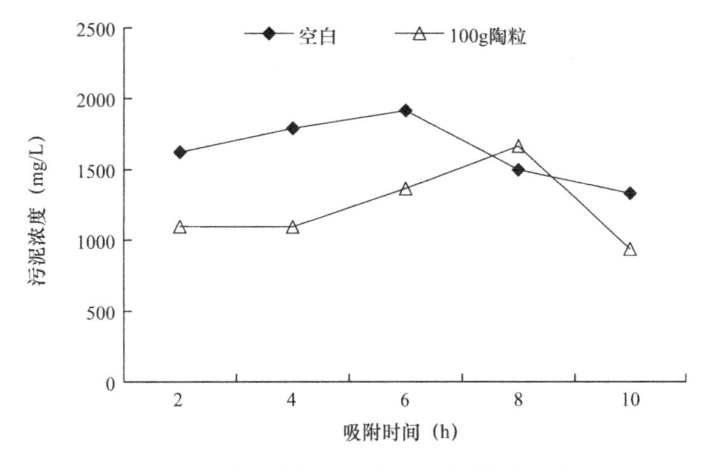

图 8-2　低温条件下陶粒对污泥吸附量变化

由图 8-2 可知，陶粒在前期对于污泥的吸附能力较大，但后期陶粒吸附的污泥又脱落回水体，导致陶粒对污泥吸附量减小。同时，通过陶粒吸附 10h 后的空白组与试验组的污泥浓度差值得陶粒对于单位体积污泥 10h 稳定吸附量为 3.92mg/g。

8.1.1.2　低温条件下填料吸附效果

同样选取 5 组起始浓度 1600mg/L 的污泥进行吸附研究，试验组加入 2 个填料，空白组不加，溶液体积 1L，吸附时间 10h，每 2h 取样测定污泥浓度，其中单个软性填料的直径为 12cm，填料表面积约 $113cm^2$，结果如图 8-3 所示。

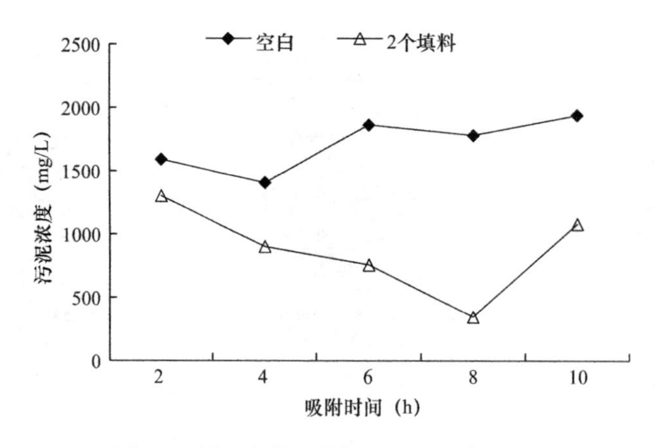

图 8-3　低温条件下填料对污泥吸附量变化

由图 8-3 可知，填料对污泥具有很强的吸附效果，且随着吸附时间的增加，吸附的污泥量也增加。在吸附 8h 的情况下，吸附量达到最大值，其后随着时间延长，吸附的污泥脱落，导致污泥浓度又增加。由空白组与试验组的污泥浓度差值得填料的稳定吸附量为 3.80mg/cm^2。

8.1.1.3　低温条件下植物根系吸附效果

选取 5 组起始浓度 1600mg/L 的污泥进行吸附研究，试验组加入生长良好的美人蕉一株，空白组不加，溶液体积 1L，试验时间 10h，每 2h 进行污泥浓度检测，单株美人蕉植物根系表面积为 10m^2，结果如图 8-4 所示。

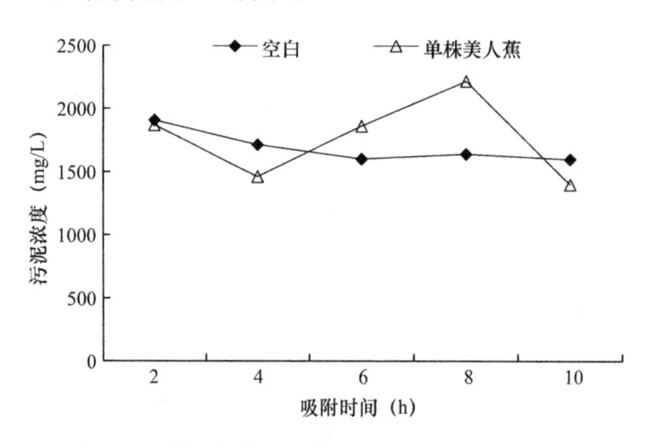

图 8-4　低温条件下植物根系对污泥吸附量变化

由图 8-4 可知，在植物根系吸附 4h 的时候，美人蕉对污泥吸附量最大。在 4h 以后，吸附的污泥又脱落回水体导致污泥浓度上升，也有可能是植物根系腐败进入水体导致污泥浓度升高。通过植物根系吸附 10h 后空白组与试验组污泥浓度的差值得单株植物根系对污泥的吸附量约 20mg/m^2。

8.1.1.4　低温条件下连续动态试验研究污泥分布情况

对比实际工程，按照 100g 陶粒、6 个填料、2 株美人蕉的比例投入连续动态装置中；连续动态装置体积约 26L，其中生化池 18L、沉淀池 8L；水力停留时间缺氧池 3h、好氧池 6h，气水比 4∶1。连续运行一周，其中陶粒、填料与美人蕉的稳定吸附量以吸附

10h的稳定吸附量为标准，装置内生化池与沉淀池污泥浓度以运行一周后实际浓度为标准，在此基础上测得复合系统污泥量分布见表8-1。

低温连续动态运行条件下复合系统污泥量分布　　表8-1

污泥分布部位	沉淀池	生化池	植物根系	填料	陶粒
污泥浓度	1656mg/L	314mg/L	$20mg/m^2$	$3.80mg/cm^2$	3.92mg/g
数量	8L	18L	$80m^2$	$2712.96cm^2$	400g
污泥总量（mg）	13248	5652	1600	10320	1568
所占比例（%）	42.9	18.3	5.2	33.5	5.1

由表8-1可知，在复合系统中污泥大约有33.5%被吸附于填料上，植物根系与陶粒吸附的污泥分别占5.2%和5.1%，复合系统中的植物根系、填料、陶粒组合吸附了大量的污泥。

8.1.2　常温条件下污泥量分布

在常温条件下，采取与低温相同的操作条件，在外界温度20～25℃的条件下分别对复合系统陶粒、填料、植物根系的污泥吸附量进行研究，对静态吸附中的污泥吸附量进行连续动态监测，分析试验结果。

8.1.2.1　常温条件下陶粒吸附效果

选取5组起始浓度1600mg/L的污泥进行吸附研究，试验组加入100g陶粒，空白组不加，溶液体积1L，对污泥进行10h的吸附，每隔2h检测空白组与试验组的污泥浓度，以陶粒吸附10h的吸附量作为常温条件下陶粒的稳定吸附量，结果如图8-5所示。

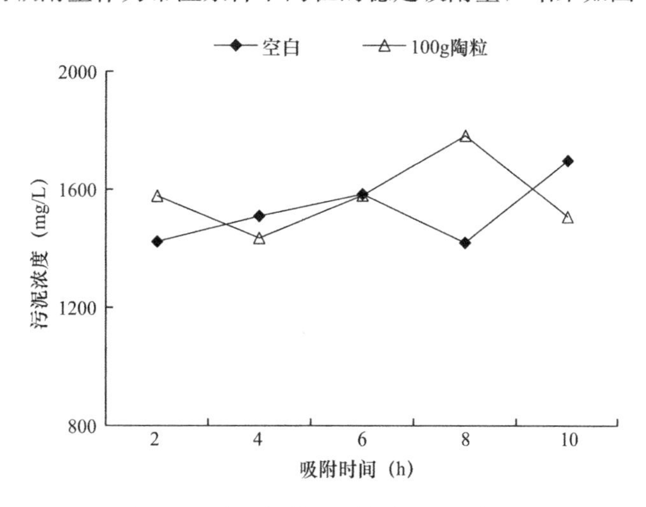

图8-5　常温条件下陶粒对污泥吸附量

由图8-5可知，在夏季，当陶粒质量为100g时，陶粒在整个吸附阶段吸附量变化不太明显，说明由于夏季温度较高，生物活性较为明显，陶粒对污泥的吸附处于动态平衡的状态，同时结果表明陶粒的稳定吸附量约1.90mg/g。

8.1.2.2　常温条件下填料吸附效果

同样选取5组起始浓度1600mg/L的污泥进行吸附研究，试验组加入2个填料，空白组不加，其他条件和步骤同陶粒吸附研究，结果如图 8-6 所示。

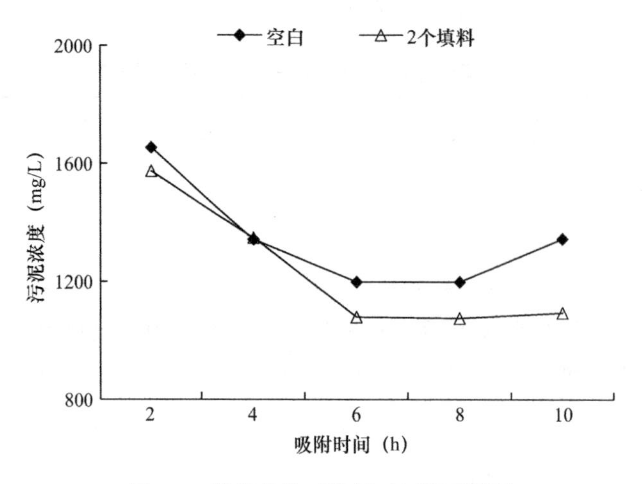

图 8-6　常温条件下填料对污泥吸附量

与低温条件下不同，在常温条件下，填料在吸附阶段的吸附量较冬季低，原因是夏季污泥活性较好，污泥活性较强，被吸附的污泥脱落回水体，生物膜脱落频率较快。结果表明，夏季温度下单个填料对单位体积污泥的 10h 稳定吸附量约为 1.10mg/cm^2。

8.1.2.3　常温条件下植物根系吸附效果

在常温条件下选取生长良好的美人蕉进行植物根系吸附研究，结果如图 8-7 所示。

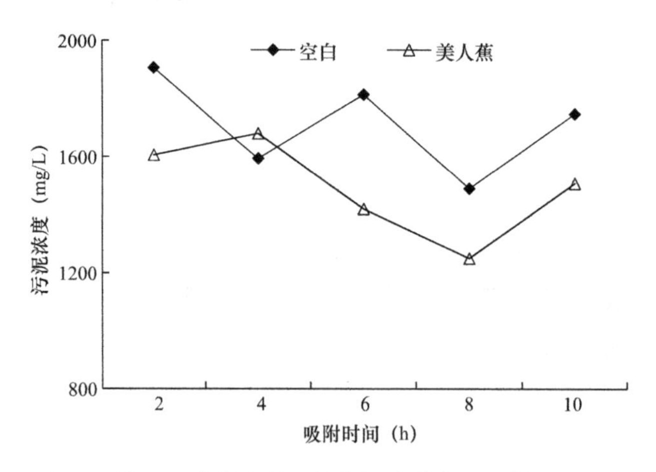

图 8-7　常温条件下植物根系对污泥吸附量

由图 8-7 可知，夏季由于温度较高，植物活性较强，植物根系较为发达，同时植物的蒸腾作用和呼吸作用较冬季强烈，美人蕉对污泥有较好的吸附能力，其中单株美人蕉对单位体积污泥的稳定吸附量为 24mg/m^2。

如表 8-2 所示，与冬季低温相比，常温条件下复合系统中植物根系、填料、陶粒的稳定吸附量发生了变化，其中填料的吸附量占比降低，植物根系的吸附量占比升高，可能的原因是夏季温度较高，污泥活性较好，填料表面的生物膜更新较快，部分被填料吸附的污泥脱落回水体。

常温条件下动态运行污泥量分布　　表 8-2

污泥分布部位	沉淀池	生化池	植物根系	填料	陶粒
污泥浓度	1600mg/L	410mg/L	$12mg/m^2$	$1.10mg/cm^2$	1.90mg/g
数量	8L	18L	$160m^2$	$2712.96cm^2$	400g
污泥总量（mg）	12800	7380	1920	3000	760
所占比例（%）	49.4	28.6	7.4	11.6	3.0

8.1.3　示范工程污泥量分布

对实际示范工程中污泥量的分布情况的研究方法，与动态试验分析方法相似，将示范工程污泥量分为几个部分，在夏季常温条件下，监测示范工程各个部分的稳定污泥浓度，由各个部分所占示范工程的体积，计算出各部分所占的污泥量。示范工程污泥量分布部位构筑物尺寸见表 8-3。

污泥量分布部位构筑物尺寸　　表 8-3

名称	单位	数量	尺寸（m）
生化 A 池	座	1	4.3×7.0×5.7
生化 O 池	座	1	12.9×7.0×5.7
竖流沉淀池	座	1	5.7×5.0×5.0
陶粒	—	—	9.9×4.2×0.3
填料	—	—	17.2×7.0×3.7

注："—"表示无法测得，污泥量以单位体积计算。

在实际工程中，陶粒存放于种植框内，种植框尺寸有两种，分别为长×宽×高（90cm×35cm×45cm）和长×宽×高（35cm×35cm×45cm），种植框底部 25cm 浸在池中水面以下，上面的 25cm 在水面之上，试验时考虑陶粒的有效吸附高度为 30cm，同样植物根系在体积（35cm×35cm×25cm）的单个种植框内有效种植棵数为 8 棵，示范工程种植框形状如图 8-8 所示。实际工程中，组合填料放置于池体中间，距离生化池底部 1m，距离水面 1m，组合填料总高度 3.7m，其投加情况如图 8-9 所示。

图 8-8　示范工程种植框形状

图 8-9 示范工程组合填料投加情况

在进行实际工程污泥量分布研究时，监测生化池底部沉淀污泥高度 10cm，沉淀池污泥高度 6cm，常温条件下示范工程稳定运行污泥量分布情况见表 8-4。

常温条件下示范工程稳定运行污泥量分布情况 **表 8-4**

污泥分布部位	生化池底	沉淀池	生化池	植物根系	填料	陶粒
浓度	1400mg/L	3000mg/L	50mg/L	62.7g/m^3	125mg/L	37.23g/m^3
总体积（m^3）	12.0	1.88	686.28	12.47	445.48	12.47
总污泥量（kg）	16.85	5.64	34.31	0.78	55.68	0.46
所占比例（%）	14.8	5.0	30.1	0.8	48.8	0.5

由表 8-4 可知，与动态运行装置污泥分布略有不同，在实际示范工程中系统中约 48.8%的污泥被吸附于填料上，污泥在生物膜上的附着延长了污泥固体停留时间，也为复合系统污泥减量原因分析提供了依据。

8.2 复合系统污泥减量分析

在景观生态-接触氧化 A/O 系统中，剩余污泥量较少，分析原因主要有两个：①填料对污泥的吸附延长了污泥龄，降低了污泥产率，使得产生的污泥量较少；②系统中存在大量的后生动物，这些后生动物对于污泥有一定的捕食能力，导致排出系统的剩余污泥量很少。

8.2.1 污泥龄与污泥产率系数

8.2.1.1 复合系统污泥龄分析

通过对复合系统的长期监测发现，复合系统出水 SS 值平均在 10mg/L，同时定期排泥的频率较低。复合系统污泥龄计算公式为：

$$\overline{\mathrm{SRT}} = \frac{\sum_{i=1}^{n} X_i \cdot V_i}{\sum_{i=1}^{n} Q_{Si} \cdot X_{Ri} + \sum_{i=1}^{n} Q_i \cdot X_{ei}} \tag{8-2}$$

式中 $\overline{\mathrm{SRT}_i}$——复合系统污泥龄，d；

X_i——第 i 个阶段生化池污泥浓度，mg/L；

V_i——第 i 个阶段生化池体积，m^3；

Q_{Si}——第 i 个阶段排泥体积，m^3；

X_{Ri}——第 i 个阶段排泥浓度，mg/L；

Q_i——第 i 个阶段出水流量，m^3/d；

X_{ei}——第 i 个阶段出水 SS 值，mg/L。

由此计算得$\overline{SRT}$=18.9d，对比传统污水处理工艺，景观生态-接触氧化 A/O 系统具有较长的污泥龄，说明复合系统的吸附作用延长了污泥龄。由于污泥龄的延长，复合系统污泥产率系数也随之改变。

8.2.1.2 复合系统污泥产率系数

对于景观生态-接触氧化 A/O 系统由于污泥龄的变化引起的污泥产率系数的变化，分析复合系统污泥产率系数，通过长期的监测，得到复合系统出水 SS 值的变化，如图 8-10 所示。

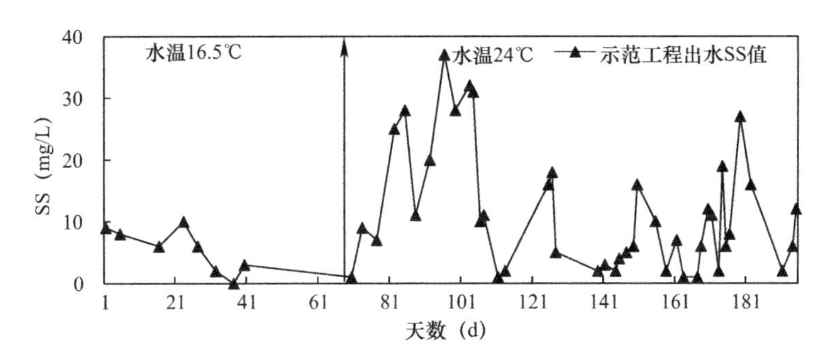

图 8-10 示范工程监测出水 SS 值

污泥产率系数的计算公式为：

$$\sum_{i=1}^{n} V_i \cdot X_{Vi} = \sum_{i=1}^{n} Q_i (C_{oi} - C_{ei}) \overline{Y}_H - \sum_{i=1}^{n} Q_i \cdot X_{ei} \tag{8-3}$$

式中 X_{Vi}——第 i 个阶段污泥浓度，mg/L；

V_i——第 i 个阶段排泥体积，m^3；

Q_i——第 i 个阶段流量，m^3/d；

C_{oi}——第 i 个阶段进水 COD 值，mg/L；

C_{ei}——第 i 个阶段出水 COD 值，mg/L；

$\overline{Y}_H$——第 i 个阶段产率系数，g VSS/g COD；

X_{ei}——第 i 个阶段出水 SS 值，mg/L。

由 $Q=600m^3$，$X_e=10mg/L$，$C_o=120mg/L$，$C_e=50mg/L$，计算得复合系统污泥产率系数$\overline{Y}_H$=0.143g VSS/（g COD）。由结果可知，在示范工程复合系统中，污泥产率系数小于传统污水处理厂污泥产率系数，植物根系与填料的污泥吸附延长了复合系统内污泥龄，导致复合系统污泥产率系数较低。同时，植物对污染物的吸收减少了污泥的合成基质，复合系统的污泥合成量较少，污泥产率系数较传统工艺偏低。表 8-5 列出了不同工艺条件下污泥产率系数。

不同工艺条件下污泥产率系数 [单位：g VSS/(g COD)] **表 8-5**

污水处理工艺	污泥产率系数均值	污泥产率系数范围
高负荷活性污泥法	0.57	0.39～0.86
普通活性污泥法	0.35	0.24～0.57

续表

污水处理工艺	污泥产率系数均值	污泥产率系数范围
A/O、A^2/O工艺	0.29	0.16～0.61
SBR工艺	0.26	0.18～0.50
氧化沟工艺	0.22	0.14～0.42
其他活性污泥法	0.35	0.19～0.68
生物膜法	0.25	0.14～0.46

8.2.2 生态结构分析

景观生态-接触氧化A/O系统中，植物与水体构成了小型的生态系统。通过长期的跟踪研究发现，复合系统具有复杂的生态结构。复合系统以水生植物为依托，为多种多样的生物生存提供了环境条件，而复杂生物群落的存在，则对复合系统的污泥生态捕食发挥了重要的作用。

8.2.2.1 复合系统微生物镜检

景观生态-接触氧化A/O系统中植物和填料的加入对于污泥具有吸附作用，因此微生物在复合系统中的分布也以吸附部位居多。在复合系统中存在种类繁多的微生物，说明在系统中存在复杂的生物群落和生态结构。同时微生物的存在说明复合系统具备污泥减量的能力。为研究复合系统中微生物的种类，通过分析复合系统污泥量的分布，在复合系统中污泥大部分存在于植物根系、填料、陶粒及生化池内部，对以上4部分污泥进行微生物镜检，部分微生物镜检图如图8-11所示。由镜检结果可知在景观生态-接触氧化A/O系统中存在大量的微型动物，如线虫、轮虫、红斑瓢体虫等。

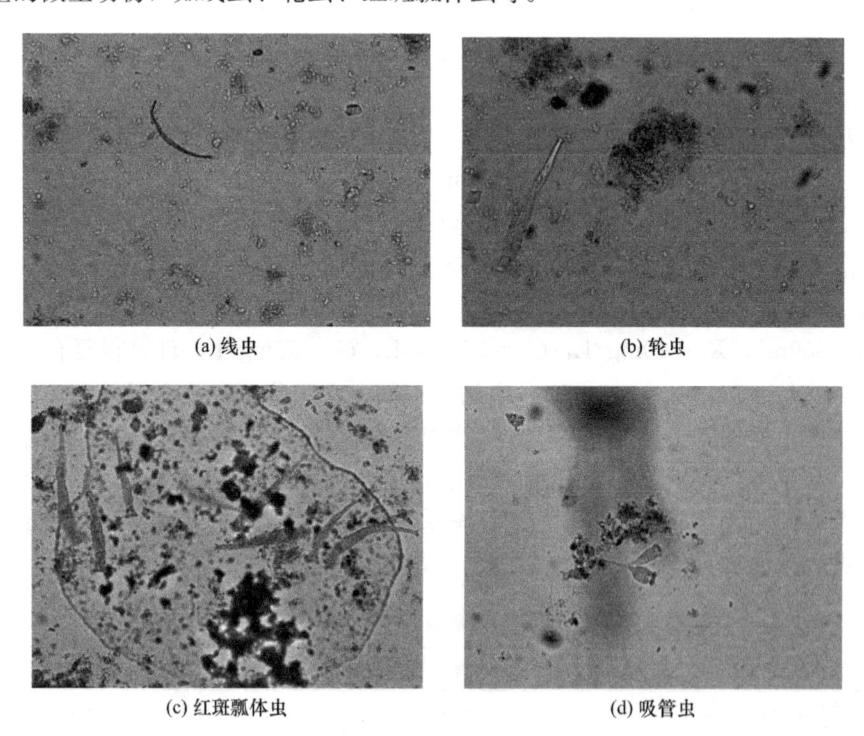
(a) 线虫
(b) 轮虫
(c) 红斑瓢体虫
(d) 吸管虫

图8-11 复合系统部分微生物镜检图

线虫又名水蚯蚓，主要以水体中的有机腐殖质为食，具有污泥捕食的能力。轮虫广泛分布于各类水体中，在废水中轮虫可以自由活动，以水体中的原生动物、细菌和浮游生物为食。吸管虫属于原生动物，在自然界中广泛分布，为纤毛门中物种数量最多的一种，其吸管为捕食细胞器，主要捕食对象为原生动物及轮虫。

8.2.2.2 复合系统存在的后生动物分析

在示范工程中，不仅存在微型动物，也存在水生软体动物、水生昆虫等无脊椎动物以及水生蜗牛等形体较大的动物。后生动物的存在同样为复合系统的污泥减量做出了贡献。试验中实际观测到的大型动物如图8-12所示。

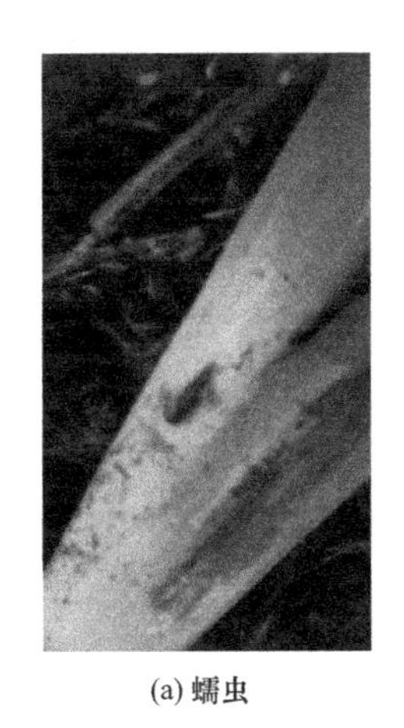
(a) 蠕虫

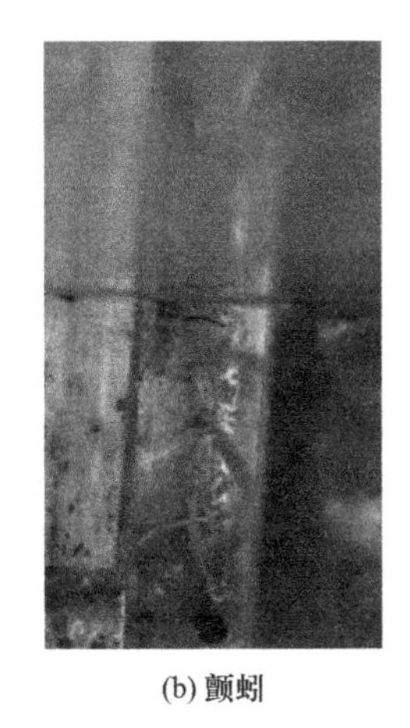
(b) 颤蚓

(c) 蜗牛

图8-12 复合系统中实际观测到的大型动物

蠕虫借助身体的肌肉收缩做蠕形运动，故通称蠕虫。蠕虫主要是扁形动物、环节动物、纽形动物、棘头动物和袋形动物的俗称。其体呈管状、圆柱形、扁平或叶片状。蠕虫广泛分布于世界各地的海洋、淡水和陆地之中，部分寄生性生活，部分自由生活，其作为土壤调节者、人和家畜的寄生虫以及生态系统中食物链的一环。

颤蚓是环节动物门寡毛纲颤蚓科动物的统称。这类动物的特征是身体细长，习惯于生活在各种各样淡水水体的泥沙底质中。颤蚓能忍耐有机物污染引起的缺氧条件，是池塘、小溪、湖泊、河流等底栖动物的重要组成部分。

蜗牛属于软体类动物。软体类动物广泛分布于海水与淡水中，为动物界的第二大门。软体动物的结构比较复杂，生理机能较原生动物也更加完善。软体类动物大多身体柔软，具有贝壳。

关于蠕虫和颤蚓对于污泥的生态捕食研究较多，蠕虫对于污泥具有稳定的减量能力，在不同的温度和污泥浓度条件下，蠕虫不仅具有较好的污泥捕食效果，而且对于系统的水质处理效果无太大影响。因此，景观生态-接触氧化A/O系统中大量蠕虫和颤蚓的存在，不仅仅对复合系统的污泥具有捕食作用，同时可以调节污泥活性，提高污泥的可生化性。

8.2.2.3 复合系统后生动物的结构分布

在示范工程中，植物根系、陶粒与填料吸附了大量的污泥，因此在复合系统中对污泥有捕食作用的大型动物也多数分布于根系与填料上。在实际工程中观察到复合系统中存在

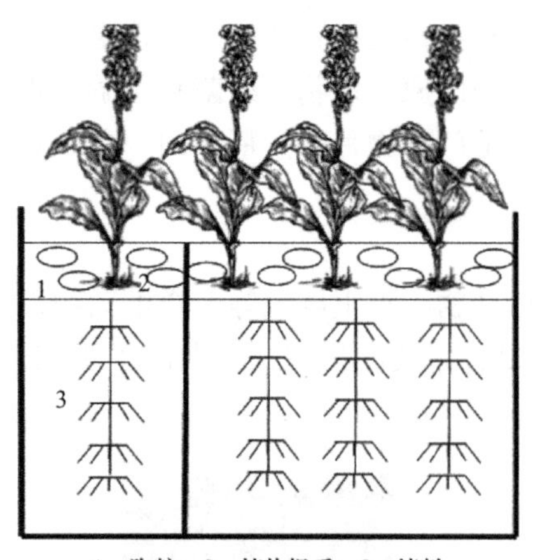

图 8-13　复合系统后生动物空间分布示意图

大量的后生动物，通过研究得知复合系统后生动物空间分布示意图，如图 8-13 所示。

根据实际工程中的情况，蠕虫广泛分布于植物枝干与根系上，同时在填料上也有较多分布，蠕虫的大概分布是在植物枝干与根系中，蠕虫在系统中存在的数量为 3～5 个/株（美人蕉），单个填料上的数量为 2～3 个。颤蚓的分布与蠕虫的分布大体相同，而水生软体动物蜗牛的分布与蠕虫的分布不同。蜗牛主要分布于陶粒与根系的结合部位，每 100g 陶粒约为 30～50 个，而在水体中并无蜗牛的存在。

8.2.3　食物链分析

根据前期对复合系统中微生物的镜检和对后生动物的观察得知，在复合系统中存在较长的食物链，这种食物链的存在使得系统的能量向更高级传递，通过分析知复合系统食物链与能量结构如图 8-14 所示。

由图 8-14 可知，在复合系统中，线虫、轮虫等作为活性污泥微生物直接摄取污水中的物质作为自身的营养物质，红斑瓢体虫等微型后生动物作为污泥捕食的第一阶层，通过生态捕食污泥的途径使得能量向更高级别转移，而大型动物如蜗牛和蠕虫等则更延长了食物链，最后在分解者细菌的作用下进入下一个循环。在此食物链循环过程中，污染物质被去除，污泥被生态捕食，更高级别的生物通过捕食污泥得以生长，实现了污泥生态捕食的良性循环。

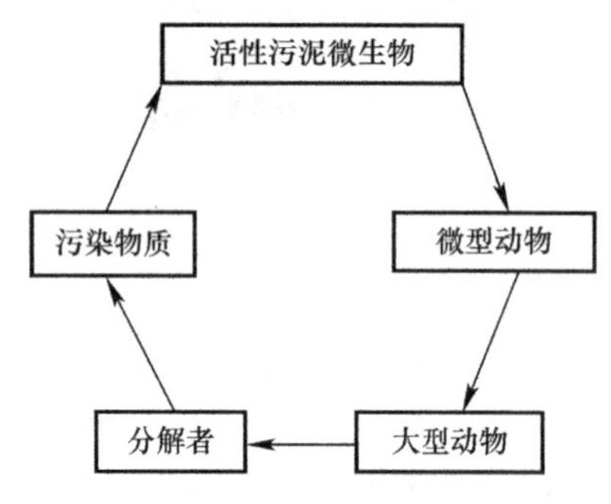

图 8-14　复合系统食物链与能量结构

8.2.4　不同工艺条件下污泥减量效果

通过传统 A/O 污水处理工艺与景观生态-接触氧化 A/O 系统的对比研究，在连续动态运行条件下研究不同工艺下污泥浓度及污泥产率系数的变化，实验起始污泥浓度约 4000mg/L，进水流量 2L/h，污泥回流比 0.5，景观型工艺加入植物与填料，连续监测 10d，结果如图 8-15 和图 8-16 所示。

由图 8-15 可知，因加入了植物与填料，在连续运行过程中，复合系统中污泥浓度下降的速度明显高于传统型工艺。同时，加入植物与填料的装置中生化池污泥的稳定浓度在 1000mg/L 左右，传统型工艺的污泥浓度稳定在 2000mg/L 左右，前者污泥产率系数较低与污泥被生物捕食等有关。

由图 8-16 可知，在加入植物与填料的复合系统中，污泥产率系数较传统型工艺有所下降，复合系统污泥产率系数可以稳定在 0.2 左右，相较于传统型工艺，其污泥产率系数减少 27.9%。

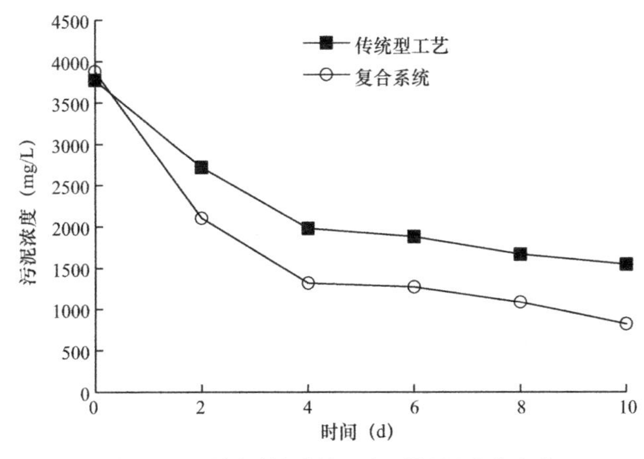

图 8-15　不同系统连续运行后污泥浓度变化

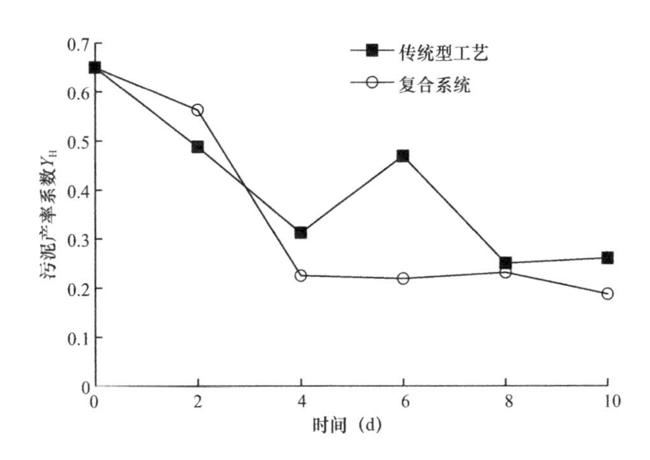

图 8-16　不同系统连续运行后污泥产率系数变化

8.3　复合系统过程污泥减量

在景观生态-接触氧化 A/O 系统中加入厌氧池，使得复合系统沉淀池回流的污泥先经过厌氧池进行污泥内源呼吸代谢，OSA 工艺中交替厌氧、好氧环境，使微生物在好氧段通过氧化外源有机底物合成的 ATP 不能用于合成新细胞，而是在厌氧段作为维持细胞生命活动的能量被消耗，维持厌氧段细胞的基本代谢。随后将停留过一段时间后的沉淀污泥再回流到生化池中，污泥产率系数因此降低，同时，污泥在厌氧池停留时间过长，基本无外源基质的加入，细胞在厌氧池发生裂解或自身分解，利用污泥衰减实现污泥减量。外加 OSA 工艺流程示意图如图 8-17 所示。

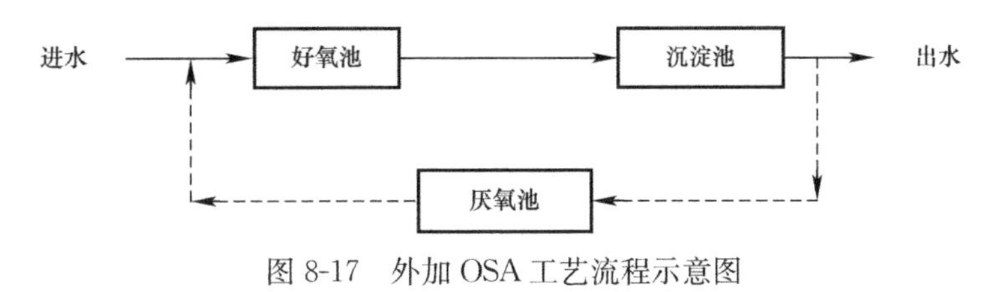

图 8-17　外加 OSA 工艺流程示意图

8.3.1 SRT 对污泥产率系数的影响

沉淀污泥在厌氧状态下发生一系列复杂的生理变化，厌氧池污泥在沉淀过程中，处于基质缺乏状态，此时污泥进行内源呼吸代谢，以保证正常的生理需求，污泥的合成代谢受到抑制。在严重缺乏基质的情况下，部分污泥细胞裂解，胞内物质释放入水体，污泥活性降低，污泥生理活性的降低影响到了污泥的分解代谢和合成代谢过程，导致污泥产率系数的变化。同时，在污泥厌氧的不同时间条件下，污泥的产率系数变化也不同。通过考察污泥在沉淀 10h、15h、20h 时的污泥产率系数变化情况，结果如图 8-18 所示。

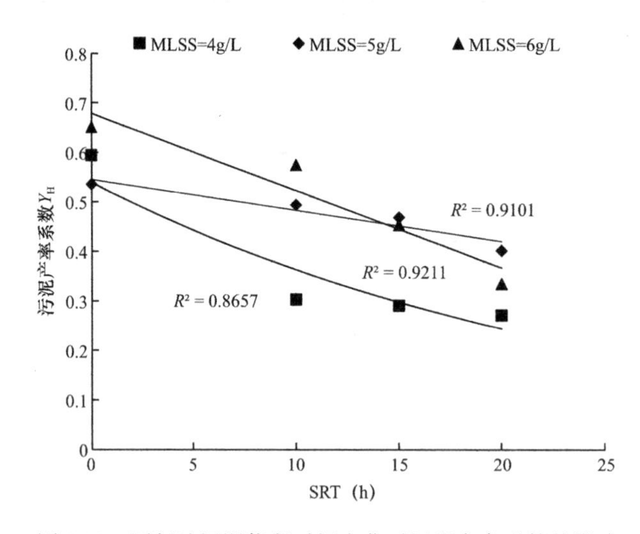

图 8-18 厌氧池污泥停留时间变化对污泥产率系数的影响

由图 8-18 可知，随着污泥停留时间的延长，污泥产率系数下降，且污泥产率系数与沉淀时间呈线性关系。在沉淀池污泥浓度为 6000mg/L 时，相关系数达 0.9211。但是随着厌氧池污泥浓度的增加，在污泥回流流量一定的条件下，厌氧池所需体积必然增大，这在实际中是无法做到的。同时在试验过程中，由于污泥沉淀 20h 的情况下，厌氧池污泥上浮情况严重，出现了厌氧消化现象。为保证回流生化池的污泥具有一定的活性，在接下来的研究，选取污泥沉淀时间为 15h，研究不同污泥浓度条件下沉淀 15h 的污泥产率系数变化情况。

8.3.2 MLSS 对污泥产率系数的影响

选取对比工艺研究不同浓度的污泥沉淀 15h 后污泥产率系数的变化，空白组不加厌氧沉淀池，试验组加入厌氧池。根据污泥浓缩理论，在面积一定时，固体通量越大，沉淀污泥浓度越高。通过调节污泥回流比来调控厌氧池的污泥浓度，污泥回流比越大，厌氧池的污泥浓度越高。本试验研究了在不同浓度条件下，污泥停留相同时间对厌氧池污泥产率系数的影响，结果如图 8-19 和图 8-20 所示。

由图 8-19 和图 8-20 可知，不同的污泥浓度下，在沉淀 15h 后污泥产率系数都有降低。污泥浓度为 2000mg/L 时，沉淀 15h 后污泥产率系数减少率为 24.1%。

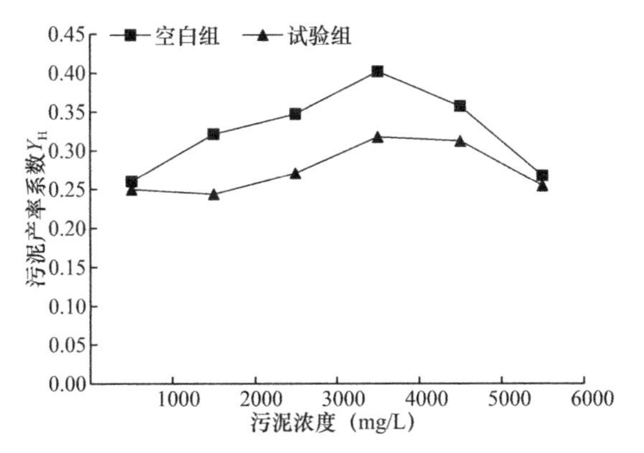

图 8-19　不同浓度污泥停留 15h 污泥产率系数变化

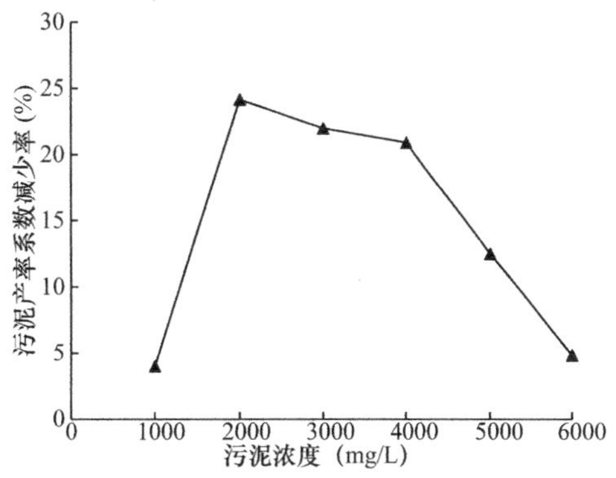

图 8-20　不同浓度污泥停留 15h 后污泥产率系数减少率

8.3.3　OSA 工艺的加入对于系统处理效果的影响

由于 OSA 工艺的加入，复合系统的处理效果会发生变化，当污泥由沉淀池进入厌氧池时，污泥的活性发生变化，活性污泥中微生物的种类和数量也发生变化。通过对 OSA 工艺加入后复合系统处理效果的变化的研究，评价其影响。

图 8-21 为复合系统外加 OSA 工艺连续运行示意图。

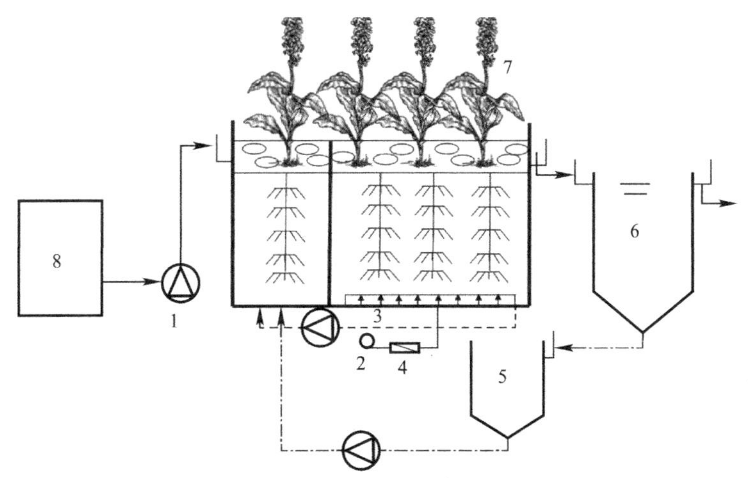

图 8-21　复合系统外加 OSA 工艺连续运行示意图

8.3.3.1　OSA 工艺的加入对于 COD 去除效果的影响

选取两组对象进行研究，以厌氧池污泥停留时间 15h 和厌氧池污泥浓度为 2000mg/L 作为运行条件，加入 OSA 工艺的为试验组，未加入 OSA 工艺的为对照组，两组在连续运行条件下的 COD 去除效果如图 8-22 所示。

由图 8-22 可知，在进水 COD 浓度为 72～152mg/L 时，试验组出水 COD 浓度为 32～88mg/L，对照组出水 COD 浓度为 40～80mg/L，试验组 COD 去除率平均值为 42%，对照组 COD 去除率平均值为 35%。试验组 COD 去除率高于对照组，原因是污泥在厌氧池沉淀过程中缺乏基质，处于“饥饿”状态，同时部分细胞裂解，改善了污泥的可生化性，裂解的细胞又回流到好氧池作为系统的碳源使用，系统对有机污染物的去除能力增加。

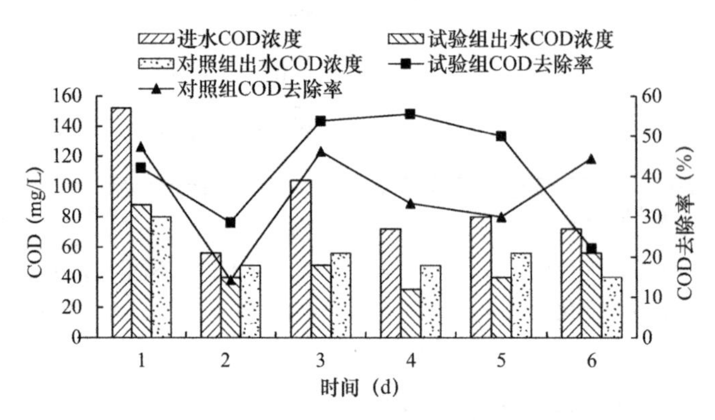

图 8-22　OSA 工艺的加入对于 COD 去除效果变化

8.3.3.2　OSA 工艺的加入对于氨氮去除效果的影响

同样，选取两组对象进行研究，以厌氧池污泥停留时间 15h 和厌氧池污泥浓度为 2000mg/L 作为运行条件，加入 OSA 工艺的为试验组，未加入 OSA 工艺的为对照组。考察两组对象在连续运行条件下的氨氮去除效果，如图 8-23 所示。

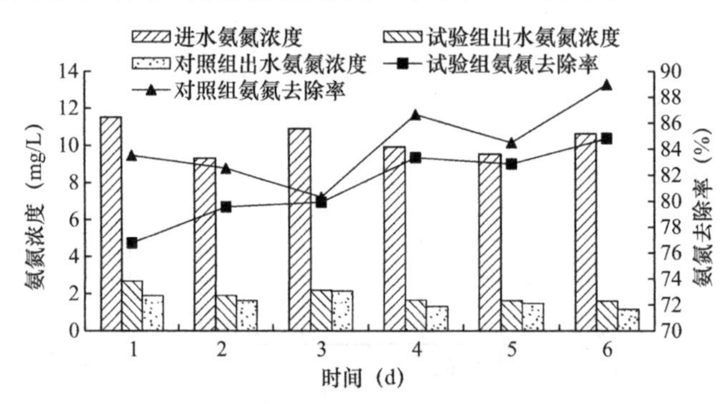

图 8-23　OSA 工艺的加入对于氨氮去除效果的影响

由图 8-23 可知，在进水氨氮浓度为 9.31～11.51mg/L 时，试验组氨氮平均去除率 81.21%，对照组氨氮平均去除率 84.41%。试验组低于对照组，说明 OSA 工艺的加入降低了系统去除氨氮的能力，可能是污泥在厌氧池内沉淀的过程中，部分污泥胞体水解，释放了少量的含氮化合物，使得出水氨氮浓度增高。

8.3.3.3　OSA 工艺的加入对于总磷去除效果的影响

对总磷去除效果的影响研究在与 COD 以及氨氮同样的实验条件下进行，结果如图 8-24 所示。

由图 8-24 可知，在进水总磷为 2.51～3.22mg/L 时，试验组出水总磷为 2.70～4.24mg/L，对照组出水总磷为 2.46～3.67mg/L。试验组出水总磷大于进水总磷，可能是污泥在厌氧池沉淀过程中细胞裂解，细胞内的磷释放到水体中导致出水总磷升高，也可能与聚磷菌在厌氧状态下释磷等有关。

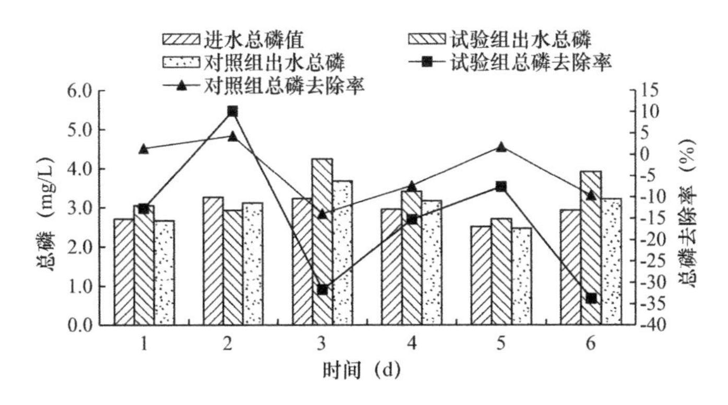

图 8-24　OSA 工艺的加入对于总磷去除效果的影响

8.4　克氏原螯虾生态捕食污泥减量

对于向系统中投加后生动物进行污泥生态捕食的研究，比较常见的有直接投加微型动物法，利用蠕虫、颤蚓等生态捕食法和蚯蚓生物滤池法。这些方法都具有一定的污泥减量效果，但同时也存在水体氮磷含量上升、微生物投加困难、后生动物无法维持稳定性生长等问题，而且有些后生动物如蚯蚓等会引起部分人的不适，规模化应用难以推广。本试验选择克氏原螯虾为研究对象，从稳定性生存条件、污泥浓度、污泥停留时间等方面研究克氏原螯虾的污泥减量能力，同时分析生态捕食后混合液氮磷含量的变化情况。

8.4.1　稳定性生存条件选择

克氏原螯虾是一种腐食性动物，形似虾而甲壳坚硬，成体长 5.6～11.9cm，暗红色，甲壳部分近黑色，腹部背面有一楔形条纹，幼虾体为均匀的灰色，有时具黑色波纹，螯狭长。克氏原螯虾因生长速度快、适应能力强、耐污能力强而在生态环境中广泛分布。克氏原螯虾以捕食水草、藻类、水生昆虫、动物尸体等腐殖质为生，在食物匮乏时亦互相残杀。以水中溶解氧含量和水深为考察条件，定义克氏原螯虾距离水面小于 5cm 为浅水，大于 15cm 为深水。克氏原螯虾的生存方式选择如图 8-25 所示，其生存条件选择见表 8-6。

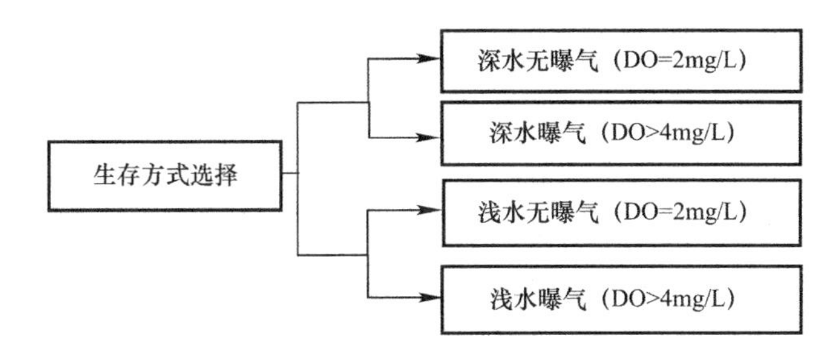

图 8-25　克氏原螯虾生存方式选择

克氏原螯虾生存条件选择　　表 8-6

生存方式	深水无曝气	浅水无曝气	深水曝气	浅水曝气
生理特性	死亡	生长良好	活性较差或死亡	正常生长

如图 8-26 所示，由克氏原螯虾实际生存情况得知，在深水条件下，无论曝气与否，克氏原螯虾在放入装置 24h 后都无法成活，而在浅水条件下，克氏原螯虾成活良好，可见水深是制约克氏原螯虾生存的主要条件。

(a) 深水条件下死亡　　(b) 浅水条件下存活

图 8-26　克氏原螯虾生存条件选择

8.4.2　不同污泥浓度条件下的捕食效果

将单只生长良好的克氏原螯虾分别投加到污泥浓度不同的静态试验装置中，装置内混合液体积 1.4L，分别考察克氏原螯虾捕食 4h 后装置中污泥浓度的变化，结果如图 8-27、图 8-28 所示。

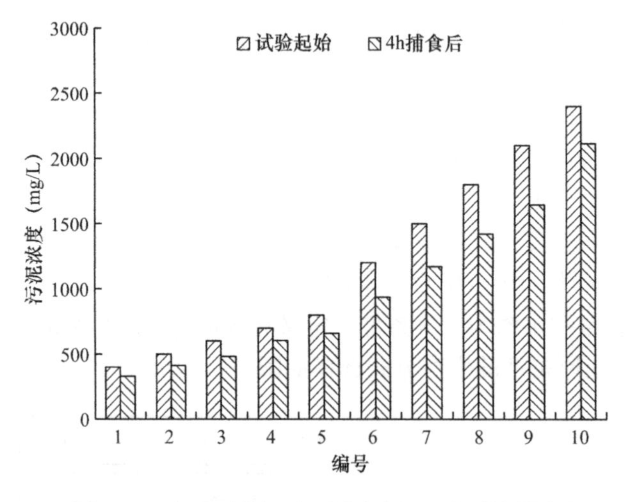

图 8-27　克氏原螯虾对不同浓度污泥的捕食能力

由图 8-27 和图 8-28 可知，克氏原螯虾对于不同浓度的污泥均有一定的捕食能力，在污泥浓度 1200～1800mg/L 时候，污泥减少率较大。在污泥浓度大于 1500mg/L 时，克氏原螯虾在捕食 24h 后出现死亡现象，说明克氏原螯虾不适应此污泥浓度条件下的生存环境。

以克氏原螯虾污泥捕食速率 *SR* 作为克氏原螯虾对不同浓度污泥捕食能力的考察指标，试验用克氏原螯虾的质量（表 8-7），公式如下：

$$SR = \frac{\Delta TSS}{SRT \times M} \tag{8-4}$$

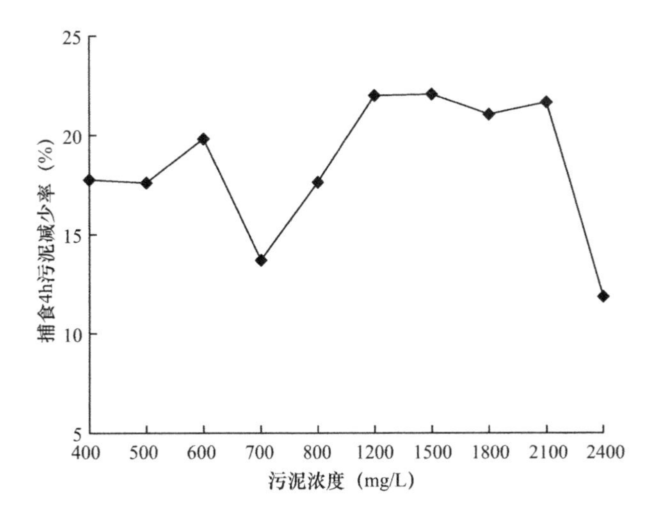

图 8-28　克氏原螯虾对不同浓度污泥生态捕食后污泥减少率

式中　ΔTSS——由于生态捕食引起的单位体积污泥减少量，mg，以 MLSS 计算；

M——克氏原螯虾的质量，g；

SRT——污泥停留时间，d。

实验克氏原螯虾质量　单位：g　　**表 8-7**

编号	1	2	3	4	5	6	7	8	9	10
质量	28.11	27.46	30.27	26.18	32.37	29.62	28.90	31.56	35.77	29.21

选取生长状况良好的克氏原螯虾，在污泥浓度 400～2400mg/L 时，将克氏原螯虾投加到反应器中进行污泥生态捕食，根据式（8-4）计算出单位质量克氏原螯虾捕食速率，如图 8-29 所示。

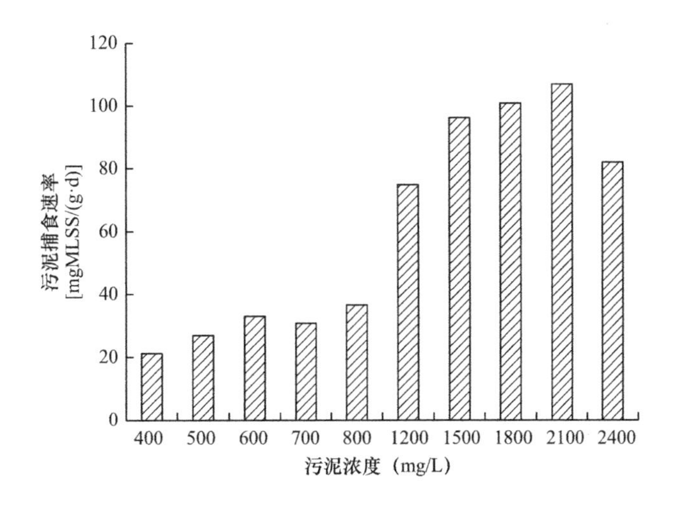

图 8-29　单位质量克氏原螯虾污泥捕食速率

由图 8-29 可知，克氏原螯虾捕食 4h 时对剩余污泥的捕食速率为 21.21～106.84［mg MLSS/（g・d）］，并且随着污泥浓度的增加，克氏原螯虾的污泥捕食速率提高。综合不同浓度下克氏原螯虾的生理活性，由于克氏原螯虾在 1500mg/L 污泥浓度条件下出现死亡现象，后续试验研究中以 1200mg/L 污泥浓度作为克氏原螯虾较适宜的生态捕食浓度。

8.4.3 不同污泥停留时间条件下的捕食效果

在污泥浓度为 1200mg/L 时，不同污泥停留时间条件下克氏原螯虾的污泥捕食能力如图 8-30 和图 8-31 所示。

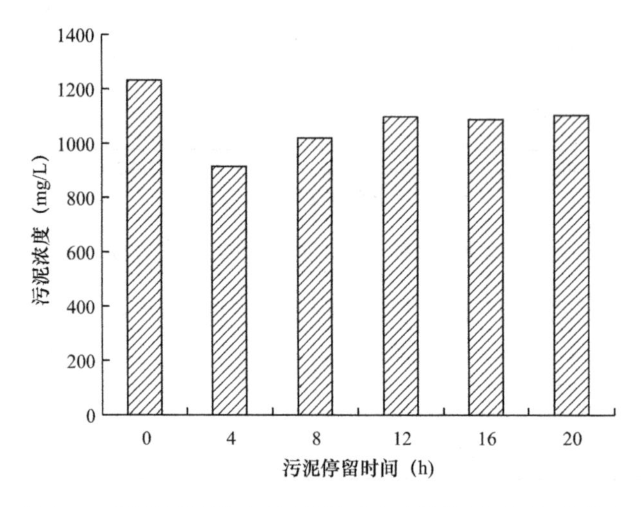

图 8-30 不同污泥停留时间条件下克氏原螯虾污泥捕食能力

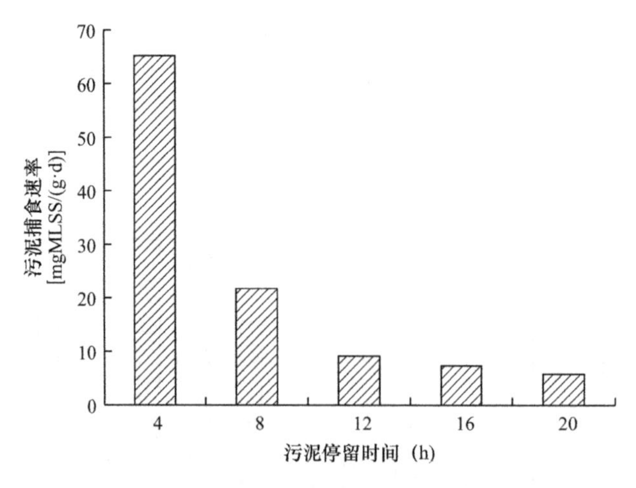

图 8-31 不同污泥停留时间条件下克氏原螯虾污泥捕食速率

由图 8-30 可知，随着污泥沉淀时间的延长，反应器中的污泥浓度先减小后缓慢增大，当克氏原螯虾捕食 4h 时，污泥浓度减少约 25.8％，随着时间的延长，污泥浓度又缓慢上升，主要原因是克氏原螯虾在后期的排泄物进入水体。

由图 8-31 可知，随着时间的延长，克氏原螯虾的污泥捕食速率减小，可能是由于试验前期克氏原螯虾为满足基本生理需求大量捕食污泥，而在试验后期，克氏原螯虾由于基本生理需求已得到满足，对污泥需求量降低。

8.4.4 生态捕食对水体氮磷含量的影响

为研究在克氏原螯虾生态捕食污泥的过程中氮磷含量的变化，采用序批式的方式进行污泥生态捕食，结果如图8-32所示。

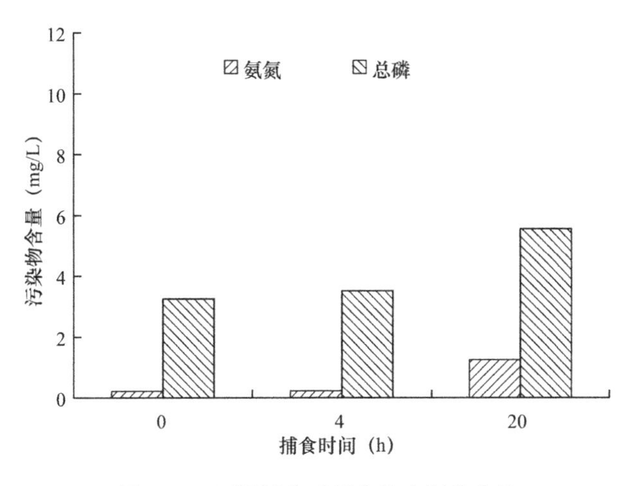

图8-32 不同捕食时间水体中氮磷含量

由图8-32可知，在克氏原螯虾进行生态捕食污泥的过程中，随着捕食时间的延长，氨氮含量由0.20mg/L增加到1.25mg/L，总磷含量则由3.25mg/L增加到5.55mg/L，说明污染物的含量增加现象较为严重。同时在捕食4h时，氨氮与总磷的含量上升都不明显，但是随着时间的进一步延长，在克氏原螯虾捕食20h时，水体中氮磷含量上升较高，这与克氏原螯虾的排泄物增长有关。当克氏原螯虾在前期进行污泥捕食后，通过自身的消化分解，排出的排泄物含有较多的氮磷，导致水体中氮磷含量的上升。

8.5 小结

本章对景观生态-接触氧化A/O系统的污泥量分布与污泥减量原因进行分析，并通过过程减量与末端减量对复合系统剩余污泥进行减量化处理与处置。主要结论如下：

(1) 通过对系统中的污泥分布特性研究发现，常温条件下植物根系污泥吸附程度较低温时有所增加，生物膜部分污泥量比例有所下降，主要是夏季植物根系较发达，提高了污泥的有效吸附总量。同时，由于水温的升高，污泥活性会相应增加，提高了生物膜的更新速度，增加了生物膜污泥的脱落频率。复合系统具有比传统活性污泥法更低的污泥产率，其中多样化的生物膜结构也有效提高了系统的固体停留时间。

(2) 复合系统中共存的植物根系与填料提高了生物多样性。大多数活性污泥分布在生物膜、悬浮液与植物根系及填料表面，同时根系附近也共存着大量的蠕虫和软体动物，可对系统中的污泥进行有效的生态捕食，降低复合系统的表观污泥产率。通过复合系统与传统活性污泥工艺的对比研究得知复合系统的污泥产率系数比传统工艺污泥产率系数降低约27.9%。

(3) 在复合系统中耦合OSA工艺，在厌氧沉淀15h条件下获得最好的污泥减量效果，污泥产率系数可减小 24.1%。外加 OSA 工艺的复合系统在一定程度上提高了系统对污染物的去除能力，主要是微生物经过厌氧段水解，改善了污泥的可生化性。耦合 OSA 对复合系统的氨氮去除效率有一定影响，但不会影响系统出水的稳定达标。

（4）投加克氏原螯虾对剩余污泥进行生态捕食，浅水条件下，克氏原螯虾可以稳定生长，且其生长过程与溶解氧含量关系不显著。克氏原螯虾在污泥浓度为 1200mg/L 时，对污泥的捕食量较大，但当污泥浓度大于 1500mg/L，克氏原螯虾生理活性受到抑制，出现死亡现象。在污泥停留时间为 4h 时，克氏原螯虾捕食的污泥捕食速率和污泥捕食量较好，随着污泥停留时间延长，污泥捕食速率开始降低。在克氏原螯虾生态捕食 20h 后，克氏原螯虾捕食的污泥通过自身的消化，排泄含有氮磷化合物的废物进入水体，造成混合液中的氮磷含量开始出现上升趋势。

第 9 章　设计指南与工程实例

本章对郑州中原文化艺术学院污水处理站进行了景观生态-活性污泥系统的构建设计、稳定运行以及效能分析研究，根据实际设计并构建了景观生态-接触氧化 A/O 系统。

通过研究冬季低温、进水有机物冲击负荷、温度与水力停留时间（HRT）对示范工程景观生态-接触氧化 A/O 系统的影响特征，解析了复合系统的稳定运行效能，并提出了保证复合系统在不同变化条件下稳定运行的调控方案，为其广泛应用提供技术支持。同时，在第 8 章复合系统污泥分布的基础上，对复合系统的剩余污泥进行过程减量与末端强化处理，从增加 OSA 工艺和生态捕食两方面提出了污泥减量方案。最后，基于复合系统的费用、占地等方面，评价景观生态-活性污泥系统的经济实用性，旨在为景观生态-活性污泥系统的工艺设计、效能增强等提供一定参考。

9.1　示范工程工艺及景观设计

示范工程为中原文化艺术学院中水回用工程，中原文化艺术学院位于郑州新区中牟产业园区内，现占地 980 亩（1 亩＝$10000/15\mathrm{m}^2$），目前在校人数 6000 人，4 年后计划人数 2 万人。

示范工程旨在对校园内产生的生活污水进行处理，达到中水回用标准，作为园区内冲厕、绿地浇灌、浇洒道路用水使用。中水处理站设计日处理量为 1200 吨，出水符合《城市杂用水水质标准》（GB/T 18920—2020）。整个工程采用半地下式结构，处理单元、设备间和控制间均处于地下，A/O 池温室结构处于地上。

9.1.1　工艺设计

示范工程的工艺流程生化部分采用景观生态-接触氧化 A/O 系统，深度处理采用机械过滤与次氯酸钠消毒。示范工程平面图和剖面图如图 9-1 所示。

示范工程格栅池前设置溢井，超出设计流量的部分通过溢流口直接进入城市污水管网。生活污水经过格栅系统，通过筛滤截留法去除漂浮物质和悬浮物质。格栅采用平面形状的人工清渣格栅，清渣周期为 30d。

学校生活污水具有水质变化小，但流量变化大的特点，一天中深夜和上课期间污水流量小，学生课外活动时间流量大。所以，在格栅后设置调节池起到流量调节的作用。另外，在调节池内设置了穿孔曝气管，起到预曝气和均匀调节池水质的作用。

调节池内的污水，通过提升泵提升后进入生化缺氧池，缺氧池内溶解氧控制在 0.5mg/L 以内。缺氧池内污水通过自流进入好氧池，好氧池和缺氧池内分别安装组合填料，作为生物膜的生长载体。

接触氧化 A/O 池是生物处理的主要阶段，其出水进入竖流沉淀池，去除水中的污泥颗粒。通过水泵提升后进入加药沉淀池，污泥浓缩池和加药沉淀池连接管上加装管道混合器，通过 PAC 投加装置投加 PAC 进行混凝沉淀，去除水中呈胶体和微小悬浮状态的有机物和无机污染物。

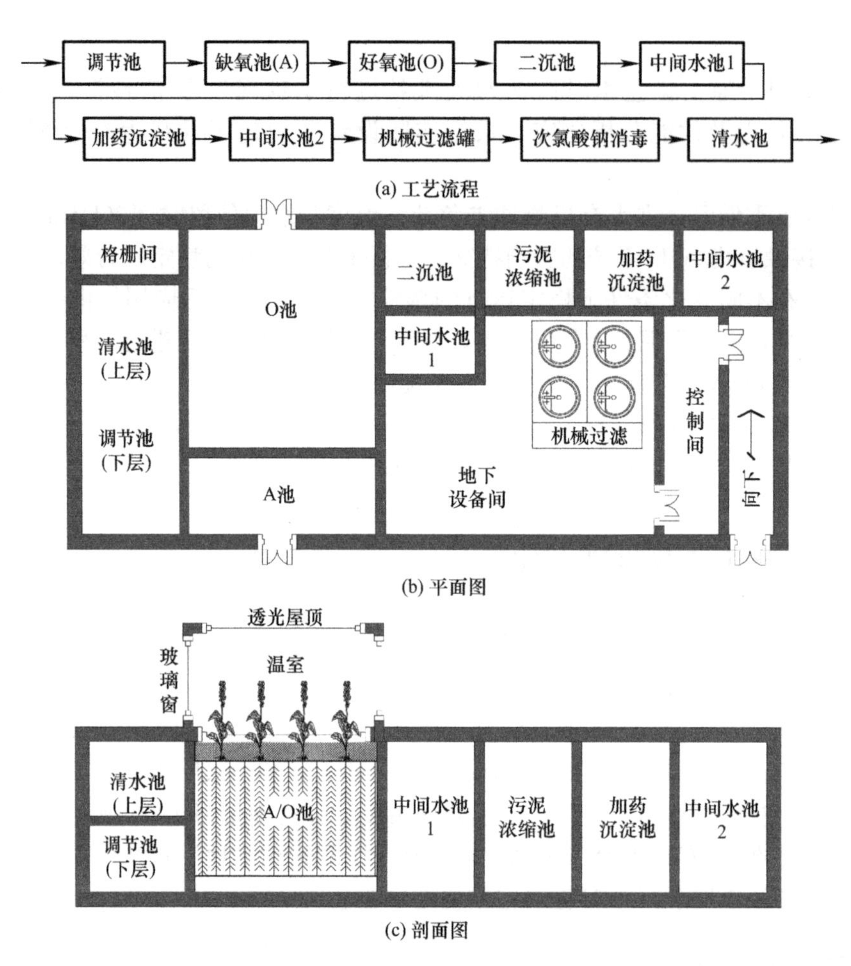

图 9-1　示范工程工艺流程、平面图和剖面图

通过加药沉淀池的污水自流进入中间水池 2，再由提升泵加压依次进入石英砂过滤器和活性炭过滤器，去除水中剩余的微小悬浮物和溶解性污染物。最后通过次氯酸钠消毒，出水进入清水池，作为中水供学校冲厕、绿化使用。示范工程建（构）筑物参数见表 9-1。

示范工程建（构）筑物参数　　表 9-1

名称	单位	数量	构筑物尺寸（m）	HRT（h）
格栅系统	座	1	1.0×3.7×6.8	无
调节池	座	1	16.2×3.7×3.5	4.2
清水池	座	1	16.2×3.7×2.0	2.4
生化系统 A 池	座	1	4.3×7.0×5.7	3.5
生化系统 O 池	座	1	12.9×7.0×5.7	10.1

续表

名称	单位	数量	构筑物尺寸（m）	HRT（h）
竖流沉淀池	座	1	5.7×5.0×5.0	2.9
反应沉淀池	座	1	3.0×5.7×5.0	1.7
中间水池 1	座	1	1.75×2.45×6.4	0.5
中间水池 2	座	1	2.0×5.7×5.0	1.1
污泥浓缩池	座	1	3.9×5.7×5.0	无
天窗	个	1	3.3×3.3×0.3	无
采光通气孔	个	1	1.75×9.5×0.3	无

9.1.2 景观构建

选择景观生态-活性污泥系统的主要目标之一是构建卫生质量较高、景观环境良好的现代污水处理厂。示范工程位于中原文化艺术学院内，优美的景观环境同样符合校园的文化艺术主题。所以，景观性是工程设计的重要内容，应通过对示范工程外部整体环境以及A/O池温室内环境的设计，达到良好的景观效果。

9.1.2.1 室外景观构建

污水处理系统中的调节池和设备间均位于地下且有50cm厚的覆土，所以可以选择合适的植物进行景观优化。对于周边没有地下构筑物的位置，可以选择较大型的植物进行绿化。示范工程外部景观效果图如图9-2所示。

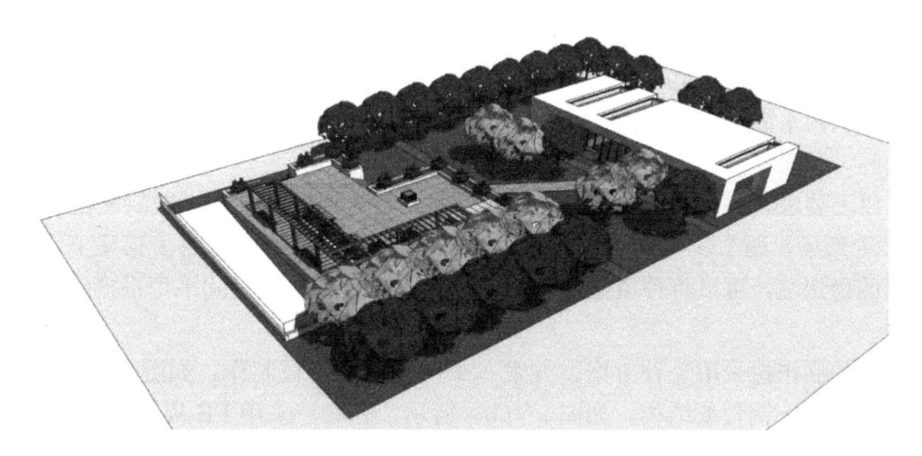

图9-2 示范工程外部景观效果图

9.1.2.2 A/O池面环境设计

室内环境主要在景观生态系统中植物的选择与搭配方面进行设计。选择的室内植物除具有一定的去污能力之外，还需要具有良好的景观性。植物的选择与种植在第2章中已有研究。示范工程室内环境效果图如图9-3所示。

接触氧化A/O池，采用的是地下构造，池面设置温室结构，整个接触氧化A/O池位于室内，有利于冬季的保温以及植物的生长。

图 9-3　示范工程室内环境效果图

9.1.3　种植框的制作与安装

种植框的制作与安装是复合系统构建中最复杂、耗费最多的项目。中试装置对其必要性做了研究，研究结果表明，没有种植框的植物生长缓慢，陶粒会随着密度逐渐增加而出现陆续下沉的现象，结构稳定性不好。

9.1.3.1　种植框的制作

种植框的制作与安装可以借鉴人工湿地和人工浮岛中植物生长载体的研究。人工湿地中存在的最主要问题是堵塞问题，种植框的制作中需要特别注意这个问题，要便于拆下清洗。种植框需要具有质量轻，安装拆卸简便的特点。种植框的材料应具有良好的水稳定性，不能因为污水的浸泡而腐蚀。同时，良好的结构稳定性也十分重要，因为种植框上栽植植物期间，还需要能够承受人的踩踏。

结合以上要求，种植框采用小单元拼接安装。首先用钢筋混凝土在缺氧池、好氧池的池面制作 T 形梁，两个 T 形梁之间的距离为 1m，再将种植框搭接在 T 形梁上，为了保持种植框间的稳定性，可以将种植框拼接起来。种植框与 T 形梁之间采用搭接的方式，便于拆卸清洗。

种植框的制作拟采用 3 种方案。方案一采用不锈钢钢板制作，如图 9-4(a) 所示。方案二采用塑料桶＋钢骨架结构，如图 9-4(b) 所示。方案三采用 PE 板＋玻璃钢骨架结构，如图 9-4(c) 所示。三种方案的对比见表 9-2。

种植框制作的三种方案对比　　**表 9-2**

方案	制作难度	安装难度	结构稳定性	化学稳定性	质量（kg）	外观	经济性（元/个）
方案一	难	难	好	差	75	一般	230
方案二	易	易	差	一般	50	差	150
方案三	较难	较难	好	好	40	好	170

9.1.3.2　种植框的安装

种植框经过多种比较，采用 PE 板和玻璃钢骨架制作，其主体部分采用 PE 板，结构框架采用玻璃钢骨架。其质量轻，化学性质稳定。种植框的长×宽×高为 90cm×35cm×45cm，种植框间的空隙用 PE 板全封闭，防止陶粒掉入池内。种植框如果需要拆卸，只要去除种植框与两边种植框的固定螺丝，就能够抬起，种植框的安装如图 9-5 所示。

(a) 方案一

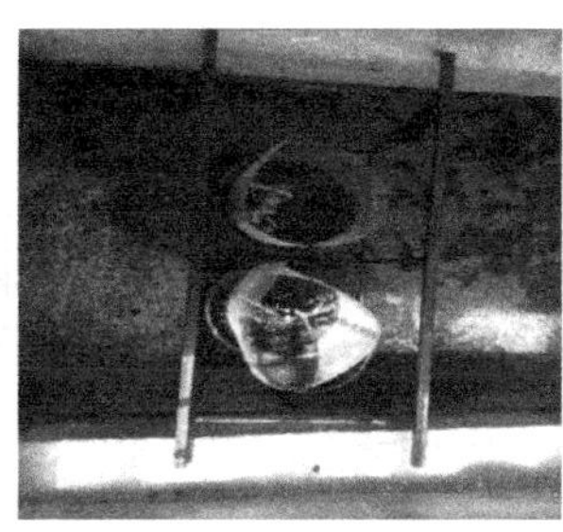
(b) 方案二

(c) 方案三

图 9-4　种植框的三种方案

图 9-5　种植框的安装

种植框底部 25cm 浸在池中水面以下，上面的 25cm 在水面之上。种植框四周需要钻孔，孔径的确定要综合考虑陶粒和植物根系的直径。填料直径 9～12mm，植物根系的直径 2～4mm，所以将种植框孔径设计为 7mm，陶粒不会漏出，植物根系也可自由向下生长。

9.1.4　植物的选择与种植

9.1.4.1　植物的选择

植物的选择根据第 2 章试验结果，并且结合北方气候，选择美人蕉、梭鱼草、万年青、富贵竹搭配种植。这些植物在景观效果和污水处理效果两个方面综合评分较高，特别是美人蕉，具有很好的景观性以及生长能力，可以作为主要植物。

9.1.4.2　植物的种植

1. 植物平面布置

4种植物的种植布置从空间组织和色彩搭配两个方面综合考虑。从空间上考虑到人的视觉效果，设计从低到高的植物顺序。

2. 植物色彩搭配

从景观美学上分析，3种和3种以上的色彩更具有美观性，因此选用黄色美人蕉、红色美人蕉、绿色植物进行搭配。植物种植布置如图9-6所示。

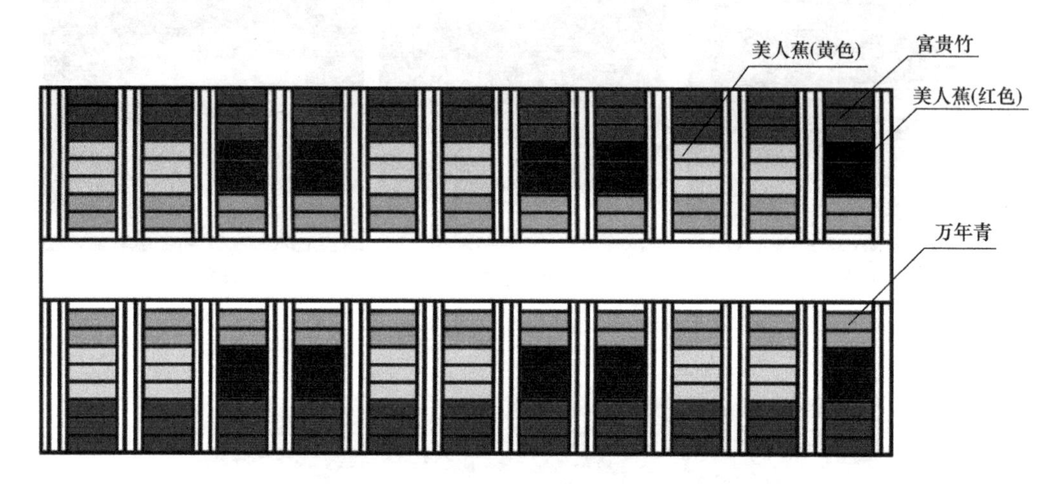

图9-6　植物种植布置

3. 种植

首先，将浸在水面以下的25cm高的种植框用填料填满，然后种上植物，再将水面以上的20cm种植框用陶粒填满。植物种植如图9-7所示。

图9-7　植物种植

9.2　示范工程运行效果

示范工程的调试运行思路：首先调试运行接触氧化A/O工艺，当设备运行正常，出水水质稳定后，再进行景观生态-接触氧化A/O系统的构造，然后进行复合系统的调试运行，以及植物生长情况的监测。

9.2.1 调试准备

接触氧化 A/O 工艺的调试运行，考虑到后续构建复合工艺，池面需要进行封闭，所以接触氧化 A/O 工艺调试运行前，对于池底的曝气系统以及接触氧化填料的安装具有较高的要求。如果曝气系统或者填料系统出现问题，会增加整修的难度。所以，曝气系统采用多立管，底部呈环状交叉布置，如图 9-8 所示。如果某个环曝气出现问题，可以关闭立管阀门，因为底部呈独立环交叉布置，可以减少曝气问题对于系统的影响。采用组合填料，填料的安装如图 9-9 所示。

图 9-8　多立管曝气系统

图 9-9　组合填料安装

9.2.2 调试内容和目的

污水厂正式投产运行前的调试，是为了保证系统的正常运行，取得最佳的去除效果，降低整个系统的运行成本，检查整个系统的设计、施工、安装和设备的质量。

调试的内容包括：

（1）各种电动设备（格栅、水泵、电动阀门）点动启动，检测电动的设备是否可以正常启动，如果一切电动设备正常，即可进入下一步调试，如果出现不能正常启动的水泵、阀门，需要进行维修处理；

（2）全流程通水试验，检查管道、阀门是否安装严格，确定系统没有漏水、破管点，检查超声波液位计能否准确显示水面高度；

（3）活性污泥的培养与驯化，向厌氧池和缺氧池接种污泥，进行培养与驯化，这是调试工作的核心内容，直接影响到调试进程和系统出水污水处理效果；

（4）以上工作完成后，即可以进入正式运行阶段。

9.2.3 调试过程

本示范工程的调试过程主要包括以下步骤：

（1）检查工艺图纸、设备说明书、水质分析化验器材和药品是否齐全，为之后调试过程中的设备运行和水质分析做好准备工作；

（2）参照图纸检查构筑物尺寸、标高、管道安装是否符合设计要求；

（3）与电气人员配合合作，进行各个电动设备的“点试”，确定各种电动设备都能正常启动，确保电路系统正常；

（4）进行全流程通水试车，从格栅间开始，到调节池、缺氧池、好氧池，二沉池、污泥浓缩池、加药沉淀池、中间水池、过滤器、清水池逐一进水，检测管道、水泵、超声波液位计、自动控制系统是否能正常工作；

（5）厌氧池、缺氧池进行污泥接种、培养与驯化。污泥的培养分为连续式培养和间歇式培养。连续式培养优势是过程比较短，但前期出水质量无法保证。间歇式培养过程比较长，但出水质量有保证。因为本工程后续流程中有压力过滤罐，为了保证调试过程的出水质量，采用间歇式培养。

本工程采用初期闷曝气和间歇式培养的方式。

第一天：投加干污泥 0.5t，二沉池浓缩污泥 24m³。第二天：加白糖 5kg，面粉 7.5kg。第三天：投加污泥 2t，白糖 7.5kg。持续投加面粉、白糖一周。一周后间断进水，每天进水 8h，检测出水水质，达到国家一级 A 排放标准后增加进水时间到 16h，直到每天进水时间达到 24h。调试过程中进出水 COD 浓度变化如图 9-10 所示，氨氮浓度变化如图 9-11 所示。

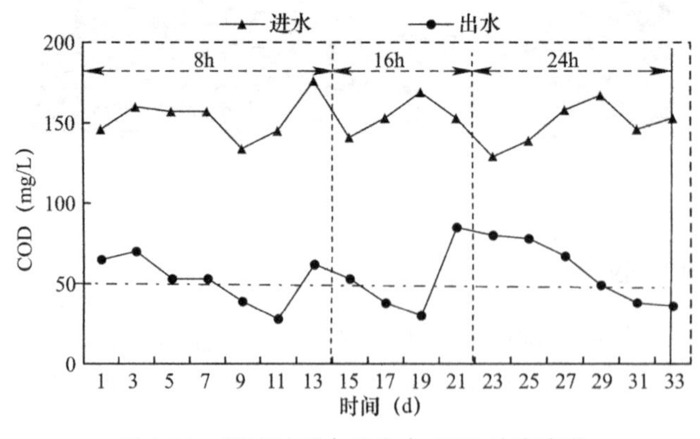

图 9-10　调试过程中进出水 COD 浓度变化

系统进水 COD 浓度维持在 150mg/L 左右，进水氨氮浓度维持在 20mg/L，每天的进水时间分为 8h、16h、24h 三个等级。其中进水 8h 天数为 11d，进水 16h 天数为 7d，进水24h天数为13d。每个进水等级的进水初期，出水无法到达要求，共经过33d的培养驯化，系统24h进水，且出水的COD、氨氮浓度都达到国家一级A污水排放标准。

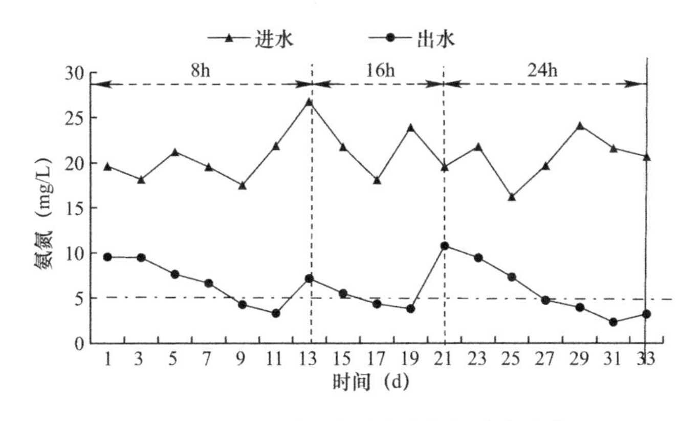

图9-11 调试过程中进出水氨氮浓度变化

调试结束后，每天24h进水，出水水质达到国家一级A标准。通过显微镜观察填料上的微生物，发现含有大量钟虫和轮虫，说明活性污泥状态良好。自动化控制系统通过超声波液位计传递信号到控制柜，控制柜自动控制水泵的启停。调试过程需要控制厌氧池和缺氧池的溶解氧值，厌氧池的DO控制在0.5mg/L以下，好氧池的DO控制在3～4mg/L。

示范工程的运行效果，主要通过两个方面考察。首先，将单一接触氧化工艺和景观生态-接触氧化A/O系统进出水水质进行对比，判断复合系统对于水质的提高是否有帮助，如果有改善，确认复合系统与单一系统相比对于污水的处理能力提高的程度。其次，复合系统植物的生长情况，也在一定程度上代表了复合系统的运行效果。复合系统中，植物主要起到两个作用：①景观作用，创造环境优美型温室水厂；②对水中污染物质的吸收、吸附作用。植物生长情况良好，首先可以起到很好的景观作用，也代表植物对水中污染物质具有良好的吸收效果。

9.2.4 两种系统进出水水质对比

接触氧化工艺与景观生态-接触氧化A/O系统运行稳定后，进出水水质的对比可以反映出复合系统是否具有更好的运行状态，对应的污水处理能力是否有所提高。

试验进水为中原文化艺术学院生活污水，经过调节池过后，由提升泵提升至接触氧化池。因为学校生活污水来源稳定单一，且经过调节池调节，所以原污水水质基本可以维持稳定，进水COD浓度为150mg/L左右。示范工程调试稳定后，连续进水，每隔6d取样一次进行检测，连续检测43d，试验过程中保持流量Q不变，日平均温度都在25℃左右。

9.2.4.1 对COD去除对比

接触氧化工艺进出水COD浓度如图9-12所示。进水COD浓度变化范围为123～166mg/L，进水COD浓度平均值为141.5mg/L。出水COD浓度变化范围为22～53mg/L，出水COD浓度平均值为38mg/L，COD平均去除量为103mg/L，出水水质可以达到国家一级A排放标准。

景观生态-接触氧化A/O系统进出水COD浓度如图9-13所示。进水COD浓度变化范围为122～154mg/L，进水COD浓度平均值为140mg/L。出水COD浓度变化范围

8～32mg/L，出水 COD 浓度平均值为 20mg/L，COD 平均去除量为 120mg/L，出水水质可以达到国家一级 A 排放标准。

两个系统的 COD 去除率如图 9-14 所示。复合系统的 COD 去除率明显高于接触氧化工艺。复合系统的平均去除率为 86%，接触氧化工艺的平均去除率为 73%，前者较后者平均高出 13%。两个系统的运行条件基本控制在一致水平，13%的 COD 去除率可以作为植物的耦合对整个工程处理效果的贡献。

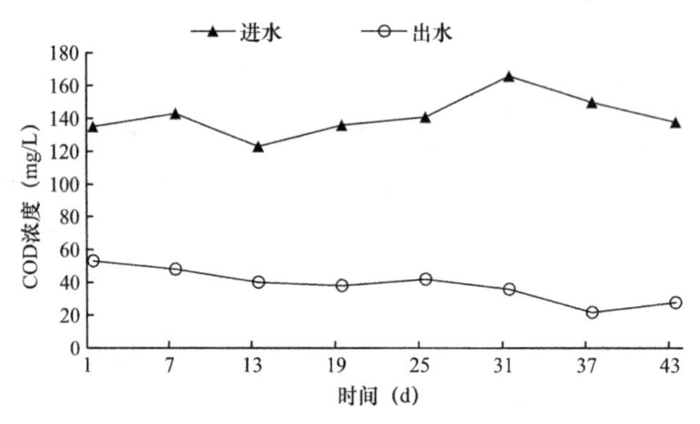

图 9-12　接触氧化工艺进出水 COD 浓度

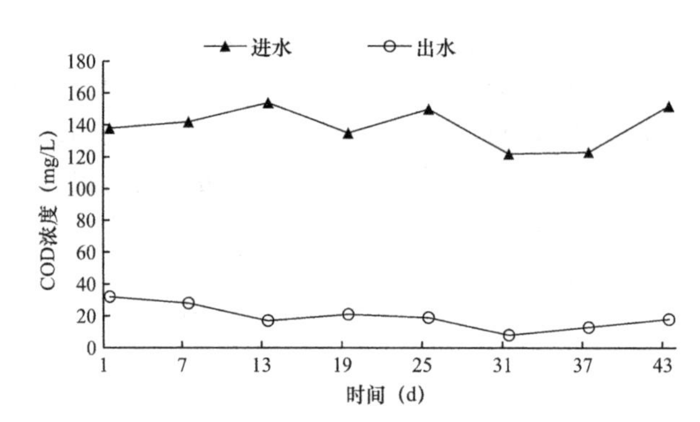

图 9-13　景观生态-接触氧化 A/O 系统进出水 COD 浓度

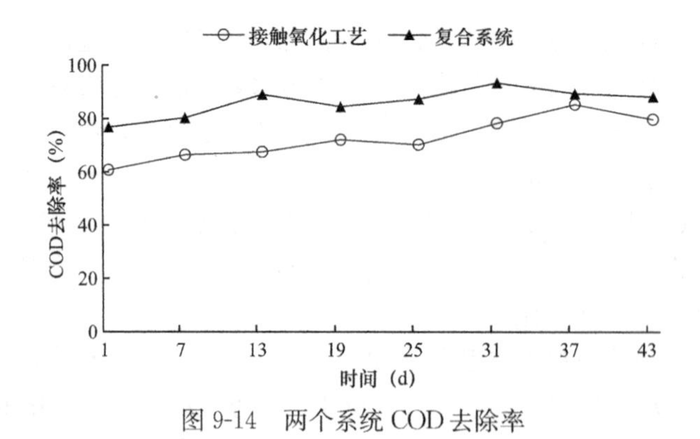

图 9-14　两个系统 COD 去除率

9.2.4.2　氨氮去除对比

接触氧化工艺进出水氨氮浓度如图 9-15 所示。进水氨氮浓度变化范围为 14.23～15.51mg/L，进水氨氮浓度平均值为 15mg/L。出水氨氮浓度变化范围为 2.02～6.21mg/L，出水氨氮浓度平均值为4mg/L，氨氮平均去除量为11.17mg/L，出水水质可以达到国家一级A排放标准。

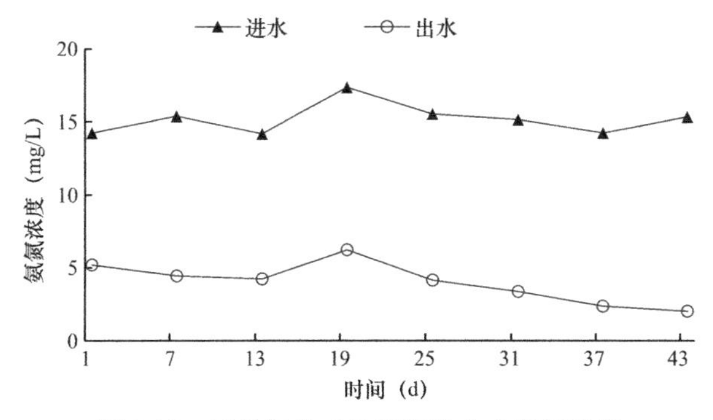

图9-15　接触氧化工艺氨氮进出水氨氮浓度

景观生态-接触氧化A/O系统进出水氨氮浓度如图9-16所示。进水氨氮浓度变化范围为14.19～17.44mg/L，进水氨氮浓度平均值为16mg/L。出水氨氮浓度变化范围为0.89～3.11mg/L，出水氨氮浓度平均值为2mg/L，氨氮平均去除量为13.97mg/L，出水水质可以达到国家一级A排放标准。

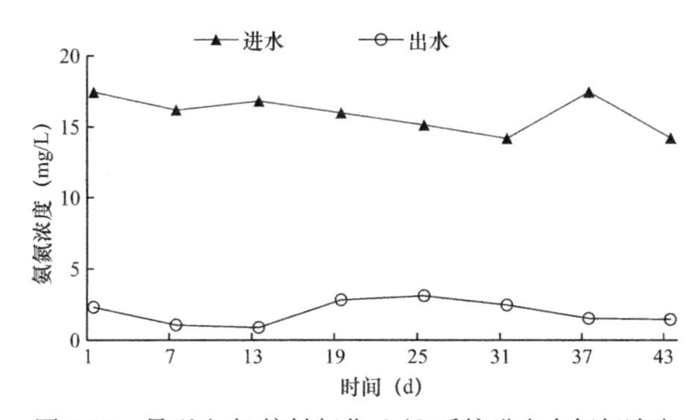

图9-16　景观生态-接触氧化A/O系统进出水氨氮浓度

两个系统的氨氮去除率如图9-17所示。复合系统的氨氮去除率明显高于接触氧化工艺。景观生态-接触氧化A/O系统的氨氮平均去除率为88%，接触氧化工艺的氨氮平均去除率为74%，前者较后者平均高出14%。两个系统的运行条件基本控制在一致水平，14%的氨氮去除率可以作为景观生态系统对于整个工程处理效果的贡献。

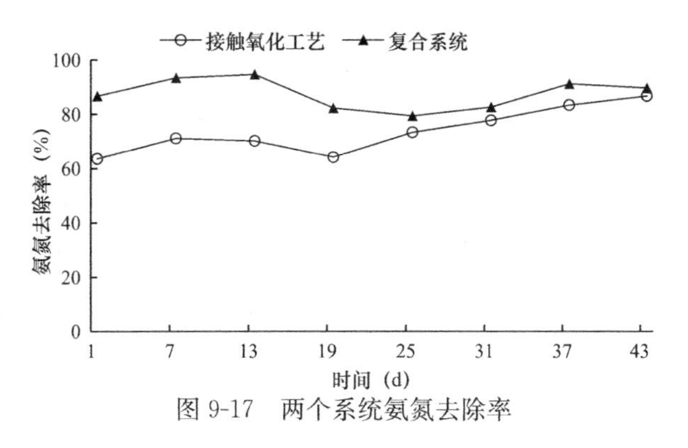

图9-17　两个系统氨氮去除率

9.2.5 植物生长情况

试验中采用的 4 种植物是基于第 2 章研究内容选择出来的，在示范工程景观生态-接触氧化 A/O 系统中植物生长的实际情况，可通过检测植物的生长高度来判断。

9.2.5.1 植物生长高度情况

植物在种植 5 个月内的生长高度见表 9-3。

植物生长高度 （单位：cm） **表 9-3**

植物	采集时株高	6 月份	7 月份	8 月份	9 月份
美人蕉（黄）	58	92	153	172	180
美人蕉（红）	62	78	98	112	120
梭鱼草	62	76	91	110	120
富贵竹	35	45	51	59	68
万年青	18	21	27	31	38

由表 9-3 可知，美人蕉的长势最好，梭鱼草其次，但梭鱼草成活率最低，三个月后梭鱼草的成活率只有 63%，而其他三种植物的成活率为 97%以上。因此，建议类似工程可以去除梭鱼草，选择美人蕉、富贵竹、万年青搭配。美人蕉可以作为首选植物。4 种植物的长势如图 9-18 所示，植物生长对比如图 9-19 所示。

(a) 美人蕉　(b) 富贵竹

(c) 梭鱼草　(d) 万年青

图 9-18　四种植物的长势

(a) 种植当天长势

(b) 种植两个月后长势

图 9-19　植物生长对比

9.2.5.2　冬季植物生长问题

由于冬季气温低，为了让植物正常生长，需要保持室内具有较好的温度、湿度条件，最好最低气温不要低于 5℃。试验期间室内外温度变化如图 9-20 所示，湿度变化如图 9-21 所示。

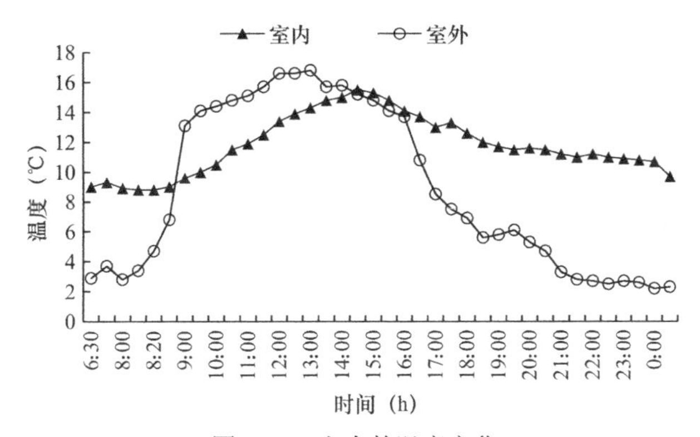

图 9-20　室内外温度变化

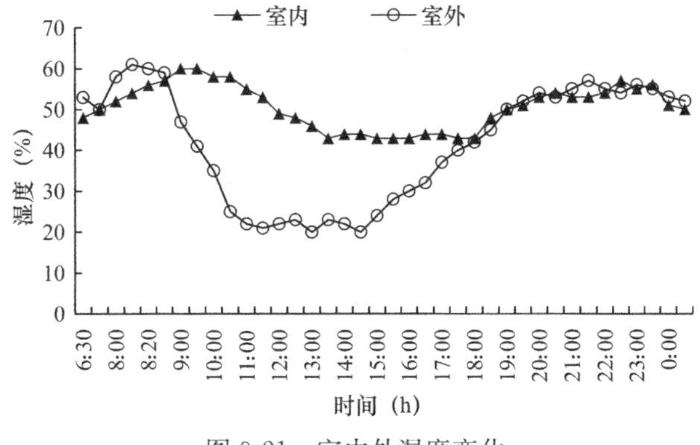

图 9-21　室内外湿度变化

美人蕉只要温度适合就无休眠期，可全年生长，但在温度为 5～10℃时将停止生长，低于 0℃时会出现冻害问题，是 4 种植物中最容易受到冻害的植物。因此，冬季室内温度是植物生长的首要问题。

从图 9-21 中可以发现室内最低气温比室外高出 6.1℃。室外的最低温度出现在凌晨 0 点到 4 点，为 2.2℃；室内的最低气温出现在早上 6 点 30 分到 8 点，为 9℃。室外的最高气温为 24.7℃，室内的最高气温为 15.5℃。室内的气温在一天内变化比较平缓，且最低气温可以达到 5℃以上，植物不会出现冻死的现象。但在大雪天，室内是否还可以保持 0℃以上的温度，需要进一步进行研究，且采取更好的保温加温措施。

9.2.5.3　植物生长特点

植物经过 5 个月的生长明显呈现出以下特点：

（1）A/O 室屋顶部分区域有透光玻璃，这部分区域植物长势明显好于其他不透光区域；

（2）梭鱼草的成活率很低，通过观察其根系，发现腐烂问题比较严重，成活率只有 60%，说明其不适应此环境；

（3）万年青在好氧池中的长势明显好于缺氧池，说明万年青更适合在好氧池中生长。

9.3　示范工程稳定调控及污泥减量

针对温度、COD 负荷、HRT 的变化给污水处理系统带来的冲击，根据中试装置的研究结果以及示范工程的调试运行情况，并且结合实际的地理环境条件，提出以下维持系统稳定运行的调控方案。其中，冬季低温是影响系统正常运行的最重要因素，应对低温冲击的调控方案是最重要的。

9.3.1　针对冬季低温的调控方案

温度是影响景观生态-接触氧化 A/O 系统的重要因素，它对复合系统的影响主要作用在两个方面：

（1）低温不利于植物的生长，如果温度过低植物会出现冻死现象，影响植物的景观性以及植物的去污能力；

（2）低温影响系统中微生物的活性，降低了微生物对于污水的处理效果。

景观生态系统中的植物在温度低于 5℃时将会基本停止生长，温度低于 0℃时将会出现冻死现象。研究表明，水温低于 15℃时硝化反应速率将大大降低，低于 5℃时硝化反应将会停止。示范工程位于北方城市郑州，冬季污水水温最低为 12℃，室外气温最低为−7℃。针对冬季低温的运行调控主要包括两个方面：以客观环境为出发点，采用可行措施提高环境温度；从复合工艺主体出发，提高复合工艺耐受低温的能力。

其中，提高环境温度的措施，主要从提高水温以保证微生物具有一定的活性来进行一系列的新陈代谢，和提高植物生长环境温度以保证植物不会冻死的两个方面进行。

提高水温的措施包括：

（1）保证污水收集管道的严密性，冬天雨雪天气，雨雪流入污水管会降低污水温度，所以在冬天要定期检查校园内污水井井盖的严密性，园区内的污水井井盖需要做好防止雨雪流入的措施；

（2）污水在进入生物池之前先进入调节池，且在调节池中具有较长的停留时间，为了防止水温损失，要做好调节池的保温措施，在工程设计中应考虑到这一点，调节池为地下构造，池面是钢筋混凝土，具有较好的保温条件；

（3）通过池面的陶粒层以及植被层对生物反应池保温。

提高植物生长环境温度的措施包括：

（1）植物生长在温室内，冬天做好温室的保温措施，可以在室内外气流交换比较严重的地方设置防风卷帘；

（2）充分利用太阳能，可以将温室屋顶和墙壁设计成透光玻璃，充分利用太阳能提高环境温度；

（3）设备间位于地下，且由于风机、水泵的运行产生热量，其温度比温室温度高出5℃，所以可以将地下设备间和温室联通，从而充分利用设备间众多设备运行产生的热量；

（4）充分利用曝气管中空气的热量，因为曝气采用的是罗茨风机，曝气管的外壁温度可以达到50℃，所以可以将曝气管采用钢管在室内绕行，从而向温室传递热量。

提高复合工艺对于低温的耐受能力的措施，主要包括两个方面：

（1）培养耐低温微生物，利用人工筛选的方法，获得耐低温菌种，然后在冬季时在系统中接种；

（2）考虑景观性的基础上，结合考虑植物的抗冻性，尽量选择能够耐低温的植物。

综上所述，冬季低温是影响复合系统正常运行的最关键因素，应结合主观和客观两个方面综合考虑，通过以上措施提高系统中的水温、气温，保证微生物、植物具有良好的生理状况，从而使景观生态-活性污泥系统具有优美的景观环境且达到良好的污水处理效果。

9.3.2 针对COD负荷变化的调控方案

示范工程主要处理学校生活污水，正常情况下，水质、水量基本维持不变，几乎没有COD负荷变化的冲击。但因学校管网与市政管网的连接管高程设计不合理，在市政管网出现流量高峰期的时候，市政管网污水会倒灌到学校管网内，导致示范工程处理进水主要为市政污水，这种情况下会带来COD负荷冲击。

通过前文的试验结果发现，景观生态-接触氧化A/O系统对进水COD负荷具有更强的适应性，当进水浓度超过约1.92kgCOD/(m^3·d)的时候，单一接触氧化工艺出水水质将会不符合国家一级A的污水排放标准，而复合系统可以将这一数值提升到2.1kgCOD/(m^3·d)。因此，对于COD负荷变化的冲击，通过对单一的接触氧化工艺耦合植物就是一种调控方案。对于复合系统，如果出现高浓度的COD负荷冲击，可以采取增加曝气量、延长HRT的方式进行调控，保证出水达到国家规定的中水回用标准。当出现过低浓度COD负荷冲击时，可以采取投加碳源，如面粉、白糖、大粪的方式，以维持微生物生长所必需的水质条件。

9.3.3 针对HRT变化的调控方案

本示范工程为中原文化艺术学院中水回用工程，原污水来源为学校生活污水，而在放假期间，学校污水量大幅度减少，不足以维持示范工程的正常运行。此时只能采用间歇式进水的方案，必然延长了HRT。

一年中，学校的长假安排为寒假 50 天，暑假 60 天，国庆节与劳动节 7 天。国庆节与劳动节 7 天假，通过监测发现，前三天，示范工程可以满负荷运行，后四天，学校生活污水只够示范工程一天运行 12h 左右，相当于 HRT 增加了一倍。所以在示范工程不进水时段，投加面粉 4kg，白糖 4kg，可以维持水中的生物量和生物活性。学校寒暑假期间，有 40 天时间，污水只能维持示范工程每天运行 8h，相当于 HRT 增加了两倍。所以，每天进水 8h，停止进水后，投加面粉 6kg，白糖 5kg，减小曝气量，可维持生物量和生物活性。

如果出现需要降低 HRT 的情况，前文试验研究表明，复合系统对 HRT 降低具有更强的适应性，所以对于单一的接触氧化工艺，构建景观生态-接触氧化 A/O 系统本身就是一种调控方案。而对于复合系统，可以通过增加曝气量的方式应对 HRT 的降低。

由于实际工程为校园中水回用工程，为减少后续污泥处理处置的相关费用，节约成本以有利于推广，对产生的剩余污泥进行末端强化处理，使得污泥的排放量进一步降低。主要以下面两种方式进行强化污泥减量：

（1）系统外加 OSA 工艺，利用能量解偶联原理调节污泥微生物的合成代谢和分解代谢，通过改变厌氧池污泥浓度和污泥停留时间来降低污泥产率系数；

（2）外加大型水生动物，以克氏原螯虾为研究对象进行剩余污泥的生态捕食以达到污泥减量的效果。

9.3.4 耦合 OSA 工艺

OSA 工艺的加入，使微生物在好氧段通过氧化外源有机底物合成的 ATP 在厌氧段作为维持细胞生命活动的能量被消耗，不用于合成新细胞。另一方面，污泥在厌氧池停留时间过长，基本无外源基质的加入，细胞在厌氧池发生裂解或自身分解，利用污泥衰减实现污泥减量。复合工艺由于 OSA 工艺的加入，系统的处理效果会发生变化，当污泥由沉淀池进入厌氧沉淀池时，污泥的活性发生变化，活性污泥微生物的种类和数量也发生变化。

在污泥厌氧不同时间条件下，污泥的产率系数变化也不同。随着污泥停留时间的延长，污泥产率系数下降，污泥表观产率系数与沉淀时间表现出线性关系。在沉淀池污泥浓度为 6000mg/L 时，相关系数达 0.9211。污泥沉淀 20h 的情况下，厌氧池污泥上浮情况严重，出现了厌氧消化现象。为保证回流生化池的污泥具有一定的活性，污泥沉淀时间选取 15h 较为合适。

通过调节污泥回流比来调控厌氧池的污泥浓度，随着污泥浓度的变化，污泥产率系数在沉淀 15h 后都有降低。其中在污泥浓度为 2000mg/L，沉淀 15h 后污泥产率系数减少率为 24.1%，表现出最好的污泥减量效果。

需要注意的是在采取 OSA 工艺实现污泥减量的同时，其对景观生态-接触氧化 A/O 系统的去除效果影响应该被考虑。本工程中，微生物经过厌氧段水解，改善了污泥的可生化性，一定程度上提高了系统对 COD 的去除能力。虽然没有影响系统出水的稳定达标，但是耦合 OSA 对复合系统的氨氮和磷的去除效率有一定影响。

9.3.5 生态捕食

向系统投加后生动物进行污泥生态捕食是一种实现污泥减量的方法，需要考虑后生动物维持生长的稳定性，规模化应用的普遍性等。

由克氏原螯虾实际生存情况发现，水深是制约克氏原螯虾生存的主要条件，克氏原螯虾仅在浅水条件下成活良好。在污泥浓度1200～1800mg/L时，克氏原螯虾贡献的污泥减少率较大，但是当污泥浓度大于1500mg/L时，克氏原螯虾在捕食24h后出现死亡现象，说明克氏原螯虾不适合在此浓度下生存。

当克氏原螯虾捕食4h时，污泥浓度最佳减少效果达到约25.8%，随着时间的延长，克氏原螯虾在后期的排泄物进入水体，污泥浓度又出现上升趋势，该现象与克氏原螯虾为满足基本自身需求的捕食时间有关。在捕食4h时，氨氮与总磷的含量上升都不明显，但是随着时间的进一步延长，在克氏原螯虾捕食20h时，水体中氮磷含量上升较高，可能与克氏原螯虾的排泄行为相关。因此，捕食时间是限制复合系统出水质量与污泥减量的主要因素。

9.4 复合系统技术经济分析

实际工程中经济效益分析包括基建投资、运行费用、占地面积与景观系统经济效益四方面内容。

9.4.1 基建投资

常见的几种生物处理工艺基建投资见表9-4。

常见的几种生物处理工艺基建投资 **表9-4**

工艺	常规二级生物处理	潜流人工湿地	氧化塘	FBR
投资（元/m^3）	2200	500～1000	400～700	1800

示范工程的基建投资为2400元/m^3，高于常规二级生物处理和潜流人工湿地等生态处理技术。相对于常规二级生物处理而言，复合系统需要在生化池设置温室结构，而且在池面需要建设T形梁作为种植框的承载结构。

9.4.2 运行费用

根据国家城市给水排水工程技术研究中心统计的数据，常见的几种生物处理工艺运行费用见表9-5。

常见的几种生物处理工艺运行费用投资 **表9-5**

工艺	常规二级生物处理	潜流人工湿地	氧化塘	FBR
投资（元/m^3）	0.6～1.0	0.16	0.04～0.1	0.35

示范工程为学校中水回用工程，自动化程度较高，水泵和阀门的启停全部通过超声波液位计控制，虽然加大了一次性建设投资，但会减少运行人工成本。示范工程运行费用约为0.45元/m^3。

9.4.3 占地面积

示范工程采用半地下式构造，仅温室设置在地面上，设备间设置地面防雨屋顶，其他部分全部是地下结构。除去部分绿化面积，示范工程单位体积的占地面积仅 0.13m^2/m^3，低于常规的城市二级污水同时，处理厂的 0.5～1.9m^2/m^3。

9.4.4 景观系统经济效益

景观生态-活性污泥系统比传统的活性污泥工艺和生物膜法多出景观生态部分，种植的美人蕉、富贵竹、万年青等植物都具有很好的观赏作用，也具有一定的经济价值。因此当整个复合系统正常运行时，可以考虑将植物量足够的植物移植出售。本示范工程试验过程中，多次移植美人蕉至学校办公室，具有很好的观赏效果，也节省了学校的经费开支。

美人蕉的根生能力很强，发根速度很快，因此可以一年多次移植，而且其市场价格也比较高。本示范工程美人蕉的种植密度为 50 颗/m^2，从 6 月到 9 月四个月时间内，美人蕉可移植两次，每次移植数量为 10 颗/m^2，即每个月 5 颗/m^2。现在美人蕉的市场价格是一颗 20 元，所以每个月每平方米的种植面积可产生 100 元的经济效益。示范工程美人蕉的种植面积为 10m^2，所以从 6 月到 9 月四个月中，每个月美人蕉可为示范工程带来 1000 元的经济收入，具有一定的经济效益。

9.5 小结

本章根据中试装置的研究结果，结合人工湿地与人工浮岛构建经验与存在的问题，依托示范工程运行调控，得出以下结论：

(1) 示范工程的运行效果良好，系统出水可达国家一级 A 排放标准。复合系统的 COD 平均去除率为 86%，单一系统为 73%。复合系统氨氮平均去除率为 88%，单一系统为 74%，且复合系统具有好的抗负荷冲击能力。示范工程中景观生态系统植物长势良好，美人蕉的生物量增加最多，成活率高，而梭鱼草因成活率太低被淘汰；

(2) 景观生态-接触氧化 A/O 系统的种植框材料选择质量轻，美观大方，性质稳定的 PE 板以及具有一定刚度的玻璃钢构架。种植框搭接在池面的 T 形梁上，框之间通过 PE 板连接，既具有整体稳定性，又便于拆卸；

(3) 对温度、COD 负荷、HRT 对于系统带来的冲击，结合工程实际情况，提出了维持系统稳定运行的调控方案，其中以维持系统在冬季低温条件下稳定运行最为重要；

(4) OSA 工艺在厌氧沉淀 15h 条件下获得最好的污泥减量效果，污泥产率系数可减小 24.1%，但需要注意耦合 OSA 对复合系统的氨氮与磷的去除效果的影响。投加克氏原螯虾对剩余污泥进行生态捕食，在污泥停留时间 4h，控制污泥浓度为 1200mg/L 条件下能使污泥减量效果达到最好；

(5) 景观生态-活性污泥系统不仅具有良好的景观效果，且能够提高系统净化污水的能力。复合系统每年 6 月到 9 月每个月可创造 1000 元的收益，具有一定的经济效益。

参考文献

[1] SHANNON M. A., BOHN P. W., ELIMELECH M., et al.. Science and technology for water purification in the coming decades [J]. Nature, 2008, 452 (7185): 301-310.
[2] 方常艳. 城镇污水处理技术研究进展 [J]. 科技展望, 2015, (32): 225.
[3] 仇保兴. 我国城市发展模式转型趋势——低碳生态城市 [J]. 城市发展研究, 2009, 16 (8): 1-6.
[4] 余林莉. 城市污水处理在环境保护工程中的重要性研究 [J]. 绿色科技, 2019 (12): 75-76.
[5] 李亚新. 活性污泥法理论与技术 [M]. 北京: 中国建筑工业出版社, 2007.
[6] 陈婉如, 李益洪. Cast工艺在污水处理厂的应用 [J]. 中国环保产业, 2006 (5): 28-30.
[7] 马勇, 彭永臻, 等. 城市污水处理系统运行及过程控制 [M]. 北京: 科学出版社, 2007.
[8] 张小玲, 李强, 王靖楠, 等. 曝气生物滤池技术研究进展及其工艺改良 [J]. 化工进展, 2015, 34 (7): 2023-2030.
[9] 石华东, 任灵芝. 生物膜法的应用现状及发展前景分析 [J]. 节能, 2019, 38 (7): 99-100.
[10] 王震, 黄武, 胡程月, 等. 膜生物反应器在污水处理中的应用 [J]. 四川化工, 2018, 21 (6): 19-22.
[11] 王红, 李小红, 张耀宗. 百乐克工艺在污水处理中的应用研究 [J]. 世界农药, 2016, 38 (1): 46-48.
[12] 吕宏德. 分散式污水处理系统的特征及其应用 [J]. 环境科学与管理, 2009, 34 (8): 113-115.
[13] 陈曦, 李力. 污水分散处理的比较优势及推广对策 [J]. 中国资源综合利用, 2013, 31 (1): 30-32.
[14] 王晓玲, 刘晓燕. 生态型污水处理技术的应用前景 [J]. 城市建设理论研究: 电子版, 2012, 000 (23): 1-5.
[15] TODD J., JOSEPHSON B.. The design of living technologies for waste treatment [J]. Ecological Engineering, 1996, 6 (1-3): 109-136.
[16] 郝晓地, 张向萍, 兰荔. 美国分散式污水处理的历史、现状与未来 [J]. 中国给水排水, 2008, 24 (22): 1-5.
[17] 梁雪, 贺锋, 徐栋, 等. 人工湿地植物的功能与选择 [J]. 水生态学杂志, 2012, 33 (1): 131-138.
[18] 赵林丽, 邵学新, 吴明, 等. 人工湿地不同基质和粒径对污水净化效果的比较 [J]. 环境科学, 2018, 39 (9): 4236-4241.
[19] VYMAZAL J.. Constructed wetlands for wastewater treatment: Five decades of experience [J]. Environmental Science & Technology, 2011, 45 (1): 61-69.
[20] MARA D.. Waste stabilization ponds: Past, present and future [J]. Desalination and Water Treatment, 2009, 4 (1-3): 85-88.
[21] 张巍, 许静, 李晓东, 等. 稳定塘处理污水的机理研究及应用研究进展 [J]. 生态环境学报, 2014, 23 (8): 1396-1401.
[22] MINO T., LOOSDRECHT M. C. M. V., HEIJNEN J. J.. Microbiology and biochemistry of the enhanced biological phosphate removal process [J]. Water Research, 1998, 32 (11): 3193-3207.
[23] 王宝贞, 赵庆良. 稳定塘处理技术的发展趋势 [J]. 中国给水排水, 1992, (5): 34-35.
[24] 王劼, 刘阳, 王泽民, 等. 人工浮岛技术应用前景 [J]. 环境保护科学, 2008 (5): 23-25.

[25] 王金丽，颜秀勤，宁冰，等. 浮岛植物净化水质效果研究 [J]. 环境科学与技术，2011，34 (10)：14-18.
[26] 王超，王永泉，王沛芳，等. 生态浮床净化机理与效果研究进展 [J]. 安全与环境学报，2014，14 (2)：112-116.
[27] CHANG Y.，CUI H.，HUANG M.，et al.. Artificial floating islands for water quality improvement [J]. Environmental Reviews，2017，25 (3)：350-357.
[28] 张茴. 浅析 FBR 废水立体生态处理技术 [J]. 资源节约与环保，2016 (9)：66.
[29] 刘雯，丘锦荣，卫泽斌，等. 植物-生物膜氧化沟处理生活污水的中试研究 [J]. 中国给水排水，2009，25 (15)：8-10.
[30] 陈佳霖，李彦臻，阚煜. 生化生态复合污水深度净化工艺试验研究 [J]. 给水排水，2016，52 (S1)：93-97.
[31] 楼朝刚，陈向昌. 人工湿地处理技术在城镇生活污水处理中的应用 [J]. 西南给排水，2013 (1)：1-4.
[32] SINGH M.，SRIVASTAVA R. K.. Sequencing batch reactor technology for biological wastewater treatment：A review [J]. Asia-Pacific Journal of Chemical Engineering，2011，6 (1)：3-13.
[33] 叶长兵，周志明，吕伟，等. A～2O 污水处理工艺研究进展 [J]. 中国给水排水，2014，30 (15)：135-138.
[34] 高飞翔，淡建斌，孙向伟等. 白草光合蒸腾日变化及其与气象因子的关系 [J]. 安徽农业科学，2010，38 (11)：5733-5735，5873.
[35] 刘艳，张立卿，邢嘉坤等. SBR 工艺污泥沉降性能的影响因素研究 [J]. 中国给水排水，2008 (7)：104-108.
[36] 赵敏. 活性污泥絮体的性状及其沉降性能的探讨 [J]. 环境科学与管理，2011，36 (5)：106-111.
[37] 龙向宇，龙腾锐，唐然. 胞外聚合物对活性污泥表面性质及其絮凝性能的影响 [J]. 给水排水，2008 (11)：164-168.
[38] WANG R.，BALDY V.，PERISSOL C.，et al.. Influence of plants on microbial activity in a vertical-downflow wetland system treating waste activated sludge with high organic matter concentrations [J]. Journal of Environmental Management，2012，95：S158-S164.
[39] ZHANG C. B.，WANG J.，LIU W. L.，et al.. Effects of plant diversity on nutrient retention and enzyme activities in a full-scale constructed wetland [J]. Bioresource Technology，2010，101 (6)：1686-1692.
[40] LI N.，REN N. Q.，WANG X. H.，et al.. Effect of temperature on intracellular phosphorus absorption and extra-cellular phosphorus removal in ebpr process [J]. Bioresource Technology，2010，101 (15)：6265-6268.
[41] SHU D. T.，HE Y. L.，YUE H.，et al.. Microbial structures and community functions of anaerobic sludge in six full-scale wastewater treatment plants as revealed by 454 high-throughput pyrosequencing [J]. Bioresource Technology，2015，186：163-172.
[42] WUNDERLIN P.，MOHN J.，JOSS A.，et al.. Mechanisms of n2o production in biological wastewater treatment under nitrifying and denitrifying conditions [J]. Water Research，2012，46 (4)：1027-1037.
[43] 刘育，夏北成. 不同植物构成的人工湿地对生活污水中氮的去除效应 [J]. 植物资源与环境学报，2005，14 (4)：46-48.
[44] 徐冉，迟成龙，陈书怡. 污水处理工艺的技术经济综合评价方法 [J]. 同济大学学报 (自然科学版)，2013，41 (6)：869-874，931.

[45] 岑沛霖，关怡新，林建平. 生物反应工程 [M]. 北京：高等教育出版社，2005.
[46] YUAN B.，WANG J.，ZHAO S.. An approach to the mechanism of plant compensation [J]. Chinese Journal of Ecology，1998，17 (5)：45-49.
[47] 唐书娟，吴志超，周振，等. 活性污泥系统中自养菌浓度及生长动力学参数测定 [J]. 环境工程学报，2009，3 (2)：271-274.
[48] HU Z. R.，WENTZEL M. C.，EKAMA G. A.. Anoxic growth of phosphate-accumulating organisms (paos) in biological nutrient removal activated sludge systems [J]. Water Research，2002，36 (19)：4927-4937.
[49] MARSILI L. S.，RATINI P.，SPAGNI A.，et al.. Implementation，study and calibration of a modified asm2d for the simulation of sbr processes [J]. Water science and technology ：a journal of the International Association on Water Pollution Research，2001，43 (3)：69.